14

全国第十四届运动会
体育场馆及配套设施项目建设科技创新

陕西省土木建筑学会　主编

中国建筑工业出版社

图书在版编目（CIP）数据

全国第十四届运动会体育场馆及配套设施项目建设科技创新 / 陕西省土木建筑学会主编．—北京：中国建筑工业出版社，2022.8
ISBN 978-7-112-27732-2

Ⅰ．①全…　Ⅱ．①陕…　Ⅲ．①体育馆—建筑设计—陕西—文集②体育场—建筑设计—陕西—文集　Ⅳ．①TU245-53

中国版本图书馆 CIP 数据核字（2022）第 142909 号

责任编辑：朱晓瑜
责任校对：张　颖

全国第十四届运动会体育场馆及配套设施项目建设科技创新
陕西省土木建筑学会　主编
*
中国建筑工业出版社出版、发行（北京海淀三里河路 9 号）
各地新华书店、建筑书店经销
华之逸品书装设计制版
北京建筑工业印刷厂印刷
*
开本：787 毫米×1092 毫米　1/16　印张：17¼　字数：315 千字
2022 年 9 月第一版　　2022 年 9 月第一次印刷
定价：**69.00** 元
ISBN 978-7-112-27732-2
（39877）

本书编委会

顾　问：张义光

主　编：薛增建

副主编：（按姓氏笔画排列）

刘小平　李纪明　时　炜　张继文　赵元超　韩大富

编　委：（按姓氏笔画排列）

王应生　刘诗扬　刘家全　杨亚东　夏　巍　姬晓飞

梁保真　靳　鑫

编委会秘书处

秘书长：翟利民

成　员：施云逸　蒲 靖

主编单位：

陕西省土木建筑学会

参编单位：

机械工业勘察设计研究院有限公司

陕西省建筑设计研究院（集团）有限公司

中国建筑西北设计研究院有限公司

陕西建工集团股份有限公司

陕西省建筑科学研究院有限公司

陕西建工第一建设集团有限公司

陕西建工第三建设集团有限公司

陕西建工第五建设集团有限公司

陕西建工第六建设集团有限公司

陕西建工第十五建设有限公司

西安奥体中心控股有限公司

西安建筑科大工程技术有限公司

中国建筑第八工程局有限公司

序 言

PREFACE

习近平总书记指出:“中国要强盛、要复兴，就一定要大力发展科学技术，努力成为世界主要科学中心和创新高地。”建筑领域的科技创新，正在持续催化产业变革，推动行业高质量发展。喜闻《全国第十四届运动会体育场馆及配套设施项目建设科技创新》一书即将出版，我深感振奋、备受鼓舞!针对广大建筑科技工作者的创新实践和非凡成就，陕西土木建筑学会系统梳理、专业提炼，数易其稿，终成业内科技创新成果大作，可喜可贺!

陕建人坚守善良、至善、善成、友善、善待、济善的“向善而建”企业哲学，坚持“为客户创造价值，让对方先赢、让对方多赢，最终实现共赢”的经营理念，实施“兵团作战”，弘扬“铁军精神”，以“出手必须出彩，完成必须完美”的工作作风，高效率高质量高标准提前交付19座全国第十四届运动会场馆，确保了“全运盛会”完美呈现。绿色化、数字化、智能化、标准化的“陕建方案”，充分彰显了陕西建造影响力。

近年来，陕建集团秉承科技强企战略，加快融入“秦创原”创新驱动平台，聚焦行业前沿，加大创新力度，推动成果转化，培育全新动能，正在朝着世界一流企业的目标阔步迈进，致力于为科技强国战略再立新功!

全国政协委员，陕西政协常委，中国建筑业协会副会长
陕建控股集团党委书记、董事长

前言

FOREWORD

千年古都，常来长安，筑梦全运，处处鲁班。2021年9月15日，第十四届全国运动会在西安开幕，陕西成为全国第八个举办全运会的省份，也是西部地区首次举办这项国内最高水平的综合性体坛盛会。在“全民全运，同心同行”的主题下，第十四届全运会在全运历史上留下了独特的印记，三秦大地也成为中国体育奋进的新坐标。受新冠肺炎疫情影响，第十四届全运会体育场馆及配套设施项目建设面临了诸多挑战和难题。

陕西省土木建筑领域的一批优秀建筑企业奋力拼搏，攻坚克难，坚持“绿色、节约、人文”的城市建设理念，按照“能用不改、能改不建、全省布局、保障重点”的原则，建设改造场馆53个，其中新建30个、改造提升23个，分布在全省13个市区。这些重点项目的高质量建设，不仅全力保障了全运会的顺利召开，更是打造了三秦大地体育场馆建设的新高度。西安奥体中心“一场两馆”科技元素随处可见，100个智慧灯杆兼有无线网络、音乐播放、安防监控、一键求助等诸多功能；游泳跳水馆屋面采用了太阳能光伏发电技术，空气源热泵直接从大气中收集热能以调节水温；西安奥体中心荣获2021年中国建设工程“鲁班奖”，体育场达到世界建设最高标准，获世界田联一级场地认证……。这些工程建设富有科技含量，为我省体育事业的发展注入了新的活力。

为推广第十四届全运会体育场馆及配套设施项目建设科技创新技术，总结宣传建筑企业重要成就，陕西省土木建筑学会组织项目建设单位和专家，就项目勘察、规划、设计、改造、施工、运维等全过程技术成果进行整理汇编，其主要目的是：(1) 西北地区体育场馆勘察设计的技术和创新，建设的管控重点和风险，改造加固的防控和安全，运维的保障和流向控制等，在实现“完美全运”的同时，以期呈现西北场馆类建设的特点、亮点和地域性风格，形成特体类建筑的地方标准。(2)提升改造场馆实现全运会绿色建设目标，通过大跨度大体量的大空间结构验算复核、健康检测评定、施工工艺优化、安全设施保障等技术手段的实施，取得了宝贵的数据，为西北城市改造更新和大都市建设提供数字依据。(3)以土木学会为平台，建筑人同台竞技，营造百花齐放、百家争鸣的学术氛围，通过科技成果的转化和共享，践行科技强国，创新兴邦。

陕西省土木建筑学会理事长
陕西省科学技术协会第九届委员会委员

全国第十四届运动会工程一览表

序号	项目名称	序号	项目名称	序号	项目名称	序号	项目名称
1	西安奥体中心体育场	17	西北工业大学翱翔体育馆	30	韩城西安交大基础教育园区体育馆	43	杨凌网球中心
2	西安奥体中心体育馆	18	西安市运动公园体育馆	31	陕西省体育场	44	汉中铁人三项场地
3	西安奥体中心跳水馆	19	西安中学体育馆	32	陕西省体育场副场	45	大荔沙苑沙排场地
4	陕西奥体中心体育馆	20	宝鸡市游泳跳水馆	33	宝鸡市体育场	46	安康汉江公开水域
5	西北大学长安校区体育馆	21	咸阳职业技术学院体育馆	34	宝鸡市职业技术学院足球场	47	商洛公路自行车场地
6	西安体育学院手球馆	22	商洛市体育馆	35	咸阳职业技术学院体育场	48	黄陵国家森林公园山地自行车场地
7–10	西安体育学院曲、棒、垒、橄榄球四场地	23	汉中体育馆	36	渭河生态运动公园1号足球场	49	西咸新区秦汉新城马术比赛场地
11	西安电子科技大学体育馆	24	安康市体育馆	37	阎良区户外运动攀岩场地	50	西咸新区小轮车场地
12	咸阳奥体中心	25	延安体育中心体育馆	38	阎良区户外运动滑板场地	51	西安马拉松场地
13	渭南市体育中心体育馆	26	延安大学体育馆	39	陕西省体育训练中心	52	赛事指挥和国际广播电视中心
14	渭南市体育中心体育场	27	长安长宁生态体育训练比赛基地	40	陕西省水上运动管理中心	53	西安全运村
15	渭南师范学院体育馆	28	西安工程大学临潼校区文体馆	41	西安秦岭国际高尔夫球场		
16	榆林职业技术学院体育馆	29	铜川市体育馆	42	西安城市运动公园比赛场地		

目 录

I

第一篇
勘察设计

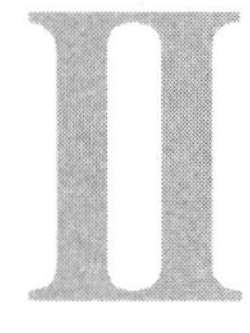

第二篇
建筑施工

第一篇 勘察设计

西安奥体中心“一场两馆”规划及设计

刘诗扬　陈振连　屈　超　郝　青　王　琨　耿欣欣　刘　煦　段俊涛
（西安奥体中心控股有限公司，西安　710000）

【摘　要】 西安奥体中心作为2021年第十四届全国运动会主场馆，以世界眼光、国际标准为规划理念，同时借鉴中国传统轴线式的建筑布局，将一场两馆呈现“品”字形布局。6万人主体育场、1.8万人体育馆和4000人游泳跳水馆所组成的“一场两馆”可提供高标准的专业比赛和演出场所，并为国内、国际赛事配备专业的田径、竞赛、足球训练场和室内综合训练馆。本文分别从规划亮点、建筑亮点、打造5G智慧场馆三个方面，介绍场馆的整体布局和赛事保障设计。

【关键词】 第十四届全运会；大型体育场馆；规划与建筑设计；5G智慧场馆

Planning and Design of Xi'an Olympic Sports Center

Shiyang Liu　Zhenlian Chen　Chao Qu　Qing Hao　Kun Wang　Xinxin Geng　Xu Liu　Juntao Duan
（Xi'an Olympic Sports Center Holdings Co. Ltd.，Xi’an 710000，China）

【Abstract】 As the main venue of the 14th National Games in 2021，Xi'an Olympic Sports Center takes the world vision and international standards as the planning concept，and uses the traditional Chinese axis architectural layout for reference to present the “pin” layout of the two venues. The “one game，two halls” composed of 60000 people main stadium，18000 people stadium and 4000 people swimming and diving hall can provide high standard professional competition and performance venues，and provide professional track and field，competition and indoor comprehensive training halls for domestic and international events. This paper introduces the overall layout and event support design of the venue from three aspects：planning highlights，architectural highlights and building 5g smart venues.

【Keywords】 The 14th National Games；Large Stadiums and Gymnasiums；Planning and Architectural Design；5G Smart Venues

1 引言

西安奥体中心位于西安国际港务区，主要承担第十四届全运会的开闭幕式、田径、游泳、花样游泳和跳水比赛，同时也是残运会的开闭幕式场馆（图1）。其中，6

万人的体育场荣获国际田联一级场地认证，达到国际田联场地建设最高标准。1.8万人的体育馆不仅具备16项专业赛事的举办条件，也可举办会展和演艺活动。4000人的游泳馆设置一块跳水池和一块游泳比赛池，满足国际泳联最新跳水比赛标准，可进行游泳、花样游泳和水球的比赛。本文将从整体规划设计出发，详细介绍"一场两馆"的设计理念和特点。

图1　西安奥体中心整体俯视图
Fig.1　An overall top view of the Center of Xi'an Olympic Body

2 匠心独运的奥体中心

西安奥体中心坐落于西安国际港务区东西主轴线的中央景观轴线的核心位置，东望骊山、西临灞河，呈傍山依水之势，距西安咸阳国际机场25km，距西安高铁北站14.6km，是2021年第十四届全国运动会主场馆，承担开闭幕式等重大活动，是西安市"东拓"的战略高点（图2）。西安奥体中心总用地1089亩，净用地863亩，总建筑面积52万m^2。包含一座6万个坐席的体育场、一个1.8万个坐席的体育馆和一座4000个坐席的游泳跳水馆、中央地库、南侧地库等，机动车配建总数为5587辆。

西安奥体中心以世界眼光、国际标准为规划理念，借鉴中国传统轴线式建筑布局的美学价值，规划总平面"一场两馆"呈"品"字形布局，刚柔并济、动静相宜。场馆与城市山水道路完美协调，形成了南、北、西、中四大广场，向西与灞河岸线、水秀通过西广场衔接；向东与奥体酒店等中轴线上重要节点互动，形成开放共享、功能互补、绿荫悦动、时尚活力的中轴景观。

西安奥体中心景观绿化设计创造了一个区域的"森林公园"，未来将和幸福岸线、

图2 西安奥体中心整体鸟瞰图
Fig.2 An overall bird's eye view of Xi'an Olympic Sports Center

中心绿轴一同组成“大西安”新的绿色廊道，在2021年全运会开幕之际盛世绽放。场地整体采用大开大合、疏密有致的手法，以疏林草地为主要种植形式，局部结合组团种植，形成一个视线疏朗、层次简洁的“森”景观。绿化在设计中注重四季常绿、三季有花，利用赛期开花植物烘托出赛时的景观效果及赛后的长久生长。以分区特色、分级营造的设计手法，形成生态亲民、绿茵秀景的绿化景观。

西安奥体中心用灯光展现新时代体育场馆的形象，用光影勾勒星空山水之间的绝美天际线。 通过LED点光灯、新型染色投光灯、图案投影灯、星光灯等结合，场馆与园区内外的灯光联动控制，通过开闭幕式模式、节庆模型、平日模式等不同场景模式，让西安奥体中心熠熠生辉、流光溢彩。

3 “一场两馆”建筑设计

3.1 奥体中心主体育场

西安奥体中心体育场（图3）是全国第12个6万座以上的大型综合体育场，是全国第十四届运动会开幕式和闭幕式主会场，也是本届全运会田径项目的竞技会场，占地面积10.9万m^2，总建筑面积15.2万m^2。场馆建筑形态取意西安市市花——石榴花，28片由白色丝带组成的“花瓣”对应28根V形柱，以柔美、飘逸的线条，勾勒出体育场优美的轮廓，寓意“丝路起航，盛世之花”，完美展现出丝绸舞动的韵律，所以又被称为“长安花”。

图3　西安奥体中心体育场鸟瞰图
Fig.3　Aerial view of Xi'an Olympic Sports Center Stadium

主体建筑钢结构采用空间悬挑钢桁架结构，整体东西高、南北低，呈马鞍形，设置前后两处支撑点，分别为看台最后排钢结构支撑柱与二层室外平台处的超大型V形钢筋混凝土支撑柱，结构逻辑清晰、合理，既保证了结构的安全性，又展现了美观的建筑效果。体育场外围及第五立面装有40万颗LED光源，夜景泛光照明的设计与建筑的形态紧密结合，通过灵动的曲面穿孔幕墙，形成传承历史、富有现代、动感、韵律的“石榴花”体育场（图4）。

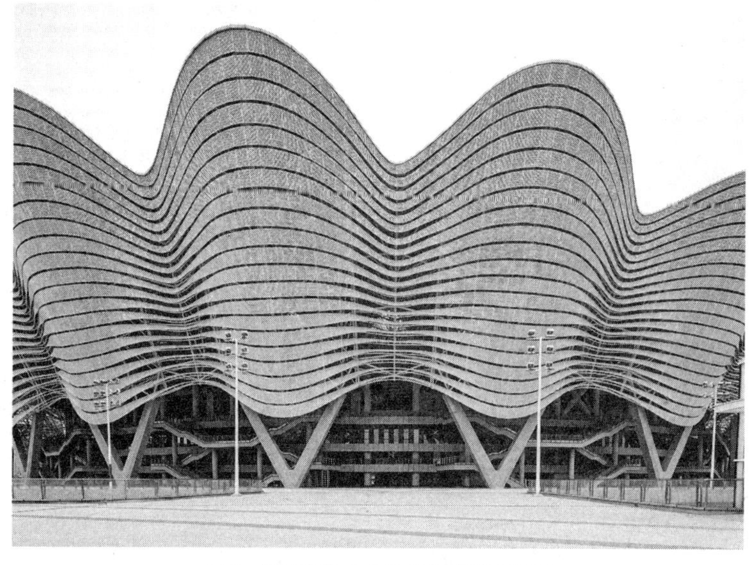

图4　西安奥体中心体育场幕墙实景图
Fig.4　A wall view of the stadium of Xi'an Olympic Sports Center

体育场内的6万个座位，采用黄蓝相间的配色，并进行不规则的排布，能为场上的运动员营造出热烈的比赛氛围，三层设有64间VIP包厢，能够提供更为舒适的观赛体验。比赛场地按照标准400m综合田径场设计，采用国际标准预制塑胶跑道，满足奥运会、世锦赛等国际最高标准赛事办赛需求，共设9条环形跑道、10条直跑道，内含一块105m×68m国际标准足球场，采用专业级天然草坪，能够满足最高标准足球比赛的需要。体育场运动场地已取得国际田联一类场地认证，可承担重大体育比赛、各类常规赛事以及非竞赛文艺项目，并可提供运动、休闲健身和商业等综合性服务（图5）。

图5　西安奥体中心体育场场芯实景图
Fig.5　A real-life view of the stadium core of Xi'an Olympic Sports Center

3.2 奥体中心体育馆

西安奥体中心体育馆是全国第8个1.8万座特大型综合体育馆，是全国第十四届运动会闭幕式及残运会开闭幕式的会场，并具备16项专业赛事举办及会展、演绎功能。占地6万m^2，建筑面积10.7万m^2（图6）。设计主题为“雄浑塬上，梦回长安”，它造型硬朗，建筑形态致敬古长安的高台殿堂，与主体育场的端庄优雅形成动静之趣，刚柔并济。体育馆的顶部由16个像飞檐般的角弥合而成，每个角又由四块巨大的三角形组成，既有宫殿式建筑风格又兼具现代线条的特别设计，许多三角形的钢化玻璃嵌入其中；又增加了建筑的灵性与柔美。从侧面看，这些棱角犹如一枚钻石的切面，所以它又被称为“长安钻”。

体育馆不仅可满足举办体操、篮球、羽毛球、乒乓球等室内项目国际A级赛事的要求，还能举行花样滑冰、短道速滑等冰上项目的国际赛事（图7）。1.8万个坐席

图6 西安奥体中心体育馆立面实景图

Fig.6 A realistic view of the façade of Xi'an Olympic Sports Center Stadium

图7 西安奥体中心体育馆场芯实景图

Fig.7 A real-life view of the core of Xi'an Olympic Sports Center Stadium

是由1.5万个固定坐席和场地中央3000个电动伸缩坐席构成，伸缩坐席可以根据场地的需要灵活收放，满足多种类型比赛办赛需求。挂在场地中央的，是目前国内体育馆中最大最先进的可升降4K高清LED斗屏，屏幕面积达541m²，屏的内部还设置了4块小屏，能够全方位地满足各个角度观众的观赛需求。体育馆中间还设置有2圈630m²的环屏，2个110多平方米的端屏，可以随不同场景进行切换，根据比赛、演出、会展的不同功能需求进行转换使用。上空一圈圈“蜘蛛网”似的灯光系统能为各种类型活动赛事提供氛围，配合灯光舞美满足各个会演的美学要求，再加上顶级的扩声系统，能够达到最高标准的舞台效果。

此外，体育馆最具特色的一项技术是快速制冰及冰篮转换系统，在体育馆中央四周的地面上预留了许多小孔，这些是冰场所用的界墙定位。场地地面的混凝土下面预埋了制冰的管道。当需要冰面的时候，先将护栏立在界墙位置，然后直接在混凝土上注水，48h就能实现完成1800m^2的冰场制冰。如要举行篮球比赛，在冰面上铺一层保温的冰被，再铺上比赛用的木地板，就可以迅速转换成篮球场地。这项技术在国内属首创，也是目前西北地区面积最大的冰场。

3.3 奥体中心游泳跳水馆

西安奥体中心游泳跳水馆是一座拥有4000个座位的室内场馆（图8），这里将承担全国第十四届运动会游泳、花样游泳、跳水等比赛项目。占地3.9万m^2，建筑面积10.3万m^2。整座建筑外形设计取意于青铜器“鼎”的造型，采用造型优美的58根菱形柱廊与玻璃幕墙的虚实结合，勾勒出青铜器鼎的建筑形态，契合2021年“建党百年，鼎盛中华”的寓意，展现建筑光影之美，所以它又被称为“长安鼎”。

图8 西安奥体中心游泳跳水馆实景图

Fig.8 A real-life view of the Swimming and Diving Hall of Xi’an Olympic Sports Center

游泳跳水馆比赛大厅设置一块跳水池和一块游泳比赛池。跳水池长25m，宽25m，水深6m，设有1m、3m跳板及1m、3m、5m、7.5m、10m跳台，满足国际泳联最新跳水比赛标准。跳台采用清水混凝土制成，这也是世界上最先进、最流行的环保建筑材料，不仅保证了工程质量，还降低了成本。游泳比赛池长50m，宽25m，水深3m，10条泳道，满足国际泳联标准，可进行游泳、花样游泳、水球的比赛（图9）。

图9 西安奥体中心游泳跳水馆场芯实景图
Fig.9 A real-life view of the core of Swimming and Diving Hall of Xi'an Olympic Sports Center

游泳跳水馆屋面采用太阳能光伏发电，馆内有为泳池预热的空气源热泵，采用余热回收方式给水加热，能够有效降低能耗。比赛期间，水温控制在人体最适宜的27～28℃恒温。整个水系统均采用逆流式水循环系统。设置毛发收集器、硅藻土过滤器；水池采用臭氧消毒为主、氯消毒为辅的消毒方式，最后经过活性炭的吸附，换热器加热后通过池底注水口注入水池。水质能够达到国际泳联的水质卫生标准。此外，水循环系统采取恒温处理，游泳馆地下一层的能源中心为游泳馆提供有效热能供应，在保持室温恒定的同时，奥体中心还采取余热回收的方式给池水加热。水循环系统的恒温处理保证了运动员的舒适性。

4 打造5G智慧场馆

随着现代体育场馆功能和定位的演变以及新技术的发展，体育场馆早已从单一式、粗放式管理，逐步过渡到平台化、生态化阶段，因此，奥体中心除了配备得天独厚的基础硬件设施，还植入了强有力的“智慧内核”。西安奥体中心通过构建世界一流的智慧体育场馆，赋能丝路体育盛事，助力国家中心城市建设。

奥体中心智慧化建设目标对标以人为本、产业聚集、西安特色。核心关注赛事VIP贵宾、观众、运动员、裁判员等用户的人文诉求；助力西安泛体育产业集聚，打造城市新IP；体现西安历史文化与当代风采。

通过5G、物联网、大数据、云计算等新技术的应用，以体育服务为主，促进相关产业跨界融合，并有效整合场馆及周边片区文体旅资源，形成“体育+经济”一体化格局，让智慧城市生活、智慧化技术与场馆服务全面交融。

目前奥体中心是全国首个实现5G网络全面覆盖的智慧体育场馆，一共安装了6大智能化系统、63个子系统，同时组建综合智慧指挥平台，集体育竞技、观赛体验、媒体转播、全程服务、智慧安保多位一体，全方位打造“智慧奥体”。通过管理对象的全连接、数据的全融合，实现了场馆可视、可管、可控，打造安全、舒适、高效的场馆环境，将奥体中心逐步发展成为一个集体育竞赛、会议展览、文化娱乐和休闲生活于一体的全国领先智慧场馆标杆。其智慧化建设主要体现在以下五大方面：竞赛体验、平安体育、体育产业、数据赋能、开放互联。

4.1 竞赛体验智慧+

利用5G通信技术、场馆一站式移动应用提高场馆用户赛事参与感和体验感，构建高效赛事信息化系统（图10）。通过5G全覆盖，Wi-Fi等信息实时传输实现升旗系统，计时计分等系统联动；5G现场直播让观众享受由5G拍摄技术带来的沉浸式观赛，包括多机位360° 全景切换、球星视角追踪等，可身临其境地观看参赛运动员的矫健身姿，完美传递体育竞技的魅力。智慧奥体APP作为西安奥体中心对外的统一服务门户，为用户提供信息查询、交通指引、室内外导航、场地预约、票务预订、特色电商等综合服务。实现信息公开化、服务多元化、操作智能化、体验一体化。

图10 西安奥体中心5G应用
Fig.10 Xi’an Olympic Sports Center 5G application

同时，在奥体中心主要出入口、电梯厅、休息处、人流交汇处设置触摸信息查询系统，帮助用户对整个体育馆各个功能与情况进行查询和了解。电子屏系统首页展示3D沙盘，整体展现奥体中心的建筑分布，服务设置位置，周边交通，实时客流展示，让民众纵情畅游场馆内部，充分领略场馆智能技术所带来的极大便利。

4.2 平安体育智慧+

依托VR/AR、5G单兵设备（5G安防眼镜、5G安防无人机、5G安防机器人等）及AI算法，融合智慧调度，实现应急事件的智能预警关联、打造一体化联动指挥体系，构建“智慧安防、联动指挥、智慧运营”三位一体模式，提升整体安防级别，打造一流平安赛事保障（图11）。

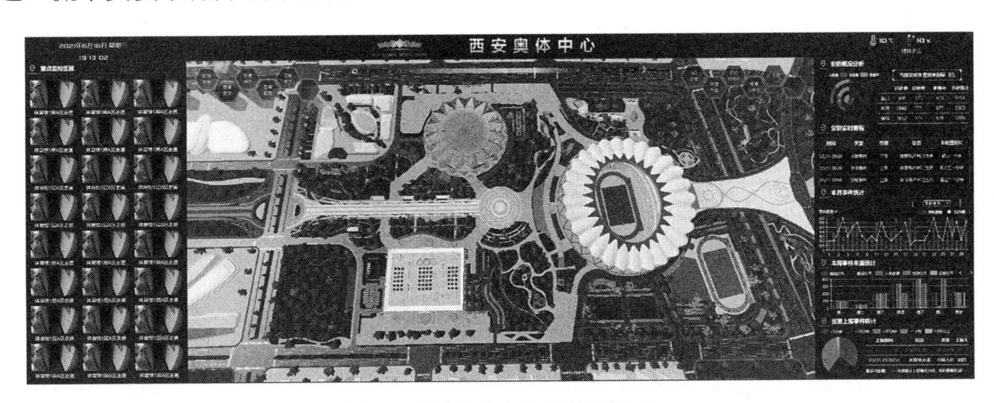

图11 西安奥体中心5G智慧安防
Fig.11 Xi'an Olympic Sports Center 5G intelligent security

建设消防管理平台实现消防设备的联网化，结合消防水系统监控设备及独立式烟感设备、电气火灾监控设备实现对场馆建筑运行情况的全面监控，并依托消防管理平台巡检维保规划等功能实现对日常巡检、维保工作的全方位支撑。

基于数字体育平台，拉通场馆各应用、物联网底层数据，实现对场馆各业务域信息的可视化展示，包括综合安防监管、设备设施、能源、场馆运营等。建立全面、有效的线上EHS（环境、健康、安全）管控体系，提高赛事场馆安全生产信息化系统相关工作的管理水平与执行力，实现物业管理的标准化、系统运行的智慧化、数据展示的形象化、辅助决策支撑的专业化，达到降本、提质、增效的目的。

同时，针对国内外疫情的现状，建设先进的疫情防控系统，打通从硬件终端、后台、云平台到数据展示层等一系列系统，进行多点测温、人脸识别以及验票支持。降低安保、防疫的难度，提供疫情防控的快速通行方案。

4.3 体育产业智慧+

基于5G智能穿戴设备和运动大数据，大力发展大众健身和体育培训业务，发挥智慧场馆体育强国的巨大作用。

一方面将奥体中心场馆的各项服务、设施与群众客群紧密连接，为用户提供场馆基础服务、大众健身服务、增值衍生服务、会员服务等移动端入口，以实现场馆服务的精准匹配。通过智能联动的场地服务，便捷的通行出入方式，以及先进的影子健身体验馆，切实打造一流的全民健身场所，大大降低群众健身门槛，有利于用户场馆健身习惯的养成，普及全民运动。

另一方面建立数字化体育教学培训体系，提供线上线下一体化课程以及多种触达方式，提供智能可穿戴设备，实现用户运动数据监控、高清回放、训练复盘等悉心服务；同时结合用户画像智能数据分析，实现精准人群吸引与推广，赋能场馆培训业态。丰富场馆业态与能力结构，联动体育产业相关的经济生态链，科学制定或调整经营管理策略，给用户带来卓越体验的同时，塑造智能化场馆服务形象，引领场馆健身风潮，推动体育产业的数字化、智能化，助力西安体育产业的升级转型。

4.4 数据赋能智慧+

利用5G的大规模物联网连接特征，广泛地收集场馆的业务、设备等数据，并通过数据平台收集和沉淀，打造奥体中心体育大脑，并为全运赛事及智慧城市服务进行数据赋能（图12）。其中智慧运营中心作为整个场馆的全貌展示及管控，可以实现“四个一”：一数全局可知、一屏运营可视、一闪事件可管、一键业务可控。

改变传统数据分析模式，创新性地应用K-MEANS、SVM等机器学习算法发现用能异常，提升场馆项目能源管理水平。通过大数据分析技术和智慧能耗系统，对场馆人流、环境及天气情况等多方面条件应用算法模型，对场馆能耗进行能耗诊断和预测，根据已有历史数据库对制冷等能耗设备进行科学调控，实现节能环保的目标。

图12　西安奥体中心5G智慧数据综合态势
Fig.12　Xi’an Olympic Center 5G intelligent data comprehensive situation

4.5 开放互联智慧+

打造开放互联的能力，连接数字世界与物理世界、连接内部生态和外部生态、连接观众和体育赛事，打造极致的观赛体验、优质的赛事服务，支撑举办一届“精彩、非凡、卓越”的全运会。同时把赛事活动保障与赛后综合利用进行有机结合，组建专业体育资产运营管理团队，有效整合场馆及周边片区文体旅资源，实现场馆综合业务运营以及一站式的客户服务输出，拓展服务领域，增强场馆复合经营能力，构建开放、互联、融合的“数字体育服务生态圈”。

追求能力开放，空间互联，建立赛事协同办公会议系统，推动场馆平行演化更多智慧复用功能，对场馆内会议室和新闻发布厅等空间进行管理，提供预约、通知、使用情况智能探测等功能，提升场馆内办公资源利用率。这些5G时代信息技术的运用，使全运会的现代化水平有了质的飞跃。

“一场两馆”聚焦世人目光，健康全运，只为百年梦想。智慧创新的运营方式、服务方式和商业模式，将促进体育制造业转型升级、体育服务业提质增效。西安奥体智慧化是站在整个城市发展角度，重点进行城市空间战略布局，将体育、商业、艺术、文化融为一体，实现城市、空间与人的多维链接和共融共生，助力智慧城市发展，引领城市文化生活方式的变革。

5 结语

西安奥体中心的建设内外兼修，智慧书写城市新篇章，对于促进陕西省体育产业的规模化发展，融入“一带一路”倡议，打造西安国际化大都市，提升对外开放品质、城市美誉度与国际知名度都有着十分重要的意义。同时，西安奥体中心的“一场两馆”将为迎接2021年第十四届全运会的顺利开展提供全面的保障，也将为未来各类大型赛事、活动提供一处功能完备、适用便捷的现代化场馆。

参考文献

[1] 西安奥体中心大跨度楼板振动测试报告[R].上海：上海史狄尔建筑减震科技有限公司，2019.

[2] 傅学怡. 国家游泳中心水立方结构设计[M].北京：中国建筑工业出版社，2009.

[3] 中华人民共和国行业标准.组合结构设计规范 JGJ 138—2016[S]. 北京：中国建筑工业出版社，2016.

[4] 中国建筑标准设计研究院. 国家建筑标准设计图集13SG364：预制清水混凝土看台板[S].北京：中国计划出版社，2013.

西安奥体中心主体育场钢结构工程焊缝超声波探伤

张　俊　张宣关　罗建华
（陕西省建筑科学研究院有限公司，西安　710082）

【摘　要】本文介绍了西安奥体中心主体育场钢结构结构形式、焊接施工和焊缝质量检测特点，分析了铸钢件材质引起超声衰减的探伤方法，结合钢屋盖焊接施工过程出现的焊接缺陷特征，介绍了相应的超声探伤检测方案和检测过程，作者们进行了施工全过程的焊接质量超声探伤检测，确保了本工程焊接质量达到设计和验收规范要求。

【关键词】铸钢件；大跨空间钢桁架；超声波无损探伤

Ultrasonic Flaw Detection of Welding Seam in Steel Structure Engineering of Main Stadium of Xi'an Olympic Sports Center

Jun Zhang　Xuanguan Zhang　Jianhua Luo
(Shaanxi Architecture Science Research Institute Co. Ltd., Xi'an 710082, China)

【Abstract】 This paper briefly introduces the steel structure form, welding construction and weld quality inspection characteristics of main stadium of Xi'an Olympic Sports Center.The method of detecting ultrasonic attenuation caused by cast steel materials was concisely analyzed, combined with the characteristic welding defects in the welding process of steel roof, the corresponding ultrasonic flaw detection scheme and detection process were introduced, the author has carried out ultrasonic flaw detection of welding quality in the whole construction process to ensure that the welding quality of this project meets the requirements of design and acceptance specifications.

【Keywords】 Steel Casting; Large Span Spatial Steel Truss; Ultrasonic Nondestructive Testing

1 序言

大跨空间钢桁架结构因强度高、抗震性能好、受力体系简单、全部为单向力杆单元、施工方便等特点，广泛用于体育场馆、大型展厅、工业厂房等工民建筑[1]。体育场馆大体量钢桁架屋面结构，多采用小拼桁架单元体地面拼装后高空整体组装，施工过程中焊接量巨大。在高空组装过程中受安装精度、焊接作业条件、桁架自重产生的附加应力等诸多焊接不利因素影响，桁架焊接质量较难控制，焊缝内部容易出现各类超标缺欠，影响结构安全。铸钢件设计灵活，采用铸造成形，相比焊接件附加应力小、强度高，目前多用于钢结构中刚度较大的转换节点，如大跨空间结构支撑支座，以及树状钢结构的分叉节点等。相较工程中常用的碳素结构钢和低合金高强度钢，铸钢件焊接性稍差，焊缝易出现超标缺欠，冬期施工若无焊前预热和焊后保温措施，焊缝易出现冷裂纹[2、3]。

钢结构焊缝检测中超声波探伤检测操作简便、焊缝缺欠检出效率高、缺欠定位精准，对钢结构焊接质量检测起至关重要的作用。本工程铸钢件支座安装焊缝，钢桁架弦管对接焊缝及腹杆与铸钢节点对接焊缝质量等级均为一级，腹杆与弦杆相贯线焊缝质量等级为二级，按《钢结构工程施工质量验收标准》GB 50205—2020，对焊缝采用超声波探伤检测。根据实际检测对象，检测过程制定合理的检测方法、工艺参数，保证本工程所有焊缝质量均达到设计和验收规范要求。

2 工程概况

西安奥体中心主体育场钢罩棚外轮廓呈椭圆形，其设计灵感来源于石榴花绽放的姿态和丝绸舞动的韵律。主体钢结构采用空间悬挑钢桁架结构，南北最大跨度约335m，东西最大跨度约321m，罩棚最宽处约74m，最窄处约60m，最高处约56m。钢罩棚由14对花瓣造型的72片钢管桁架单元组成，每个桁架单元由2榀径向三角桁架及两榀片式桁架组成；径向桁架间通过4榀环向立体桁架、3榀片式桁架及系杆连接，单榀最大桁架重约85t，整个钢罩棚总重达1.3万t，钢罩棚通过外围28个V形劲性钢柱与下方覆盖的看台观众席连接。钢罩棚平面图及施工全景图见图1。

图1　钢罩棚平面及整体施工全景图

Fig.1　Floor plan and construction panorama of steel canopy

外围V形劲性支撑钢柱钢骨为“十”字形柱，外包钢筋混凝土，混凝土强度等级为C40。V形十字柱钢骨分4节依次进行安装，V形劲性钢柱施工简图见图2。

图2　V形劲性钢柱施工简图
Fig.2　Construction drawing of V-shaped steel column

钢罩棚桁架内圈共有28个铸钢件支座，外围66个铸钢件支座，焊接于“十”字形钢柱柱顶，铸钢件材质为G20Mn5QT，内环铸钢件支座最大单重约为5t，外环铸钢件支座最大单重约为6t，铸钢件支座施工简图见图3。

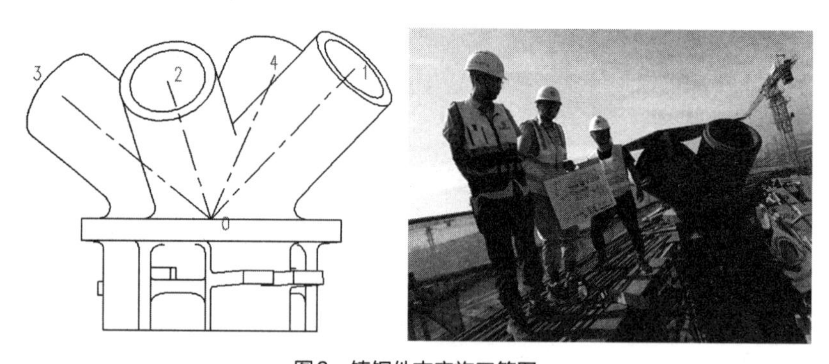

图3　铸钢件支座施工简图
Fig.3　Construction diagram of the steel casting support

罩棚钢桁架分项施工为单片桁架工地现场拼装，拼装结束后单片桁架整体吊装在高空组装，单片钢桁架拼装简图见图4。

图4　单片钢桁架拼装简图
Fig.4　Single piece of steel truss assemble diagram

3 本项目焊接施工特点

（1）钢罩棚支座采用G20Mn5QT铸钢件，其化学成分见表1。

G20Mn5QT铸钢件化学成分表 表1
Chemical composition list of G20Mn5QT steel casting Tab.1

铸钢钢种		C	Si	Mn	P	S	Ni
牌号	材料号						
G20Mn5QT	1.62220	0.17～0.23	≤0.6	1.00～1.60	≤0.020	≤0.020	≤0.8

G20Mn5QT材质的焊接性，由国际焊接学会推荐的碳当量CE（IIW）=C+Mn/6+（Cr+Mo+V）/5+（Ni+Cu）/15计算可知，G20Mn5QT的碳当量在0.38%～0.55%之间，《钢结构焊接规范》GB 50661—2011规定的焊接难度等级为B、C级，焊接难度等级为一般和较难，C、Mn元素含量取下限时，焊接难度等级为一般；C、Mn元素含量取上限时，焊接难度等级为较难，焊接接头具有一定的淬硬倾向[4]。支座节点处多杆件集中交汇，约束刚度大，强度要求高，焊缝等级为一级，焊缝质量设计要求高。

（2）本工程罩棚钢结构采用单榀桁架小单元地面拼装，分段吊装，高空合龙进行整体组装，施工体量大，小拼单元桁架共127榀，钢管桁架数量多，节点形式多，桁架拼装及组装焊接量巨大。按设计要求，弦管对接焊缝及腹杆与铸钢节点对接焊缝质量等级均为一级，需进行100%超声探伤；腹杆与弦杆相贯线焊缝质量等级要求为二级，需进行20%超声探伤，探伤工作量巨大。

（3）在桁架拼装及组装过程中，受钢管下料长度、坡口尺寸、焊缝收缩以及桁架在约56m高空组装工况多因素的影响，安装精度较难控制，拼接时易产生错边和宽间隙焊缝；高空风速大，使得CO_2气体保护焊接难度增加；此外在安装焊接中，不仅有平焊、立焊、横焊，还有仰焊，焊接作业复杂，焊缝中易产生气孔、层间未熔合等焊接缺陷。

（4）本工程为全运会主会场工程，施工工期特别紧，经历冬期施工，低温焊接难度大，焊缝易产生裂纹等缺陷。

4 超声波探伤特点

（1）管桁架拼装及组装焊接量巨大，多数为管－管相贯线焊缝且密集于节点处，针对不同直径杆件，选用合理的探头晶片尺寸，制作相应的DAC曲线。对于宽间隙焊缝，超声波探伤应进行周向和轴向前后扫查，确保此类焊缝的内部质量。

（2）铸钢件与钢柱及铸钢件与管桁架对接焊缝探伤时，除焊缝外，必须对热影响区进行探伤检测，防止铸钢件热影响区冷裂纹缺陷，扫查区域150mm范围，探头、检测灵敏度按《铸钢件 超声检测 第1部分：一般用途铸钢件》GB/T 7233.1—2009标准执行[5]。

5 探头的选择

1.探头频率的选择

探头频率的选择应根据所检测的具体材质而定，一般情况下，超声波探伤灵敏度约为$\lambda/2$，声场半扩散角$\theta_0=\arcsin1.22\lambda/D$，频率越高，波长越短，半扩散角越小，声束指向性较好，能量集中，易发现小缺陷的能力越强；由近场区长度$N=D^2/(4\lambda)$，以及材料对超声衰减系数$a_3=c_2Fd^3f^4$可知，频率越高，近场长度变长，材料对声束衰减也越强。综合考虑，对于大厚板、高衰减材料，应选用较低频率的探头。

2.晶片尺寸的选择

为增加耦合效果，钢管焊缝探伤选用小晶片尺寸探头。钢板焊缝探伤选用大晶片尺寸探头。探头晶片尺寸越大，发射的超声能量也越大，探头未扩散区扫查范围大，发现远距离的缺陷能力增强。

3.K值的选择

在横波检测中，K值对于缺陷的检出率、灵敏度、声束轴线方向、一次波的声程都有影响，由$K=\tan\beta_s$可知，K值越大，一次波的声程变大，因此，对于厚板检测宜采用小K值探头，以减少声程过大引起的衰减，有利于发现较大深度的缺陷；薄板检测宜采用大K值探头，增加一次波的声程，避免近场区检测[6]。

本工程钢管桁架所用钢管规格为：PIP152×6、PIP168×8、PIP203×8、PIP245×10、PIP273×12、PIP299×14、PIP325×14，材质为Q345C；V形柱规格为十字1400×800×40×40、十字1100×800×40×40，材质为Q345B-Z15；铸钢件与钢柱焊接铸钢件板厚为30mm。综合考虑，本工程超声探伤对于桁架管－管对接焊缝、管－管相贯线焊缝采用2.5P 6×6 K3、2.5P 9×9 K2.5单晶横波斜探头，钢板焊缝探伤采用2.5P 13×13 K2、2.5P 13×13 K1.5斜探头。

6 超声波探伤检测

6.1 对所有焊缝进行外观质量检测

探伤前对各类焊缝外观成形质量进行检测，用焊接专用检验尺对角焊缝及对接焊尺寸进行抽检，焊缝外观成形应良好，焊波均匀，焊肉饱满，表面应无气孔、夹渣、咬边、裂纹、焊瘤等缺陷，焊缝外观成形质量和焊角尺寸均应符合《钢结构工程施工质量验收标准》GB 50205—2020规范要求。

6.2 钢管桁架宽间隙焊缝超声检测

钢管桁架高空组装过程易出现管－管对接及管－管相贯线宽间隙焊缝。在焊接时多采用多层多道焊，此类焊缝常见的缺陷为层间未熔合，焊缝根部缺陷较少。除焊缝外，考虑到热输入较大，对热影响区必须进行扫查检测。

6.3 支座节点铸钢件焊缝探伤

采用B级检测，从铸钢件侧探伤时需注意铸钢件对超声波衰减的影响。检测前用直探头对现场所用铸钢件的透声性进行初步判断，将探头对准工件底部，用衰减器测出底波B_1与B_2的dB差，dB差越大说明透声性越差，探伤时应考虑铸钢对超声波的衰减影响，并对探伤灵敏度适当提高。

衰减系数检测方法分为两种[6~8]：

方法一，单探头测量材质衰减：采用和工件等厚的试块，将探头声束对准棱角，并使其反射波达到最高，调节仪器增益，使其达到基准高度（满刻度的80%），记录此时反射波强度dB值（H_1）及探头位置；在同一位置处，将探头放置于被检工件，调节仪器增益，使其达到基准高度（满刻度的80%），记录此时反射波强度dB值（H_2），则Δ dB=H_1–H_2即为材质衰减量，在做出的标准DAC曲线上应增加Δ dB增益。

方法二，材质衰减系数a_H的测定：取厚度为40mm的铸钢件工件，其表面粗糙度应与标准试块相同，斜探头按深度1∶1调节时基线，仪器调整为一发一收模式，选择两个相同斜探头，按图5所示放置于被检工件，两探头入射间距为1P时找到最高回波，记录波幅值H_1（dB），缓慢移动探头至两探头间距为2P，找到最大反射波，记录波幅值H_2（dB），衰减系数a_H可由下式计算得出：$a_H=(H_1-H_2-\Delta)/S$，式中：S为声程差，$S=80/\cos\beta$，“Δ”可由$20\lg(S_2/S_1)$计算得出，Δ常用值约为6dB。测量简图见图5。

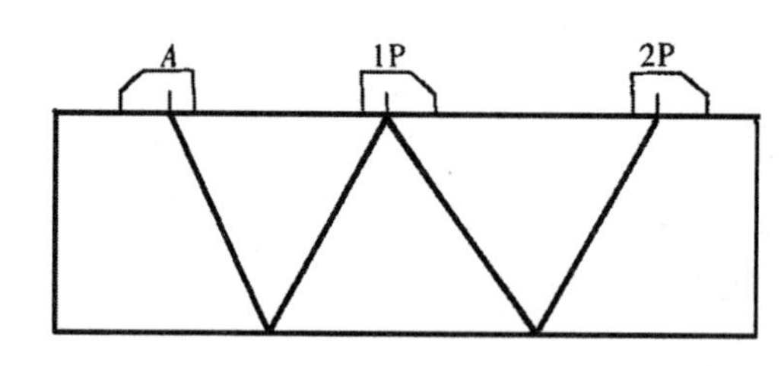

图5 超声波材质衰减系数测量简图
Fig.5 Ultrasonic material attenuation coefficient measurement diagram

7 结论

（1）对于铸钢件节点，焊缝超声波探伤前应对结构类型、材质、板厚以及节点形式充分了解，需考虑铸钢件对超声波的衰减影响。在重要节点，还应考虑焊缝可能产生横向裂纹，需将焊缝表面打磨平整后进行探伤。

（2）钢管桁架高空组装过程产生管-管对接及管-管相贯线宽间隙焊缝，此类焊缝常见的缺陷为层间未熔合。探伤时，除焊缝外，考虑到热输入较大，对热影响区必须进行扫查检测。

（3）西安奥体中心主体育场罩棚钢结构，节点多，焊接量巨大，高空焊接及冬季低温焊接，焊接质量的控制难度大，经过我们周密精湛的检测工作，确保了该大型钢结构工程的焊接质量。

参考文献

[1] 张毅刚，薛素铎，杨庆山等.大跨空间结构[M].北京：机械工业出版社，2005.

[2] 李永生.勒泰中心铸钢件焊接施工技术[J].施工技术，2012(6)：182-184.

[3] 彭洋，童乐为.钢管桁架结构铸钢焊接节点疲劳性能研究进展[J].工业建筑，2010(9)：105-110.

[4] 中华人民共和国国家标准.钢结构焊接规范GB 50661—2011[S].北京：中国建筑工业出版社，2011.

[5] 中华人民共和国国家标准.铸钢件 超声检测 第1部分：一般用途铸钢件GB/T 7233.1—2009 [S].北京：中国标准出版社，2009.

[6] 郑晖，林树青.超声检测[M].北京：中国劳动社会保障出版社，2008.

[7] 孟庆文.船用铸钢件超声波探伤工艺探讨[J].无损检测，2013，37(4)：21-24.

[8] 段师剑，何华，杨玲，等.建筑钢结构中铸钢节点焊缝超声波检测探讨[J].测量与检测技术，2014(41)：132-135.

第十四届全运会体育场馆结构健康监测

柳明亮　董军锋　魏超琪　马　瑞　杨　晓　苏东升
（陕西省建筑科学研究院有限公司，西安　710082）

【摘　要】第十四届全运会比赛共新建和改造比赛场馆54个，本文仅对其中比较典型的5个场馆——陕西奥体中心体育馆、西北大学长安校区体育馆，以及已建成的宝鸡市游泳跳水馆、咸阳奥体中心体育场、渭南市体育中心体育场的工程概况、项目特点、监测内容及监测成果等进行论述，为国内同类型的工程监测项目实施提供参考。

【关键词】第十四届全运会；项目特点；结构健康监测；人工监测；自动监测；实时在线监测系统；监测内容及监测成果

Structural Health Monitoring of Stadiums and Gymnasiums in the 14th National Games

Mingliang Liu　Junfeng Dong　Chaoqi Wei　Rui Ma　Xiao Yang　Dongsheng Su
(Shaanxi Academy of Building Science Co. Ltd., Xi'an 710082, China)

【Abstract】A total of 54 competition venues were newly built and reconstructed for the 14th National Games. This paper only discusses the project overview, project characteristics, monitoring contents and monitoring results of the five typical venues-Shaanxi Olympic Sports Center Gymnasium, Chang'an campus gymnasium of Northwest University, Baoji swimming and Diving Gymnasium, Xianyang Olympic Sports Center Gymnasium and Weinan Sports Center Gymnasium. It provides a reference for the implementation of similar engineering monitoring projects in China.

【Keywords】The 14th National Games; Project Characteristics; Structural Health Monitoring; Manual Monitoring; Automatic Monitoring; Real-time Online Monitoring System; Monitoring Contents and Results

1 引言

第十四届全运会比赛共新建和改造比赛场馆54个，其中包含大量的钢结构工程，一些钢结构的规模和复杂程度在西北地区乃至全国范围内都具有一定的影响力。为保证大型工程结构在施工及使用阶段的安全，有必要对其进行结构健康监测工作。

结构健康监测（Structure Health Monitoring，SHM）是指利用现场的、无损伤的、实时的方式采集结构的几何、应力、应变等结构内部特征信息及温度、地震、风荷载等外部作用信息，获取结构因环境因素、损伤或退化而造成的改变，分析结构性能的波动、劣化或损伤特征，进而达到分析和识别结构健康状况目的的工作[1~4]。

结构健康监测按照监测过程分为施工期间监测和使用期间监测，施工期间监测应以施工安全或工程质量控制为基准，使用期间监测应以结构正常极限状态或结构适用性为基准。监测方式方面，施工期间监测多以人工监测及关键施工阶段自动监测为主，使用期间监测宜采用实时在线监测系统[5、6]。

2 陕西奥体中心体育馆

2.1 工程概况

陕西奥体中心体育馆[7]位于西安市高新区体育训练中心园区内，为甲级大型综合性场馆，占地面积86600m^2，总建筑面积为72450m^2（其中：地上38750m^2，地下33700m^2），分为比赛馆和训练馆，地上均为三层，地下一层，比赛馆屋顶建筑标高40.000m（结构标高37.500m），训练馆屋顶建筑标高28.000m（结构标高26.000m）。比赛馆设计规模为7048座（其中固定座椅4500座，活动座椅2548座），将承担第十四届全运会排球–女子成年组、击剑比赛项目，为闭幕式备用场馆，建筑效果图如图1所示。

图1 陕西奥体中心体育馆建筑效果图
Fig.1 Architectural renderings of Shaanxi Olympic Sports Center Gymnasium

比赛馆平面呈椭圆形，短向跨度约100.180m，长向跨度约111.060m，矢高16.5m，矢跨比约1/7；采用双层网壳，结构厚度为4m，网格主要采用四角锥形式，网格尺寸为4.2m×4.2m×4m，节点采用焊接球节点；网壳支承在屋盖周边的36根框架柱及环梁上。训练馆及其他位置屋盖采用单层网壳结构，短向跨度约为42.0m，长向跨度约为58.8m，矢高约4.5m，矢跨比约1/9；网壳杆件截面采用矩形钢管，采用2.8m×2.8m三向网格；单层网壳采用焊接节点，节点刚度满足刚接要求，单层网壳支承在24根混凝土柱顶环梁及44组V形柱上，结构轴测图如图2所示。

图2 陕西奥体中心体育馆结构轴测图

Fig.2 Structural axonometric drawing of Shaanxi Olympic Sports Center Gymnasium

2.2 项目特点及监测成果

本项目钢结构施工采用渐扩拼装顶升法，分为训练馆、比赛馆及中间连廊三部分，顶升施工技术在平板网架中应用较多，但对于曲面网壳国内应用较少。本项目顶升高度高，曲率小，渐扩顶升施工与结构卸载后受力不一致。为控制网壳施工过程结构安全，本项目在顶升及卸载过程中，对结构应力、温度及关键节点的挠度进行监测，结构应力监测点布置如图3所示，现场监测及布点照片如图4所示，关键监测杆件的应力曲线如图5所示。

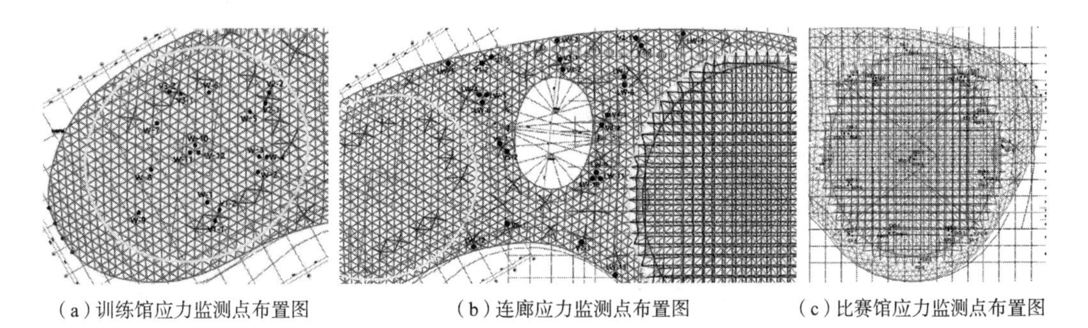

（a）训练馆应力监测点布置图　（b）连廊应力监测点布置图　（c）比赛馆应力监测点布置图

图3 结构应力监测点布置图

Fig.3 Layout of structural stress monitoring points

图4 现场监测及布点照片

Fig.4 On-site monitoring and distribution photos

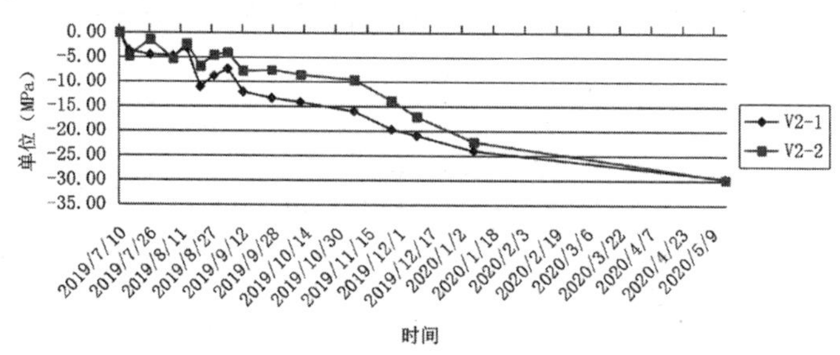

（a）训练馆V2-1、V2-2应力监测曲线图

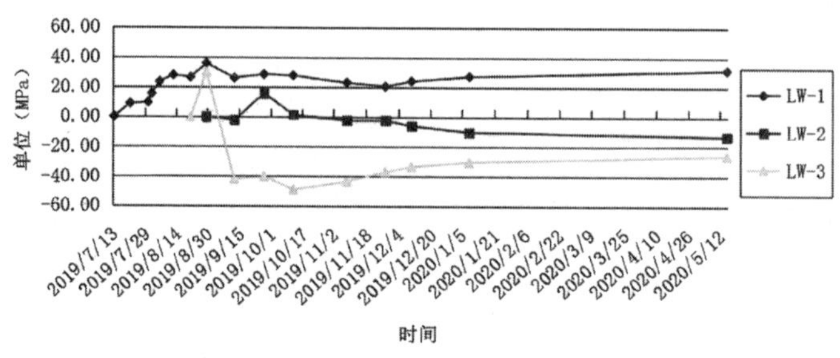

（b）训练馆LW-1、LW-2、LW-3应力监测曲线图

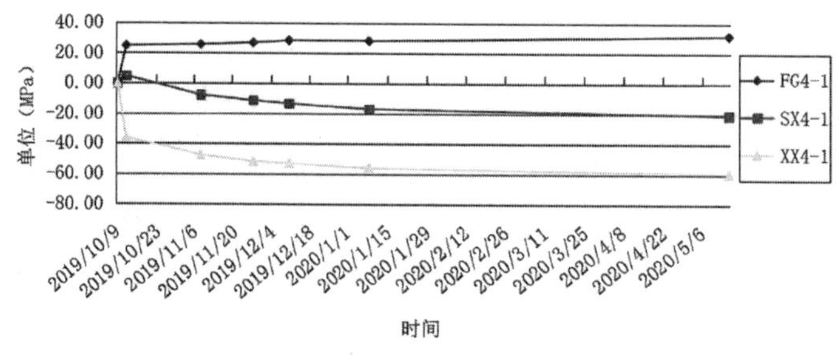

（c）比赛馆FG4-1、SX4-1、XX4-1应力监测曲线图

图5 关键监测杆件的应力曲线

Fig.5 Stress curves of key monitoring members

经监测，训练馆最大拉应力监测点为W-5，应力大小为35.47MPa；最大压应力监测点为V2-1，应力大小为-29.64MPa；连廊最大拉应力监测点为LW-6，应力大小为43.54MPa；最大压应力监测点为V1-1，应力大小为-37.96MPa；比赛馆最大拉应力监测点为XX5-1，应力大小为50.46MPa；最大压应力监测点为XX7-1，应力大小为-67.93MPa。

训练馆施工过程中跨中挠度最大值为28.1mm（挠跨比为l/2694），比赛馆施工过程中跨中挠度最大值为23.0mm（挠跨比为l/4017）。

3 西北大学长安校区体育馆

3.1 工程概况

西北大学长安校区体育馆[8]位于陕西省西安市长安区学府大道1号西北大学长安校区内，为甲级综合性体育馆，总建筑面积33800m^2，固定座位6000个，总座位数9529个，将承担第十四届全运会蹦床、艺术体操比赛项目，建筑效果图如图6所示。

图6 西北大学长安校区体育馆建筑效果图
Fig.6 Architectural rendering of Gymnasium in Chang'an Campus of Northwest University

屋盖结构由主馆和两侧的副馆组成，主馆屋盖采用有别于传统弦支穹顶结构的新型空间结构，属于结构子体系的创新，由空间辐射管桁架、环向径向拉索、撑杆、屋盖中心顶部单层网壳四部分组成。主馆屋盖跨度为115m，矢高6.747m，拱顶标高33.095m，由20榀辐射状倒三角桁架、20榀加强平面次桁架及系杆组成。设内、中、外三道“加强环”，单榀桁架最大长度约48m，最大质量约为24.5t；整个主馆由20根空间异形格构柱支撑（Y形），格构柱柱脚标高4.85m，每个格构柱质量约为18.1t。

屋盖下弦由4圈环向索、80根径向索及16根稳定索组成。四圈环向索由外向内，第1圈采用ϕ100拉索，第2圈、第3圈采用ϕ80的拉索，第4圈采用ϕ70的拉索；径向斜索由外向内，第1圈直径ϕ55，第2圈、第3圈、第4圈直径为ϕ48；稳定索直径均采用ϕ48拉索。拉索采用高钒（镀锌–5%铝–混合稀土合金）镀层钢绞线拉索，钢丝抗拉强度标准值1670MPa，弹性模量（1.6±0.1）×10^5MPa。本工程整体结构三维示意图及结构体系构成图如图7所示。

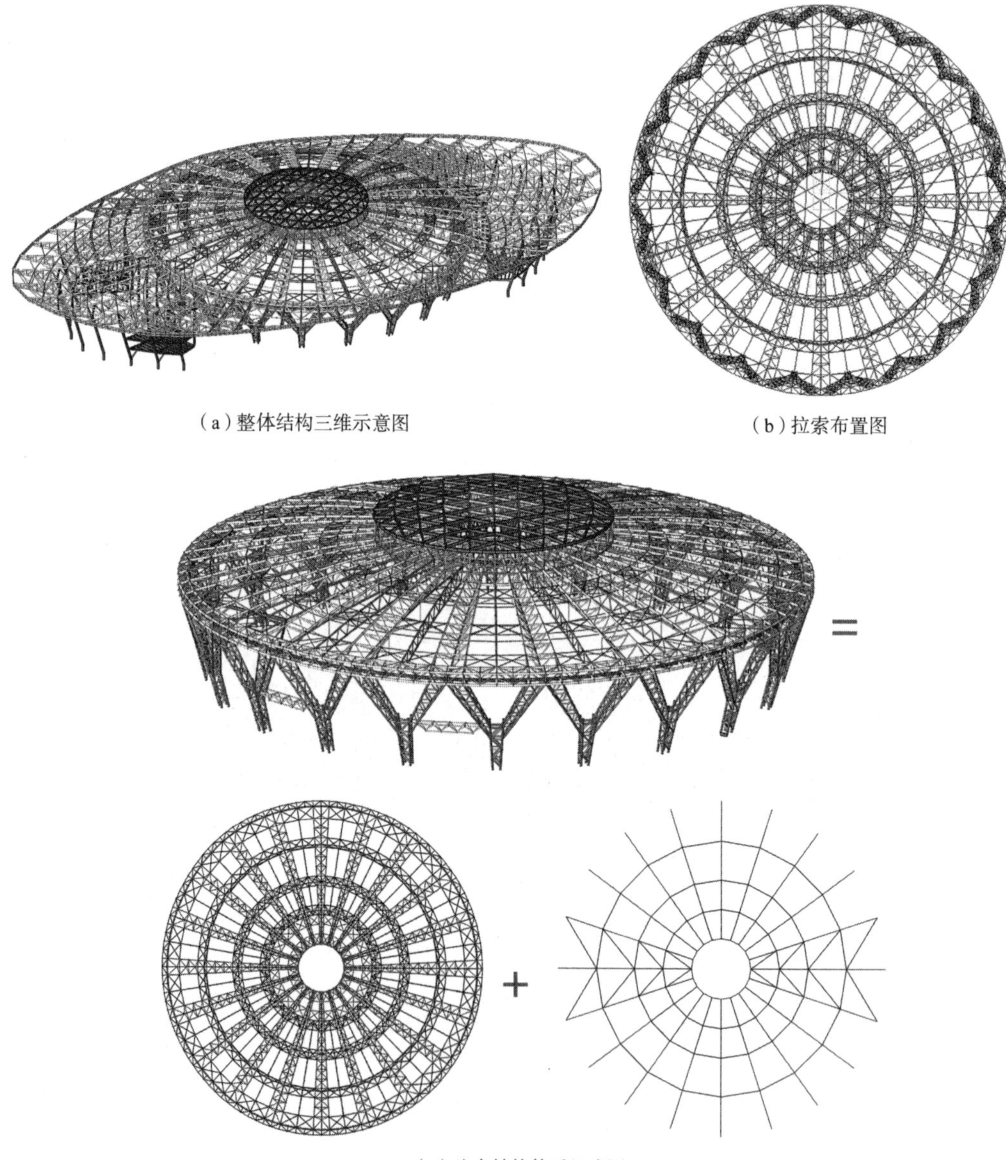

（a）整体结构三维示意图

（b）拉索布置图

（c）弦支结构体系组成图

图7　整体结构三维示意图及结构体系构成图

Fig.7　3D schematic diagram of the overall structure and structural system composition diagram

3.2 项目特点及监测成果

西北大学长安校区体育馆在传统弦支穹顶结构基础上进行结构体系创新，将传统弦支穹顶的上部网壳用辐射三角桁架和平面桁架代替，形成了新的结构体系：空间弦支轮辐式桁架结构体系，并申请发明专利。本项目主馆钢结构采用旋转累积滑移技术进行施工，索结构采用分步分批张拉径向索的施工方法。

本项目施工期间采用人工监测及自动监测相结合的方式，在旋转滑移支撑胎架、钢结构主桁架、索结构撑杆、环向拉索布置监测点，部分监测点布置图及现场照片如图8所示。

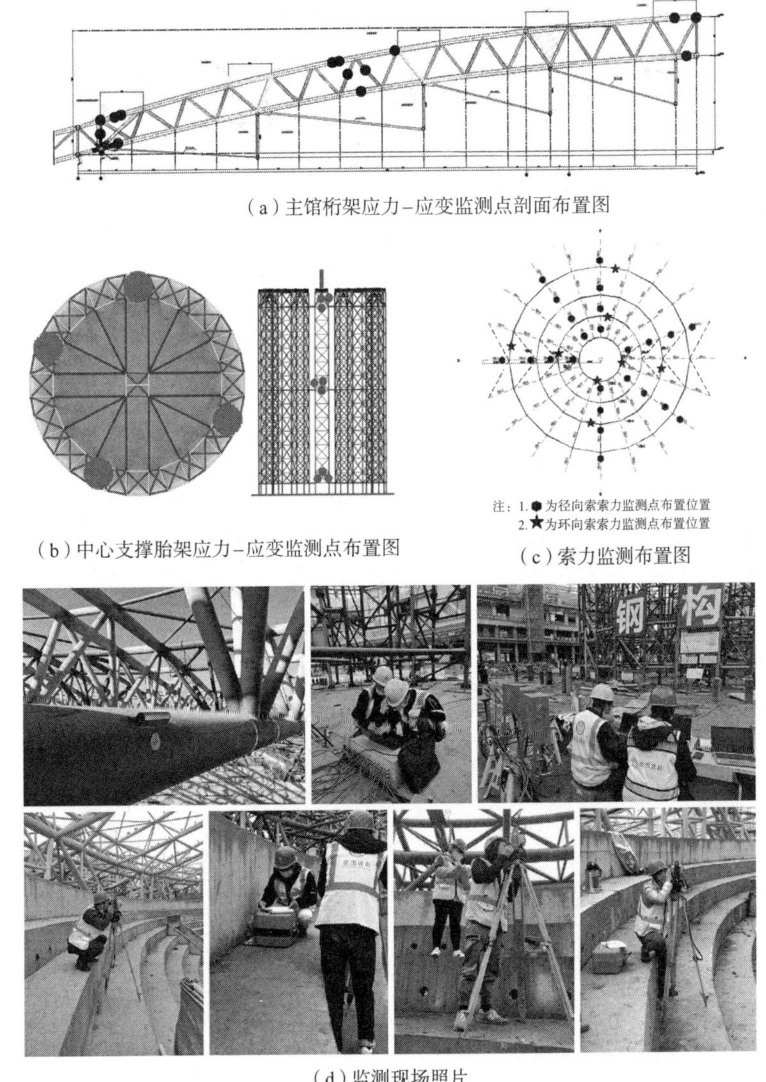

（a）主馆桁架应力-应变监测点剖面布置图

（b）中心支撑胎架应力-应变监测点布置图

（c）索力监测布置图

（d）监测现场照片

图8　部分监测点布置图及现场照片

Fig.8　Layout and on-site photos of some monitoring points

本项目基于云平台，开发网页版和手机APP版健康监测系统，并在“西北第一高（498m）”中国国际丝路中心大厦项目中推广应用，如图9和图10所示。

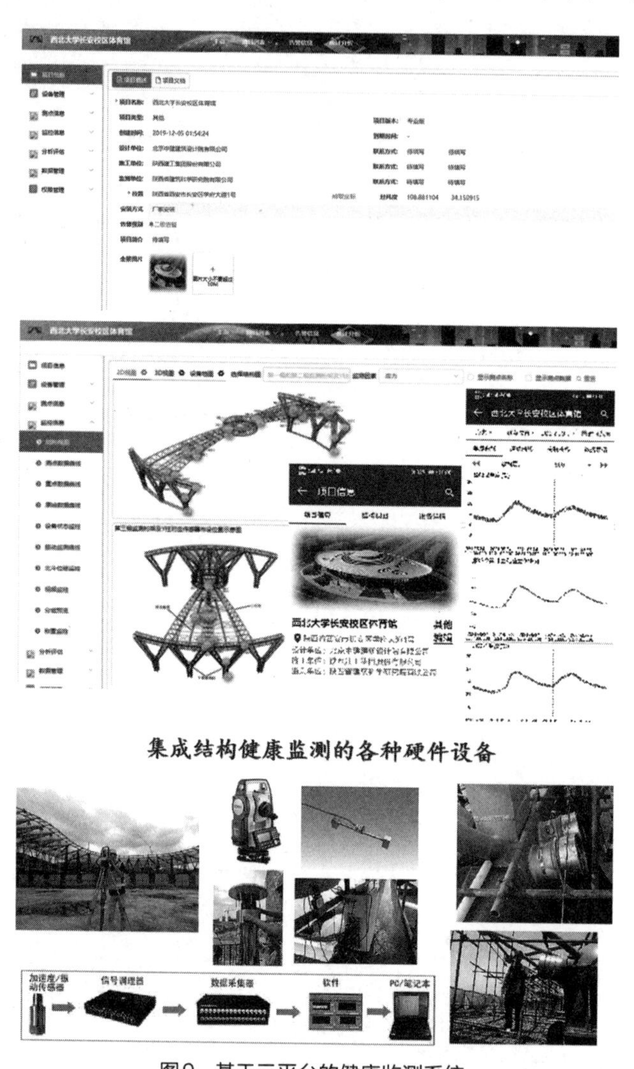

图9　基于云平台的健康监测系统
Fig.9　Health monitoring system based on cloud platform

4　宝鸡市游泳跳水馆

宝鸡市游泳跳水馆[9、10]位于宝鸡文理学院新校区西北角，是宝鸡市“十二五”期间建设的重点社会项目，也是承办“2014年陕西省第十五届运动会的重点建设项目”之一，占地约35亩，工程总投资1.2亿元，建设面积27450m^2，用地呈L形，由地下设备用房、跳水池、游泳池、观众席、辅助用房等组成，其中游泳池设有

图10　中国国际丝路中心大厦项目智能监测平台

Fig.10　Intelligent monitoring platform of China International Silk Road Center Building Project

1600个座位，跳水池设有1000个座位，将承担第十四届全运会水球比赛项目，效果图如图11所示。

图11　宝鸡游泳跳水馆效果图

Fig.11　Rendering of Baoji Swimming and Diving Gym

宝鸡市游泳跳水馆屋盖结构采用张弦梁，张弦梁下部设计创新采用鱼腹式蝶形拉索，拉索采用高钒（镀锌–5%铝–混合稀土合金）镀层钢绞线拉索，钢丝抗拉强度标准值1670MPa，钢索公称直径为84mm。高钒索总计12根，总长度为694.8m。索最大张拉力约为1120kN，整体结构及基本单元结构轴测图如图12所示。

本项目索结构的安装和初步张拉在支撑胎架上完成，张弦梁钢结构、弦索以及支撑体系在胎架上拼装安装完成后，进行弦索的预紧，弦索初张拉完成后，起吊该榀张

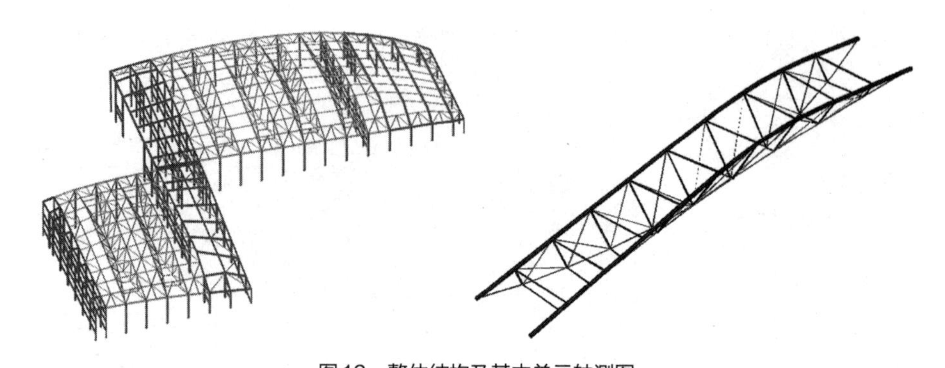

图12　整体结构及基本单元轴测图
Fig.12　Axonometric drawing of overall structure and basic unit

弦梁，吊装至相应柱顶位置，吊装张弦梁时滑动支座端暂时不焊接，待张弦梁吊装到柱顶后焊接固定支座。

依据施工模拟的计算结果，初张拉的索体内力实际上是下弦索在胎架上0应力状态预紧后，吊装在柱顶时张弦梁自身导致产生的索内力。吊装就位后，为达到设计初张力则需在柱顶再次张拉，以柱顶为支点，将张弦梁张拉，使张弦梁支座与柱顶支座连接上，张拉过程依据施工模拟的计算结果监测拉索的索力、张弦梁两端水平位移及跨中起拱度，挠度监测点布置如图13所示，现场整跨吊装及索结构安装照片如图14所示。

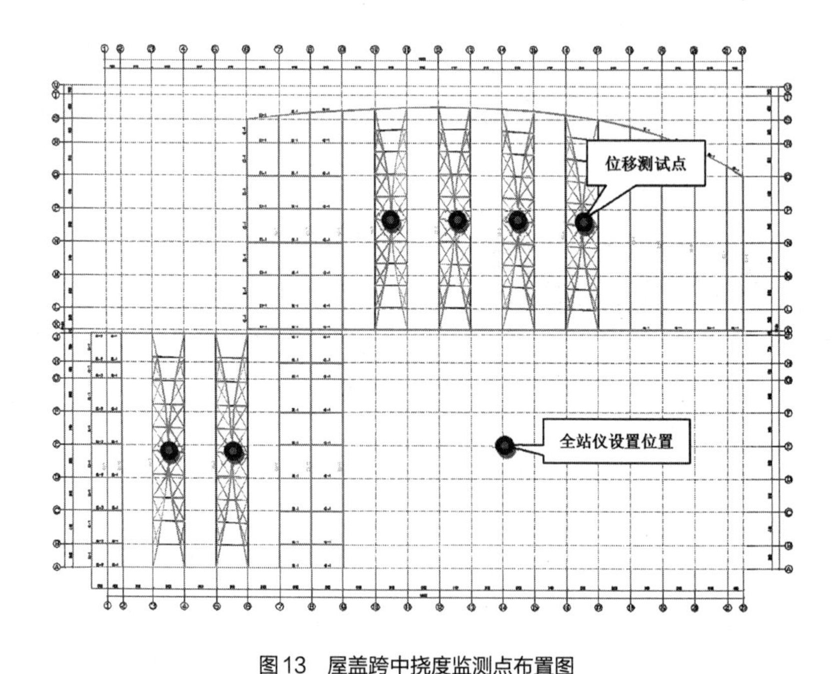

图13　屋盖跨中挠度监测点布置图
Fig.13　Layout of monitoring points for mid span deflection of roof

图14 现场整跨吊装及索结构安装照片
Fig.14 Photos of site whole span hoisting and cable structure installation

5 咸阳奥体中心体育场

5.1 工程概况

咸阳奥体中心[11]位于陕西省咸阳市北塬新城大西安（咸阳）文体功能区内，北塬一路以北、南湖以西、平福大道东侧。规划控制用地1059亩，一期主体育场总投资约7.13亿元，占地约318亩，为甲级体育场，建筑面积71646m^2，其中室内场地面积1157m^2、室外场地面积56000m^2，座位数38071个，为2018年陕西省运动会主场馆，将承担第十四届全运会足球比赛项目，效果图如图15所示。

图15 咸阳奥体中心项目效果图
Fig.15 Architectural effect of Xianyang Olympic Sports Center Project

5.2 项目特点及监测成果

咸阳奥体中心体育场项目钢屋盖投影面积约35000m^2，钢屋盖结构形式采用平面管桁架悬臂结构，并布置环向次桁架及屋面支撑，屋盖结构中心线最高点标高50m，最大悬挑长度38m，悬挑桁架根部高度6m，端部为3m。径向主桁架通过68组倒三角锥斜杆组成的内支座支撑与下部混凝土框架柱顶，并向墙面延伸在15.6m标高支撑于框架柱侧牛腿之上。墙面结构与建筑立面造型相结合，布置水平环桁架及交叉斜撑。钢结构最小管径140mm，最大管径620mm，最大壁厚25mm，主结构用钢量约6200t，主体结构、节点肋板材质为Q345B和Q390B，主结构轴测图如图16所示。

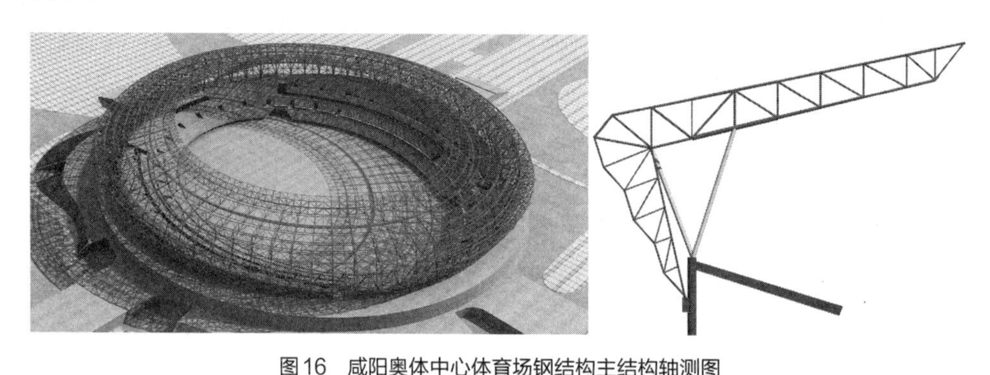

图16 咸阳奥体中心体育场钢结构主结构轴测图

Fig.16 Axonometric drawing of main steel structure of Xianyang Olympic Sports Center Stadium

钢结构采用地面单元拼装、单元吊装至空中支撑胎架拼接、整体合龙、分级分步卸载的施工方案。施工过程中对关键杆件的应力、关键节点的变形及合龙温度进行监测。现场施工及监测照片如图17所示。根据《建筑工程施工过程结构分析与监测技术规范》JGJ/T 302—2013第4.5.9条和施工单位提供的本项目施工过程中结构计算分析结果，确定本项目最大监测预警值为-147.0MPa（对应的应力比为0.50），实际监测应力最大值为-95.914MPa（对应的应力比为0.33），实测最大应力值未超过监测预警值。

图17 咸阳奥体中心体育场钢结构施工及监测现场照片

Fig.17 Site photos of construction and monitoring of Xianyang Olympic Sports Center Stadium

6 渭南市体育中心体育场

6.1 工程概况

渭南市体育中心[12、13]及运动学校项目位于渭南城区渭清路以西，乐天大街以北，规划面积500余亩，建筑面积13万m^2，总投资约7.12亿元。主要由两部分组成，其中体育中心功能区主要建设“一场两馆”，即主体育场（37740m^2，设座位数32000个，南北长290m，东西宽217m，高72.9m）、球类综合训练馆（总建筑面积21690m^2，设观众席3700座，投资约9900万元）和游泳馆（总建筑面积17250m^2，设观众席1200座，投资约7750万元）。市体育运动学校功能区主要建设射击馆、综合训练馆、两栋教学办公楼、学生公寓、餐厅、室外田径场和游泳池等，建筑面积43700m^2，投资约1.8亿元。

体育场等级为乙级，场地内有标准的天然草坪足球场和9道400m标准田径场，将承担第十四届全运会足球比赛项目，主体育场效果图如图18所示。

图18 渭南市体育中心主体育场效果图

Fig.18 Architectural effect of main stadium of Weinan Sports Center

6.2 项目特点及监测成果

体育中心主体育场看台结构为钢筋混凝土结构，看台屋盖为钢结构，采用内外两道环向拱形钢管桁架+径向直线形钢管桁架共同组成的空间钢管桁架体系，桁架跨度290m，总用钢量约5000t，钢结构的设计基准期为50年，耐久性设计年限为50年，建筑结构的安全等级为二级，结构重要性系数为1.0，建筑设防烈度为8度，建筑抗震设防类别为重点设防类（乙类），地基基础设计等级为乙级，建筑耐火等级为一级，结构模型及轴测图如图19所示。

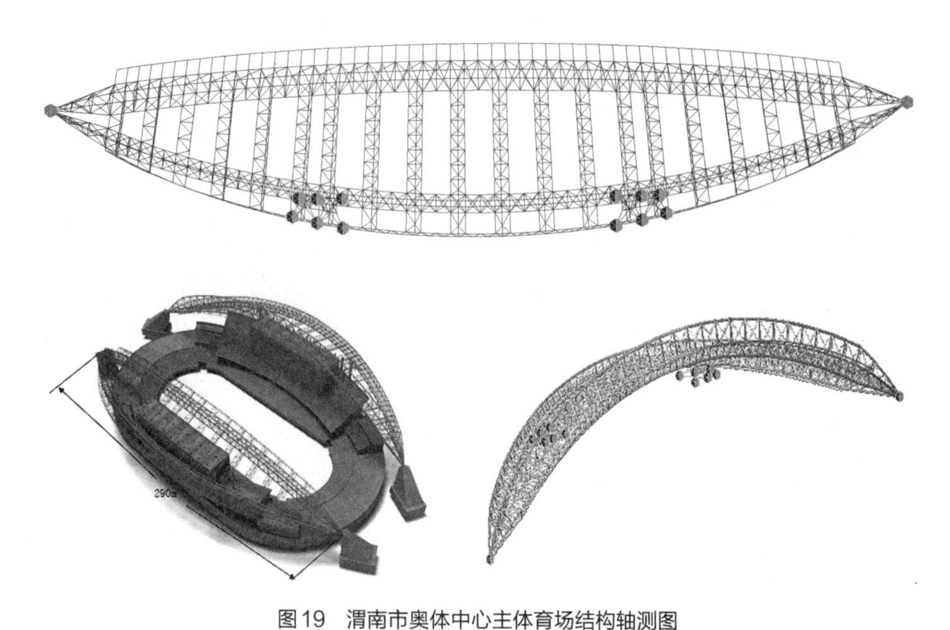

图19 渭南市奥体中心主体育场结构轴测图
Fig.19 Axonometric drawing of main stadium structure of Weinan Olympic Sports Center

本工程钢结构内环主拱与水平面呈71°夹角，由于其自身质量接近900t，再加上屋面次桁架等结构，罩棚钢结构因自重而产生的水平推力将比较大，内环主桁架跨度达290m，两拱的曲线长度均超过300m。温度上升和下降带来的结构长度伸缩进而导致结构中应力的增加。现场施工采用地面拼装小单元、搭设临时胎架、分块吊装、空中胎架顶部合龙（合龙位置在拱桁架二等跨中位置）、整体卸载的施工顺序，现场照片如图20所示。

图20 渭南市奥体中心主体育场钢结构现场施工照片
Fig.20 Site construction photos of steel structure of main stadium of Weinan Olympic Sports Center

渭南市奥体中心主体育场钢结构健康监测的内容包括应力应变监测、温度监测、位移监测、结构动力特性监测等，监测周期自结构拼装开始至主体结构施工完成后两年。现场卸载过程应力监测采用自动采集系统，每10min采集一次应力数据，每一级卸载完成后均对结构的变形进行监测，变形监测采用全站仪极坐标法，通过全站仪设站的测站坐标和后视点稳定坐标建立局部坐标系，跟踪监测点的变形情况。

经现场监测，钢结构各监测点在卸载过程中，应力最大值出现在主拱下弦跨中杆件处，为67.743MPa，应力最小值出现在次桁架及主拱上弦杆处，分别为-55.086MPa及-41.258MPa。卸载完成后，结构累计最大竖向位移出现在主拱下弦跨中节点处，为-58.5mm；沿次桁架方向最大水平位移为40mm；沿主、副拱方向最大水平位移为60mm。由监测结果可知，在卸载的各个阶段，各监测点应力、位移均与施工过程中结构分析结果及现场实际施工工况比较吻合，应力变化比较小，位移变化比较平缓，结构整体处在安全状态，现场监测照片如图21所示。

图21　渭南市奥体中心主体育场钢结构现场监测照片
Fig.21　Monitoring photos of steel structure of main stadium of Weinan Olympic Sports Center

7 结语

本文通过对新建的及已建成的5个第十四届全运会比赛场馆的工程概况、项目特点、监测内容及监测成果进行论述，为国内同类型的工程监测项目实施提供参考。

参考文献

[1] 中华人民共和国国家标准.建筑与桥梁结构监测技术规范GB 50982—2014[S]. 北京：中国建筑工业出版社，2014.

[2] 中国工程建设标准化协会.结构健康监测系统设计标准CECS 333—2012[S]. 北京：中国建

筑工业出版社，2012.

[3] 中华人民共和国行业标准.建筑变形测量规范JGJ 8—2016[S]. 北京：中国建筑工业出版社，2016.

[4] 伊廷华. 结构健康监测教程[M]. 北京：高等教育出版社，2021.

[5] 段向胜，周锡元. 土木工程监测与健康诊断——原理、方法及工程实例[M]. 北京：中国建筑工业出版社，2010.

[6] 阳洋.建筑与桥梁结构监测技术规范应用与分析GB 50982—2014[M]. 北京：中国建筑工业出版社，2014.

[7] 高嵩，范重，王金金，等.陕西奥体中心结构行波效应影响研究[J].建筑结构，2021(51).

[8] 卜延渭，薛振农，等.空间弦支桁架结构对称旋转累积滑移施工技术[J].钢结构(中英文)，2020增刊(35).

[9] 郝际平，周阳，等.宝鸡游泳跳水馆新型张弦梁结构受力性能试验研究[J].建筑结构，2015，45(2)：1-6.

[10] 柳明亮，吴金志，胡洁.陕西省多个大型钢结构工程的健康监测 [C]//第十七届空间结构学术会议论文集.西安，2018.

[11] 王晓亭.咸阳奥体中心钢结构工程施工技术[J].施工技术，2020(49).

[12] 马云美，杨琦，刘万德，等.渭南市体育场大跨度钢结构屋盖设计[J].建筑结构，2014，44(7)：60-64.

[13] 陈杰，郦宏伟，等.渭南体育场大跨钢结构屋盖拱脚支座节点有限元分析[J].钢结构，2015(8)：46-49.

基于WSN的西安奥体中心主体育场钢结构健康监测系统研究应用

隋 龚[1,2] 董振平[1,2] 薛 皓[2] 郑 理[2] 刘华光[2]
（1.西安建筑科技大学土木工程学院，西安 710055；
2.西安建筑科大工程技术有限公司，西安 710055）

【摘 要】 大型体育场馆作为人流密集的公共建筑，保障结构的安全性是首要任务。因此，实时掌握建筑物的安全状态，进行建筑物的健康监测具有重大现实意义。本文以西安奥体中心主体育场为研究对象，对其钢结构罩棚开展施工期及使用期全过程的安全性监测，以无线传感器网络为基础，建立了基于ZigBee技术和GPRS技术的无线监测系统，从而实现了监测数据的实时采集、无线远程传输及存储，同时开发基于B/S架构长期有效的健康监测信息管理系统，为用户实时掌握建筑物的健康状况提供可靠数据。

【关键词】 无线传感器网络；健康监测；监测系统；网络覆盖；ZigBee

Research and Application of Steel StructureHealth Monitoring System of Xi'an Olympic Sports Center Stadium Based on WSN

Yan Sui[1,2] Zhenping Dong[1,2] Hao Xue[2] Li Zheng[2] Huaguang Liu[2]
（1. College of Civil Engineering, Xi 'an University of Architecture and Technology, Xi’an 710055, China；
2. Xauat Engineering Technology Co. Ltd., Xi'an 710055, China）

【Abstract】 As a crowded public building, the safety of large stadium is the primary task. Therefore, it is great practical significance to grasp the safety status of buildings in real time and carry out health monitoring of buildings.Taking Xi'an Olympic Sports Center Stadium as the research object, this paper monitors the safety performance of the building structure in the whole process of building construction and use. Based on wireless sensor network, a wireless monitoring system based on ZigBee technology and GPRS technology is established, which realizes the real-time collection, wireless remote transmission and storage of monitoring data, and develops a long-distance B/S architecture. The effective health monitoring information management system can provide reliable data for users to grasp the health status of buildings in real time.

【Keywords】 Wireless Sensor Network; Health Monitoring; Monitoring System; Network Coverage; ZigBee

1 引言

随着现代化工程技术的发展，大跨度空间结构建筑体系日益庞大，结构形式新颖而复杂，综合运用了新材料、新技术、新工艺技术，体现了我国当前建筑建造的水平。这些大跨度空间结构建筑主要以钢结构作为主体结构，具有抗震性能好、空间使用性灵活的特点，主要应用在体育馆、会展中心、歌剧院、机场航站楼等重要标志性建筑中[1、2]。大跨度空间结构建筑属于重大建筑设施，作为公共性或区域标志性建筑，与人们的生活息息相关，通常这些地方也是人员的聚集地、重大活动场所，人员流动性比较大，所以结构设计的安全性十分重要。但是这些建筑在服役期间，长期处于自然环境中，难免会受到环境侵蚀、材料自身老化、地基不均匀沉降、复杂荷载等多种不利因素的影响，导致结构产生损伤积累，从而降低了结构的耐久性。当累计损伤达到一定程度时，就会发生意外性事故。因此，为掌握这些大跨度空间结构建筑的安全性、使用性和耐久性，及时了解结构的健康状态，对其进行长期的实时健康监测尤显重要[3]，同时，对健康监测的理论方法和相关监测设备仪器的研究，更具有重要的学术价值和现实意义。

2 工程概况

西安奥体中心是2021年第十四届全运会的主场馆，建于西安国际港务区，位于灞河东侧，港务西路以西，南起向东路，北接柳新路。主体育场位于拟建场地的西北侧，为甲级大型体育场，建筑面积约12.7万m^2，包含约6万坐席。下部混凝土结构采用了框架–剪力墙结构体系。体育场看台上空覆盖了完整的环状钢结构罩棚，东西高、南北低，立面呈马鞍形。罩棚平面近圆环形，其外轮廓南北最大长度约335m，东西约321m，罩棚最宽处约74m，最窄处约60m，罩棚最高点标高56.5m（结构上弦中心线），最大悬挑长度约45m。上部钢结构罩棚采用径向悬挑主桁架+环向次桁架+水平支撑结构体系，如图1所示。体育场钢结构作为大型空间结构建筑物的一种，除了投资金额大、设计使用寿命长、建筑规模庞大等特点之外，还长期受到自然环境、自身材料老化、地基不均匀沉降、荷载等因素的影响造成结构损伤，当结构损伤累积达到一定程度时，就会发生严重的突发性事故。因此，为了保证体育场钢结构的安全性、耐久性和适用性，需要对其在施工期及试用期进行实时健康监测。

图1　西安奥体中心体育场钢结构示意图
Fig.1　Steel structure of Xi'an Olympic Sports Center Stadium

3 关键技术

3.1 总体健康监测系统设计架构

本项目结合无线传感器网络（WSN）技术与无线通信技术，以西安奥体中心体育场钢结构为研究对象，利用先进的健康监测手段和方法，对其健康监测系统进行总体设计，建立一套适合于空间结构长期有效的健康监测系统，从而保障体育场馆从施工、运营、维护到修缮全过程的监测。采用“分散监测，集中分层管理”的管理体系，整个健康监测系统主要由感知层、通信层和管理层三大部分组成[4]，该系统的健康监测系统总体设计架构如图2所示。

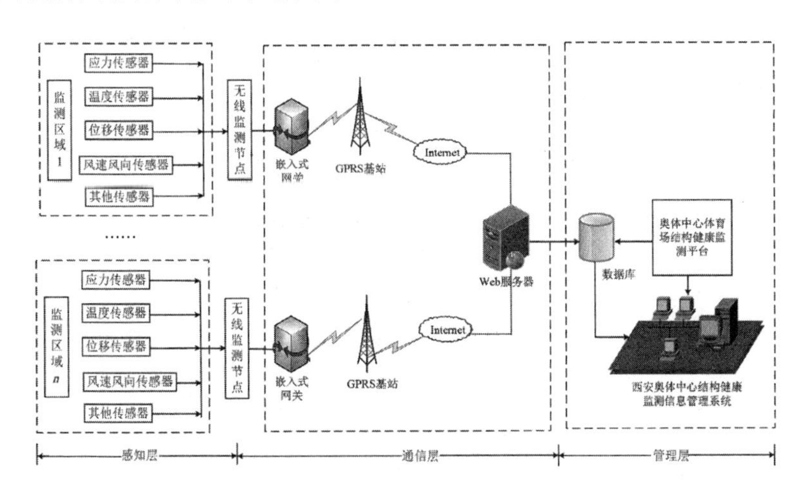

图2　西安奥体中心体育场钢结构健康监测系统总体设计架构图
Fig.2　Overall design architecture of steel structurehealth monitoring system for Xi'an Olympic Sports Center Stadium

3.2 无线通信技术

本系统无线通信技术采用了ZigBee和GPRS两种不同协议的传输技术，从而完成监测数据稳定、可靠地传输，最终将采集到的数据传输到健康监测信息管理系统中。

ZigBee技术是一种低功耗、近距离、低速率的双向数据传输方式，采用了基于IEEE 802.15.4的标准通信协议。ZigBee协议是在IEEE 802.15.4的物理层和MAC子层规范的基础上建立的一个开放性互操作规范，目的在于兼容不同厂家提供的不同通信协议[5]，两者之间的关系如图3所示。ZigBee Alliance平台定义了数据链路层的LLC层、网络层和应用汇聚层，应用层是由ZigBee用户自己定义的[6]。

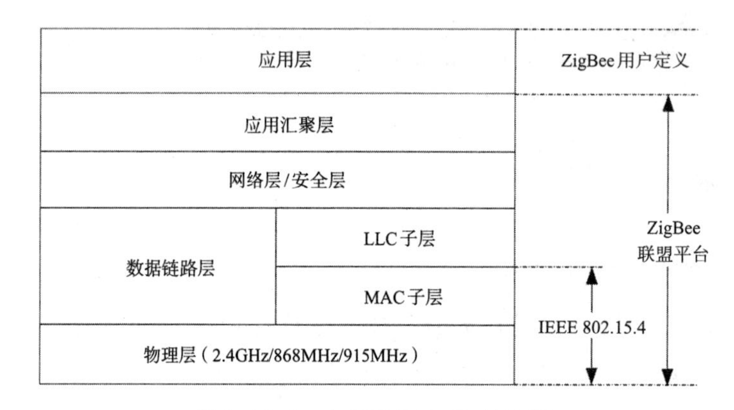

图3 ZigBee与IEEE802.15.4关系图
Fig.3 Diagram of ZigBee with IEEE 802.15.4

ZigBee的协议栈是基于标准开放网络互连协议七层模型而定制[7]，但完整的ZigBee协议栈只包含5层，分别有物理层、数据链路层、网络安全层、应用汇聚层和应用层，其中还包括能量管理平台、移动管理平台和任务管理平台[8]，图4是ZigBee协议栈的结构图。

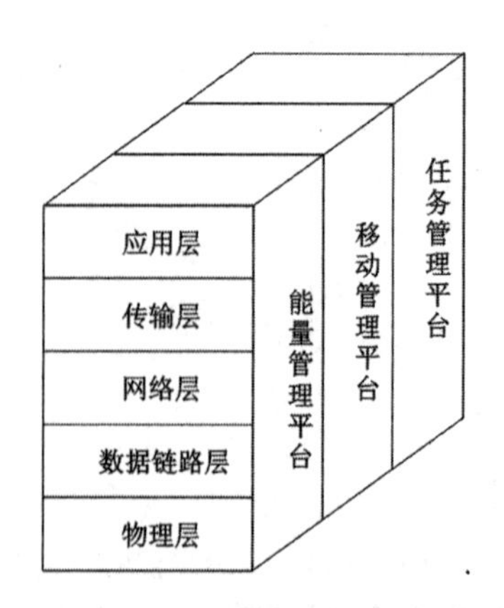

图4 ZigBee 协议栈结构图
Fig.4 Graph protocol stack structure of ZigBee

GPRS网络主要负责把ZigBee采集的数据进行无线远程传输，最终在设计开发的健康监测信息管理中心显示。GPRS网络是在GSM网络基础上通过增加相应的功能设备而形成的新网络，是一项高速的数据处理技术，采用TCP/IP传输协议，支持中、高速率传输，可以为用户提供端到端、广域的无线IP连接。

3.3 监测系统硬件设计

由于大多数大型空间结构建筑常年处于自然环境中，容易受到环境因素的不利影响，导致在监测系统中使用的微处理器和传感器监测节点的性能提前退化甚至失效，从而影响整个无线远程健康监测系统的长期性、可靠性及稳定性。因此，在实际工程应用领域中，对无线监测节点的设计研究和硬件的选型都是十分重要的，决定着整个监测系统稳定性和可扩展性。图5（a）、（b）是本项目的大型空间结构健康监测系统硬件系统组成框图，主要利用了ZigBee技术和GPRS技术，完成无线传感器监测节点数据的远程传输，最终将传感器采集的监测数据在健康监测系统中实时显示。

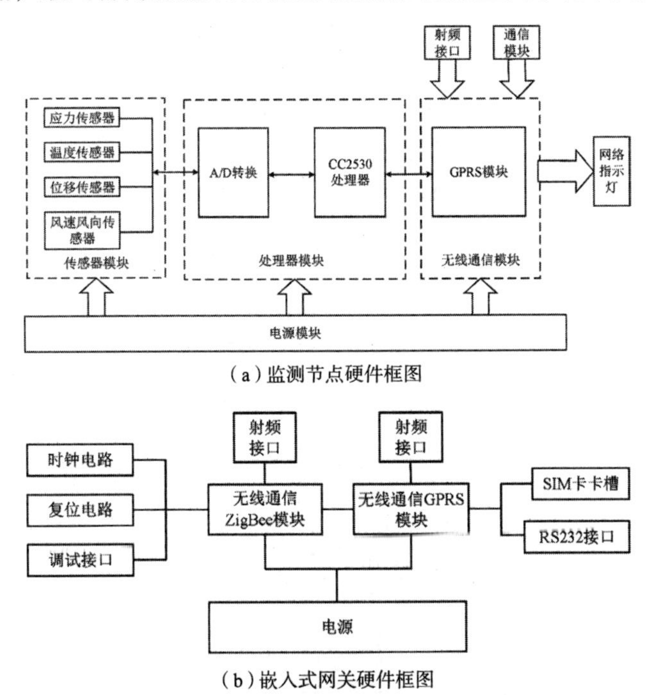

（a）监测节点硬件框图

（b）嵌入式网关硬件框图

图5 大型空间结构健康监测系统硬件系统组成框图

Fig.5 Hardware system block diagram of large space structure health monitoring system

3.3.1 传感器硬件选型

为了保证大型空间结构建筑在施工和运营阶段的安全性和完整性，必须通过采集各种物理参数进行健康监测评估，而健康监测的物理参数和评估都是由健康监测系统来完成的。一般情况下，结构健康监测的内容大致分荷载监测、结构静态监测和结构动态监测三大类，本系统根据监测对象所处的环境，主要选取了应力、温度、位移和风速风向这四种物理参数作为监测对象的健康监测评估标准，由于大多数大型空间结构建筑处于自然环境中，所以在选择传感器时应考虑环境因素对传感器工作性能的影响。

3.3.2 无线通信模块设计

在无线远程健康监测系统中，监测数据的传输采用了两种传输模式，分别是近距离传输的ZigBee技术和远距离传输的GPRS技术。针对近距离的ZigBee无线通信技术，本系统采用TI公司最新推出的SOC芯片CC2530芯片，该芯片具有良好的收发器性能，CPU采用增强型的8051内核，具有8kB的RAM存储器。CC2530芯片采用QFN40方式封装，外围电路设计简单，主要有射频电路设计、晶振、外围扩展接口设计及电源去耦电路设计，图6是CC2530最小系统原理图。CC2530芯片一共有40个引脚，3个通用I/O端口，其中P0口和P1口各有8个端口，而P2口有5个端口，供电电压为2.6～3.6V。图7是该芯片的电路原理图。

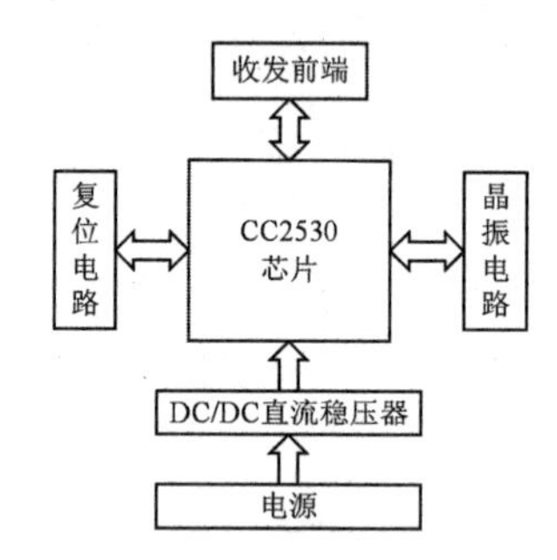

图6 CC2530最小系统原理图

Fig.6 Minimum system schematic diagram of CC2530

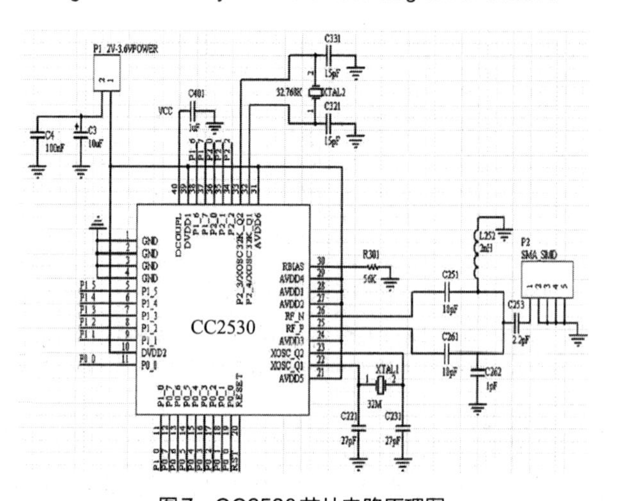

图7 CC2530芯片电路原理图

Fig.7 Schematic diagram of chip circuit of CC2530

为了能够在ZigBee模块上实现程序下载与调试，需要采用CC Debugger仿真器，CC Debugger仿真器与CC2530芯片的连接方式如图8所示。

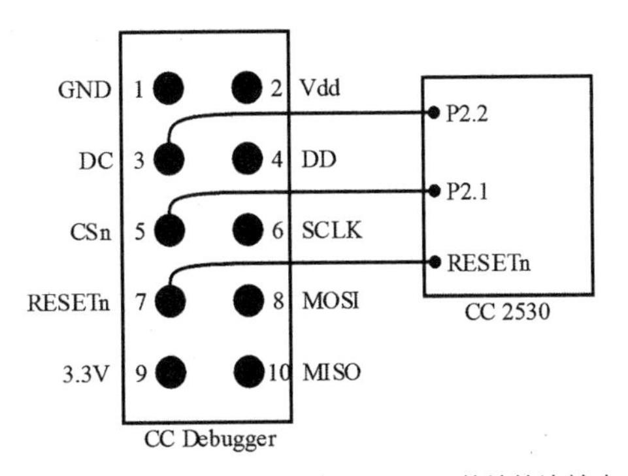

图8　CC Debugger仿真器与CC2530芯片的连接方式
Fig.8　The connection mode of CC Debugger and CC2530

针对监测数据远距离传输技术，采用西门子集成开发的SIM900A芯片的GPRS模块来实现。GPRS模块抗干扰能力强，内嵌TCP/IP协议，操作简单，用户只需了解AT指令的相关内容，运用AT指令可以对各个功能操作处理，能够自动拨号，连接外部网络，实现上网功能[9]。集成的SIM900A芯片属于工业级的GSM，能够发送语音、数据、短信等，正常工作电压在3.2～4.8V，在低功耗的状态下消耗1.0mA的电流。SIM卡可以在1.8V和3V电压状态下工作，短信发送和接收支持TEXT和PDU两种格式[10]。图9是SIM900A芯片实物图，图10是SIM900A模块引脚图，具有68针接口。

图9　SIM900A芯片实物图
Fig.9　Real chip picture of SIM900A

由于GPRS模块中的SIM900A芯片可扩展多个外围电路，根据需要进行设计，可以满足不同功能的需求。针对本文研究的内容，分别对GPRS模块的电源电路和网络指示灯电路进行简单的设计。

(1) 电源电路设计

SIM900A芯片的电源电路图如图11所示。利用MIC29302芯片和外部几个电

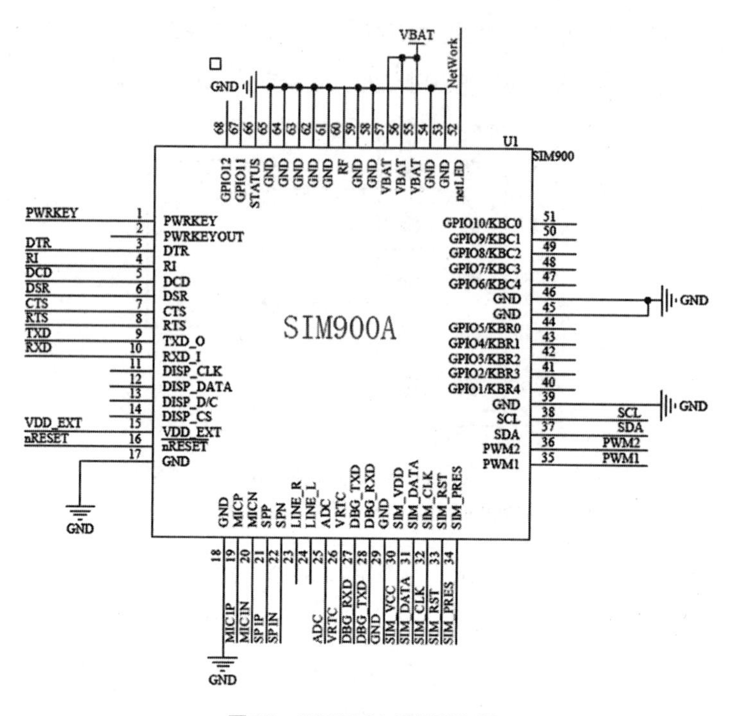

图10 SIM900A模块引脚图

Fig.10 Pin diagram of SIM900A

阻、电容组成一个简单的电路图。其中，MIC29302芯片是一个大电流、低成本的低压差电压调节器，通过改变外部电阻的阻值，使输出的电压值达到设计的要求。

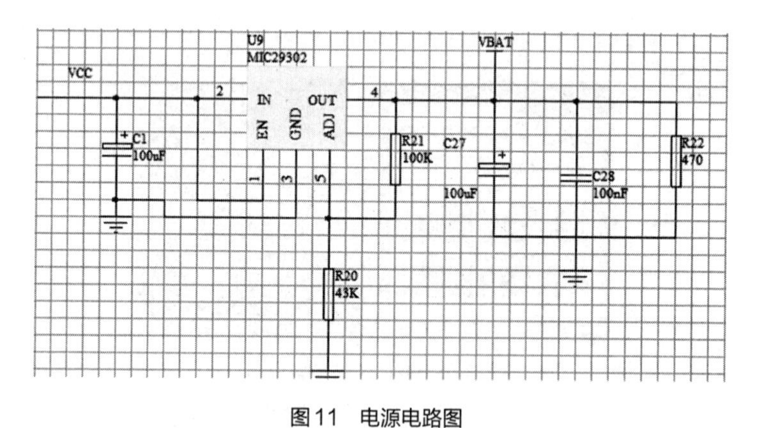

图11 电源电路图

Fig.11 Power circuit diagram

（2）网络指示灯电路设计

网络指示灯电路设计如图12所示。当GPRS模块供电开始工作时，通过观察指示灯的变化，可以进一步了解GPRS模块的工作状态。表1是网络指示灯的不同工作状态。

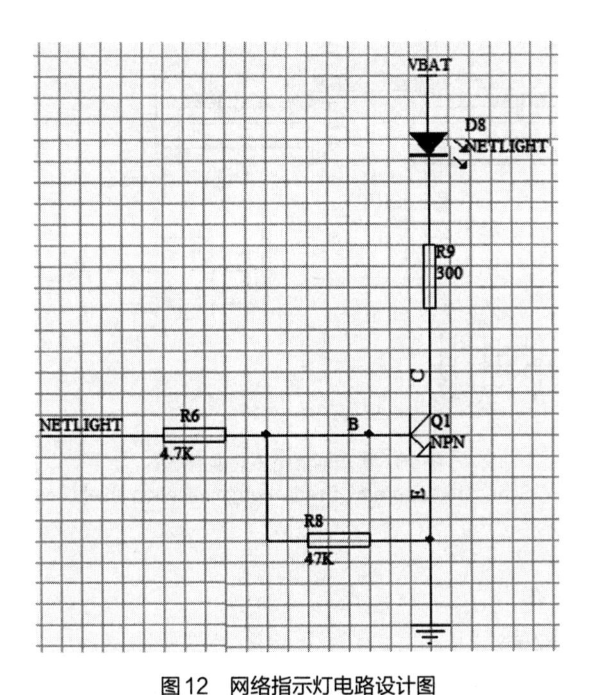

图12 网络指示灯电路设计图
Fig.12 The Circuit diagram of network indicator

网络指示灯的不同工作状态 表1
Different working states of network indicator Tab.1

Net灯状态	工作状态
熄灭	关机
64ms亮/800ms熄灭	没找到网络
64ms亮/3000ms熄灭	注册到网络
64ms亮/300ms熄灭	GPRS正常通信

从表1可知，当网络指示灯处于熄灭状态，说明三极管在驱动电路中，指示灯的引脚端输出的是低电平，此时三极管处于截止状态，说明GPRS模块处于关机或者休眠状态；同理，还可以控制三极管其他的工作状态，根据网络指示灯的状态，可以判断出GPRS模块的其他工作状态。

3.3.3 RS232串口通信模块

无线通信模块可以直接与RS232串口进行数据通信，串口通信电路设计采用MAX232芯片，主要完成一个TTL和232电平的转换，工作电压在5V左右，通信速率可达1Mbps，外围电路设计简单，只需要四个0.1μF的电容，串口通信电平转换原理图如图13所示。

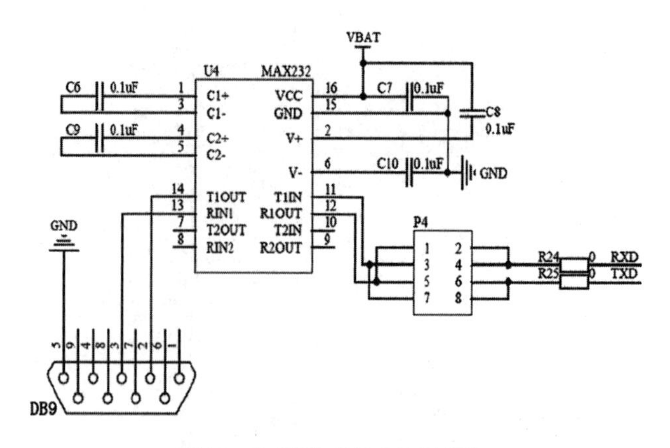

图13　串口通信电平转换原理图

Fig.13　Schematic diagram of serial communication level conversion

3.4 监测系统软件设计

3.4.1 处理器主程序设计

处理器主程序设计是整个程序设计中最重要的一部分内容，通过调用相应子程序来完成各参数数据的采集、传输和处理。处理器主程序设计包括事件命令处理、通信处理和ADC处理等部分[11]。图14是本系统处理器程序流程图。

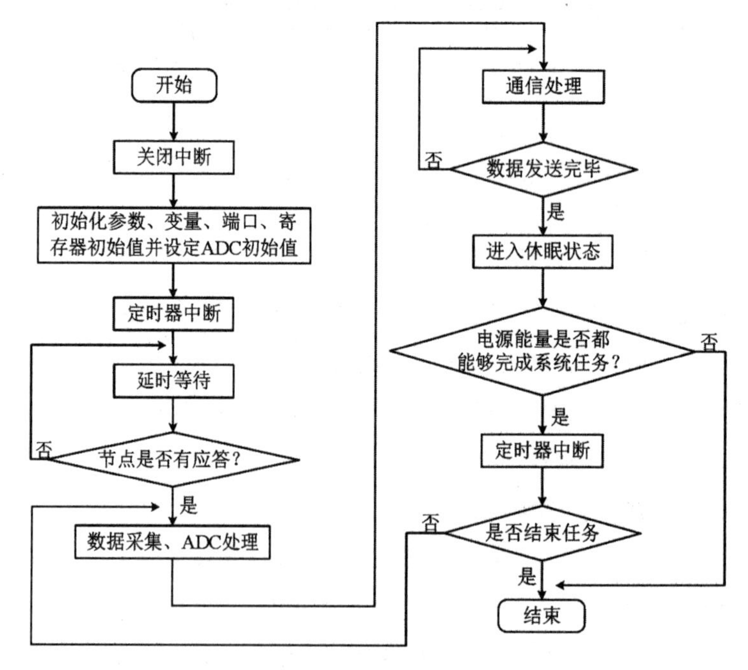

图14　处理器主程序流程图

Fig.14　Flow chart of processor main program

3.4.2 路由器节点程序设计

当路由器模向协调器模块发送监测数据时，需要对路由器模块组网初始化设计，初始化设置完毕后，将路由器模块与协调器模块进行关联，然后向网络发送入网信标请求，此时路由器模块会收到协调器模块的信标请求响应。当协调器响应后，需要对连接的响应进行判定；若协调器响应正确，说明绑定地址正确，协调器入网成功，否则入网失败[12]。路由器模块入网流程如图15所示。

当路由器模块入网成功后，在发送数据时，会调用数据处理子程序请求，将路由器模块的低功耗模式唤醒，然后把传感器采集的数据信息进行打包逐字节发送；如果路由器没有查询到数据发送命令，就会一直处于低功耗休眠状态，只有当内部或外部有数据发送命令时，路由器由休眠状态再恢复到工作状态，开始完成任务处理。图16是路由器模块发送数据流程图。

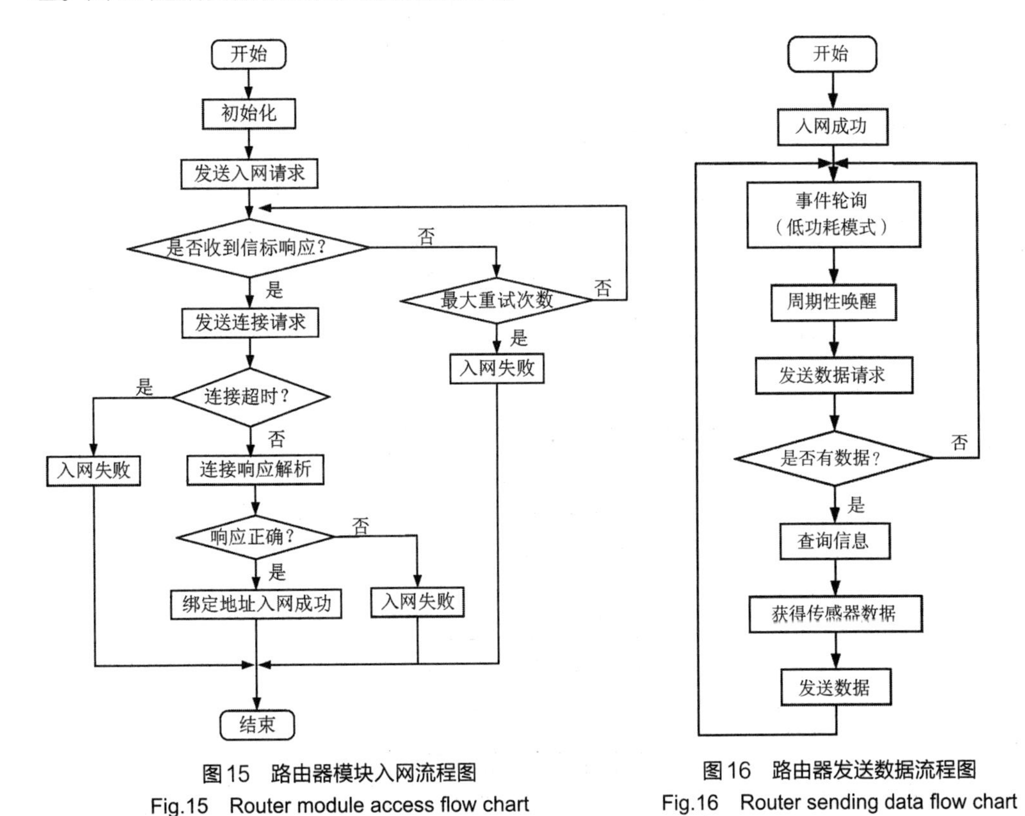

图15 路由器模块入网流程图
Fig.15 Router module access flow chart

图16 路由器发送数据流程图
Fig.16 Router sending data flow chart

3.4.3 嵌入式网关设计

系统为了满足健康监测数据无线远程传输的要求，采用了两种不同协议的无线传输模块，一种是基于IEEE 802.15.4/ZigBee协议的近距离传输模块，另一种是基于AT指令集的GPRS远程传输模块，该模块的通信协议采用的是TCP/IP协议，为了使这两种不同协议能够通信，需要借助嵌入式网关来实现不同协议的转换，从而达到监测数据的远程Web访问及数据存储。图17是嵌入式网关程序设计流程图。

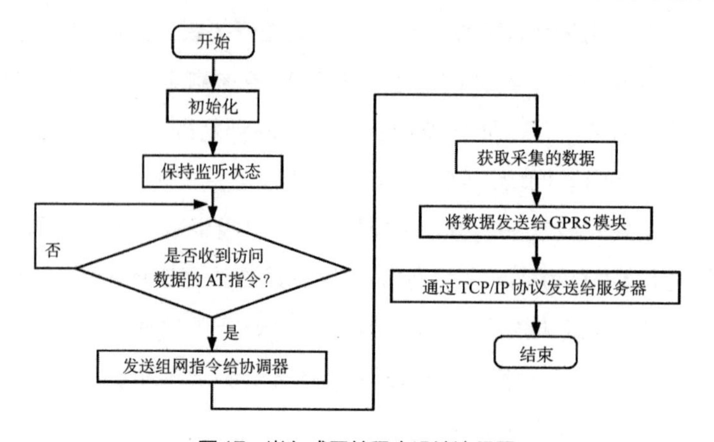

图17 嵌入式网关程序设计流程图

Fig.17 Flow chart of embedded gateway program

3.5 基于鱼群算法的WSN覆盖优化技术

为了使无线传感器网络覆盖率有着明显的变化，本文采用另外一种群智能算法对无线传感器网络覆盖进行优化即人工鱼群算法。在优化过程中，随机把36个传感器节点部署在二维目标监测区域内，然后用人工鱼群算法对传感器节点的布局进行优化部署。该算法的流程图如图18所示。

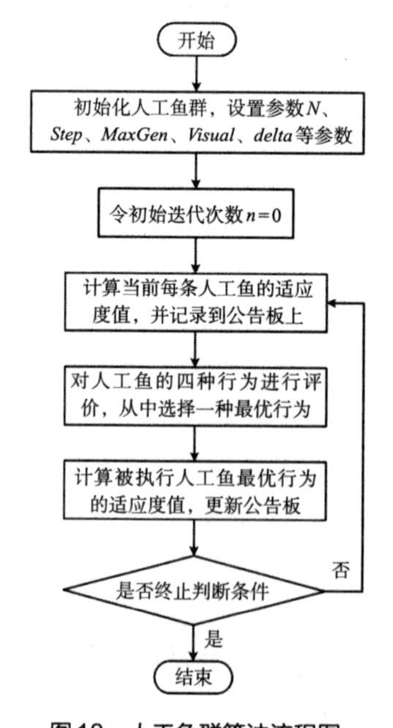

图18 人工鱼群算法流程图

Fig.18 Flow chart of artificial fish swarm algorithm

人工鱼群算法参数设定：人工鱼群数目N=36，终止迭代次数$MaxGen$=200，最大尝试次数$try-number$=10，感知距离$Visual$=9，拥挤度因子$delta$=0.618，移动步长$Step$=2。然后，在Matlab2016a软件中运行人工鱼群优化WSN覆盖优化程序，运行20次结束后，从中选取优化覆盖率最高的一次作为最终的优化结果，运行结果如图19～图23所示。从图19～图23中可以看出，经鱼群优化后的传感器节点目标监测分布均匀，覆盖范围比初始化传感器节点覆盖范围大，未出现覆盖盲区和覆盖漏洞现象。图23是程序运行了20次，迭代200次后覆盖率达到最大的变化曲线图，从变化曲线图中可以看出，鱼群优化算法需要迭代30次左右，使传感器网络在目标监测区域覆盖率达到最大值99.30%。

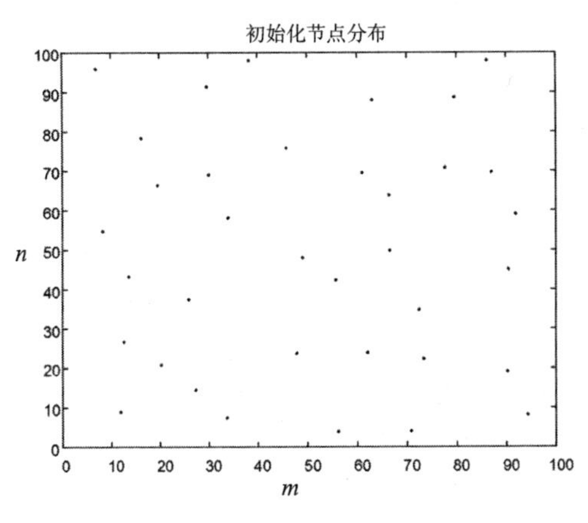

图19　初始化传感器节点布局
Fig.19　Initialize sensor node layout

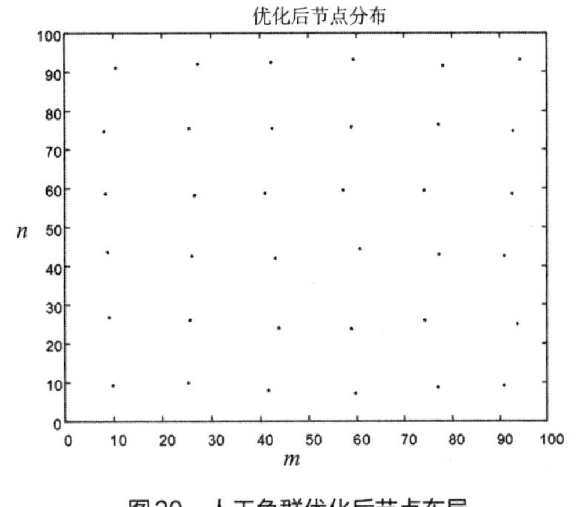

图20　人工鱼群优化后节点布局
Fig.20　Node layout after artificial fish swarm optimization

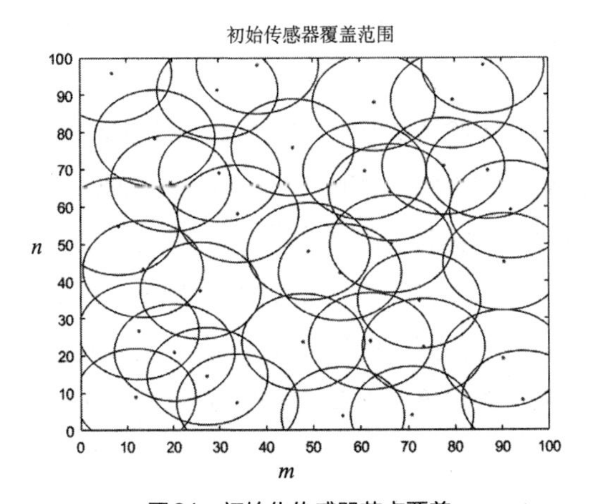

图21　初始化传感器节点覆盖
Fig.21　Initialize sensor node coverage

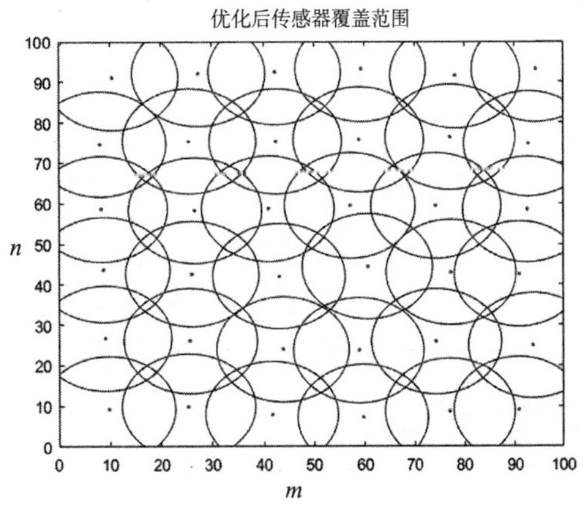

图22　人工鱼群优化后节点覆盖
Fig.22　Node coverage after artificial fish swarm optimization

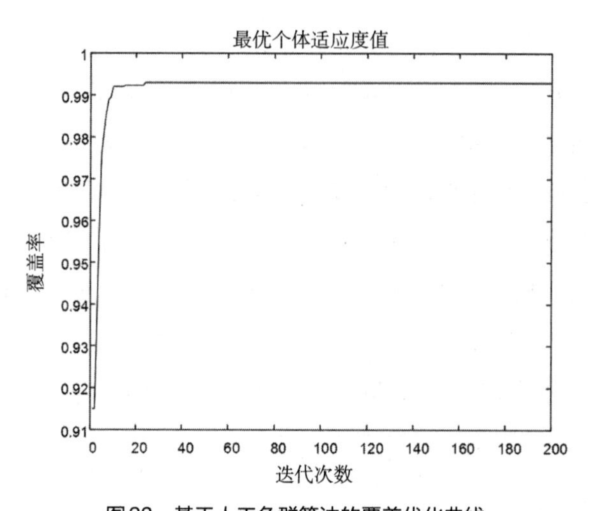

图23 基于人工鱼群算法的覆盖优化曲线

Fig.23 Coverage optimization curve based on artificial fish swarm algorithm

4 结语

本文结合ZigBee技术和GPRS技术，重点对西安奥体中心体育场钢结构健康监测系统的整体架构进行设计；采用群智能算法对大跨度空间结构无线传感器网络覆盖进行模拟仿真研究；建立健康监测数据库，完成监测数据的分类存储与统计；开发基于B/S架构的健康监测信息管理系统，实现底层监测数据的实时监测、显示。本论文主要研究内容如下：

（1）通过对国内外健康监测技术研究现状的了解，明确了健康监测研究的背景和研究意义，分析了影响重大空间结构建筑的主要因素，确立了无线健康监测的主要参数。

（2）通过对无线传感器网络的进一步研究，根据健康监测的要求，确定了健康监测系统的总体架构，设计了基于ZigBee技术和GPRS技术的无线远程监测数据传输系统，包括硬件设计和软件设计，实现底层数据的实时监测。

（3）为了减少监测区域传感器网络覆盖重叠和盲区现象，本文利用群智能算法对传感器网络覆盖模型进行优化，通过仿真结果分析，群智能算法不仅能提高传感器网络覆盖率，还减少了监测区域传感器网络覆盖重叠和盲区现象，实现网络资源的有效配置，延长了无线传感器网络的使用寿命。

（4）建立了健康监测数据库，完成监测数据的分类存储，然后搭建一个基于B/S架构的健康监测信息管理系统，实现了健康监测数据的实时监测、存储及显示可视化。

参考文献

[1] 杨礼东.大连体育场结构健康监测系统的设计和研发[D].大连：大连理工大学，2013.

[2] 李壮.大跨度空间网格结构健康监测中传感器优化布置研究[D].青岛：青岛理工大学，2012.

[3] 梁宝祥.大跨空间钢结构健康监测与施工模拟分析[D].兰州：兰州理工大学，2013.

[4] 张晓亚.大型公共建筑室内环境质量评价模型与管理信息系统研究[D].西安：西安建筑科技大学，2013.

[5] 王云生，于军琪，杨柳.大型公建能耗实时监测及节能管理系统研究[J].建筑科学，2009（8）：30-33.

[6] 王瑜莹.混凝土桥梁结构耐久性无线监测系统与预测模型研究[D]. 西安：西安建筑科技大学，2014.

[7] 张钧.智能养老住宅远程监控系统研究[D]. 西安：西安建筑科技大学，2013.

[8] 瞿雷，刘盛德，胡咸斌.ZigBee技术及应用[M].北京：北京航空航天大学出版社，2007.

[9] 怯肇乾.嵌入式网络通信开发应用[M].北京：北京航空航天大学出版社，2010.

[10] 薛树美.工业厂房结构耐久性智能监控系统设计与研究[D]. 西安：西安建筑科技大学，2018.

[11] 胡金发.模拟数字转换分类及发展趋势[J].科技创新导报，2011（9）：25.

[12] 高攀祥.钢筋混凝土桥梁结构耐久性无线监测系统与预测模型研究[D]. 西安：西安建筑科技大学，2013.

长螺旋钻孔压灌桩在西安奥体中心项目的试验研究与应用

党智荣　刘　平　樊明明
（机械工业勘察设计研究院有限公司，西安　710043）

【摘　要】在砂卵石场地做钻孔灌注桩，常用且成熟工艺是泥浆护壁旋挖钻机成孔、反循环成孔工艺，但该方法对泥浆质量要求高，稍不注意就会产生塌孔、孔底沉渣超标、泥皮效应等，导致单桩承载力不足等质量问题。泥浆用量大，其排放难、成本高及产生的环境污染，将是难以克服的问题。而新近发展起来的长螺旋钻孔压灌桩，不用泥浆无泥皮、压灌成桩无沉渣、后插钢筋笼使桩体与土体接触更紧密，单桩承载力大幅提升。但由于该工艺不能下通长钢筋笼，而个别规范又要求通长配筋，经试验、论证等解决了限制该方法使用的根本问题，保证了该方法在第十四届全运会“一场两馆”项目的使用，最终取得了巨大的经济效益与社会效益。为后期的兰州、洛阳奥体中心项目的使用奠定了坚实的基础。

【关键词】砂卵石场地；泥浆护壁；旋挖钻机成孔；反循环钻机成孔；长螺旋压灌桩

Experimental Study and Application of Long Auger Bored Pile in Xi'an Olympic Sports Center Project

Zhirong Dang　Ping Liu　Mingming Fan
（China Jikan Research Institute of Engineering Investigations & Design Co. Ltd., Xi’an 710043, China）

【Abstract】 The commonly used and mature technology for drilling cast-in-place piles in sandy pebble site is drilling by rotary drilling rig with mud wall protection and drilling by reverse circulation. However, this method requires high mud quality and is not paid attention to, resulting in hole collapse, excessive sediment at the bottom of hole, mud skin effect, etc., leading to quality problems such as insufficient bearing capacity of single pile.The large amount of mud, its discharge is difficult, high cost and environmental pollution, will be difficult to overcome the problem.However, the newly developed long auger bored pile has no mud, no sediment, and the rear-inserted steel cage makes the pile contact with the soil more closely, which greatly improves the bearing capacity of single pile.However, since the process cannot be used to lengthen the steel cage, and some specifications require to lengthen the steel bars, the basic problems limiting the use of this method have been solved through experiments and demonstration, and the application of this method in the project of “one site and two pavements” in the 14th transportation project has been guaranteed, and huge economic and social benefits have been obtained at last.It has laid a solid foundation for the later use of Lanzhou and Luoyang Olympic Sports Center projects.

【**Keywords**】 Gravel Field; Mud Wall Protection; Rotary Drilling Rig into Holes; Reverse Circulation Drilling Hole; Long Spiral Pressure Grouting Pile

1 引言

西安奥体中心是西安建市以来最大的体育设施建设项目，主体建筑包括“一场两馆”，即6万座体育场、1.8万座羽毛球馆和4000座游泳馆。该建筑属于大型公共建筑，建设规模大、工期要求紧、质量要求高、社会影响广。

该项目历时四年，我司参与了建设全过程，包括桩基施工工艺选择、主体育场桩基施工、地下车库支护与降水设计及施工、场芯杂填土处理设计及试验与施工、主体育场及热身场水泥土垫层施工、直升机停机坪地基处理的设计与施工、主体育场建筑变形监测等系列岩土工程任务，解决了诸多岩土工程问题，其核心创新点在于建议并实施了长螺旋钻孔压灌桩技术。既保证了工程质量，也使施工效率成倍提升，给建设方创造了可观的经济效益和社会效益，给大型文体场馆建设带来一种新的地基处理方法。

2 工程概况

2.1 设计概况

西安奥体中心为2021年第十四届全运会主场馆，占地1300亩，投资约80亿元，包括“一场两馆”，主体建筑均采用桩基础，其具体设计参数如表1所示。

各建筑基础设计参数 表1

Design parameters of each building foundation Tab.1

拟建建筑名称	桩径（mm）	有效桩长（m）	桩数（根）	混凝土量（m^3）	单柱最大荷载（kN）	成孔工艺
体育场	800	30	2486	37290	16000	旋挖或反循环成孔
	600	30	1459	12386.91		
羽毛球馆	600	20~28	约1000	约7075		
跳水游泳馆	600	27	约1000	约7641		

2.2 场地岩土工程条件

2.2.1 场地位置及地形地貌

该中心地处浐灞生态区，场地地形平坦，拟建场地地貌单元属于灞河右岸Ⅰ级阶地。

2.2.2 地层结构

根据勘察结果，场地桩长范围内的地层结构如下：

场地地层自上而下依次由第四系全新统素填土（Q_4^{ml}）、黄土状土（Q_4^{al+pl}）、上更新统冲洪积中粗砂（Q_3^{al+pl}）、粗砾砂（Q_3^{al+pl}）、粉质黏土（Q_3^{al+pl}）组成，各层土的野外特征分述如表2所示。

地层及岩性特征 表2

Stratigraphic and lithologic characteristics Tab.2

地层编号	年代成因	岩性描述	层厚(m)	层底深度(m)	层底高程(m)
①-1	Q^{pd}	耕土	0.50	0.50	374.06~375.71
①-2	Q_4^{ml}	杂填土：杂色，以黏性土为主，含砖块碎石，为场地整平时填土	0.70~2.00	0.70~2.00	373.54~376.14
②	Q_4^{al+pl}	黄土状土：褐黄色，硬塑为主，岩性以粉质黏土为主，局部夹薄层粉土，具针状孔隙	3.20~10.50	3.70~11.00	364.97~371.41
③-1		中粗砂：灰黄色，中密，局部含少量圆砾，偶见卵石。以中砂为主，局部相变粗砂，级配不良	2.50~3.80	6.30~9.20	366.65~368.90
③-2		粉质黏土：黄褐色，硬塑为主。岩性以粉质黏土为主，局部夹薄层粉土、黏土透镜体	0.00~3.40	7.20~12.50	363.24~368.00
③		中粗砂：灰黄色，稍湿~饱和，密实，局部含少量圆砾，偶见卵石。以中砂为主，局部相变粗砂	10.8~12.20	20.60~23.50	364.74~355.03
④	Q_3^{al+pl}	粉质黏土：黄褐色，可塑，含少量的石英质砂土颗粒。岩性以粉质黏土为主，局部夹薄层粉土	1.00~5.90	20.00~24.40	351.06~355.78
⑤		中砂：灰黄色，饱和，密实，砂质较纯净，局部夹薄层粉砂，相变为粗砂、细砂，级配不良	2.70~5.30	24.30~26.10	319.21~351.13
⑥		粉质黏土：黄褐色，可塑，含少量的石英质砂土颗粒。岩性以粉质黏土为主，局部夹薄层粉土	1.00~5.90	27.90~30.40	345.06~348.32
⑦		中砂：灰黄色，饱和，密实，砂质较纯净，局部夹薄层粉砂，相变为粗砂、细砂，级配不良	3.90~7.40	33.40~36.30	339.47~342.81
⑧		粉质黏土：黄褐色，可塑，含少量的石英质砂土颗粒。岩性以粉质黏土为主，局部夹薄层粉土	1.00~3.50	35.80~38.50	337.18~340.42

由表2可见，该场地地层中含有大量的大厚度砂类土。

2.2.3 地下水埋藏条件

勘探期间从各钻孔中量测的稳定水位为9.80～13.20m，相应标高为364.16～364.29m。

2.3 工程特点及难点

2.3.1 结构特点

本工程为大型重点公共建筑，安全级别高、建筑跨度大、荷载大而集中、对差异沉降要求高，西安地区属8度地震烈度区，因此，从承载力、变形及抗震考虑，设计采用桩基础。

2.3.2 地层特点及施工难点

拟建场地上部地层为粉质黏土与砂层互层，而上部砂层埋深较浅，不能作为大型民用建筑的桩端持力层。如将桩端置于深层砂层，则需穿透上部巨厚砂层或卵砾层，在近5000根灌注桩施工过程中，采用传统的旋挖或反循环工艺，无法解决塌孔、孔底沉渣超标等质量问题，也容易延误工期，此为本工程的重点与难点之一。

2.3.3 施工组织管理难点

工作量大、工期紧，投入施工设备多（其中一组设备就包括钻机、吊车、装载机、小挖机、混凝土罐车等），多组设备及大量配套设备的组织管理、安全管理难度很大，极易出现安全事故。

3 关键技术——“长螺旋钻孔压灌桩”的提出、试验研究与实施

根据场地岩土工程条件，推荐、试验研究、验证并实施了单机效率很高、质量可靠的“长螺旋钻孔压灌桩”，为奥体中心项目提供了首个技术亮点。

3.1 桩基施工工艺的比选

根据本场地地层及建筑特点，常用的地基处理方法有CFG桩复合地基，静压预应力管桩和灌注桩等桩基础，这几种地基处理方法对比如表3所示。

几种地基处理或桩基方案对比表 表3
Comparison table of several foundation treatment or pile foundation schemes Tab.3

桩型	优点	缺点
CFG桩复合地基	施工速度快、质量可靠、价格便宜、适应范围广、不产生泥浆，在西安广泛采用，是可选的地基处理方案	该方法为桩土共同起作用的复合地基，承载力较小、无钢筋与建筑主体结构锚固，对地处8度地震烈度、安全等级为一级的重点工程，抗震效果不好，不宜采用
静压预应力管桩	施工速度快、预制构件质量可靠、承载力高、不产生泥渣泥浆、无环境污染，在西安广泛采用。但对本场地不适宜	场地3.70～11.00m以下，为厚度大于10m的中密~密实含圆砾及卵石的中粗砂，静压桩机因吨位所限，进入此类砂层深度不大于1m，扣除基础埋深（约3m），则有效桩长仅0.7～8.0m，有效桩长太短且差异太大，不利于抗震及控制差异沉降，不是良好的地基基础方案

续表

桩型		优点	缺点
灌注桩	旋挖钻机成孔	设备能力强、可钻深度大、施工速度快、适应地层范围广、价格适中，在西安广泛采用，是十分成熟的桩基础形式	对砂土互层、以砂为主的场地，成孔时易塌孔，孔底沉渣也不易控制。泥浆会削弱桩的侧摩擦阻力及桩的承载力，故该方案不是良好的桩基基础方案。 若在桩侧及桩底注浆，可消除桩侧泥皮效应及桩底沉渣副作用，但工程造价将大幅提升
	反循环成孔	泥皮效应小、孔底沉渣可控制、适应地层范围广、价格适中，早期在西安地区广泛采用，也是一种成熟的桩基础形式	采用此成熟工艺应是较好的选择，但因其设备简陋，施工不连贯、速度慢（单机每天可成桩4 ~ 6根），大量挖置泥浆池使工地脏乱差，大量泥浆及泥渣，既不易排放，又对环境产生极坏影响，故不是好的桩基础方案
	长螺旋钻孔压灌桩	随着我国设备制造能力提升而形成的一种全新桩基础形式。既无泥皮，又无孔底沉渣，更不产生泥渣。后插筋时对桩体混凝土重新振捣，既克服了断桩的可能性，又使桩体混凝土与孔壁土体接触更紧，对摩擦型桩，单桩承载力大幅提升。 机械化程度高、成孔成桩一体化，施工连续性好、速度很快。单机日均可成桩10～15根，可大幅缩短工期	此方法有一致命弱点——不能通长配筋，即在通长配筋情况下，钢筋笼很有可能不能下置到桩底，只能半配筋。通常钢筋笼最长只能达到25m。 因采用大功率电机提供动力，单机用电量较大，需大功率的变压器或发电机。 若混凝土供应不及时或坍落度较小时，容易产生堵管或钢筋笼下不到位。 若偏振器功率不足，易产生钢筋笼下不到位。 但商混供应及时、坍落度达到规范要求的上限附近时，堵管及钢筋笼下置不到位的现象很少发生

根据表3分析，我司力排众议，否定了“旋挖钻机或反循环成孔灌注桩”方案，提出了相对较新的“长螺旋钻孔压灌桩”方案并进行试验研究。

3.2 “长螺旋钻孔压灌桩”的试验研究

3.2.1 设备的选型

主体育场工程设计有效桩长30m，桩径为600mm和800mm，实际成孔32～35m，成孔深、孔径大、对设备要求高。当时市场主力长螺旋钻机为120型或150型，扭矩小、钻深浅，不是最佳选择。该桩型至少需要150型或180型长螺旋钻机，此种钻机数量少，仅山东和湖南两厂生产，有专家担心设备数量不足。

鉴于该项目社会影响大，该方法市场前景广、施工价格合理，仅山东一个厂开足马力就在工程桩开工前完成了定制180型钻机，解决了“设备数量不足”之虑。

3.2.2 四次成桩试验研究

（1）设计概况

根据桩基图纸，桩型为长螺旋钻孔压灌桩，有效桩长30m，钢筋笼长30m，桩径600mm和800mm，桩端持力层为⑦层中砂，单桩竖向抗压承载力特征值分别为

3000kN和4500kN。

（2）成桩试验

以下四次成桩试验，全过程均在建设、监理、施工各方监督见证下进行。

①第一次成桩试验

2017年10月12日成桩试验，约20min即达设计33.3m成孔深度。为顺利下置钢筋笼，特别强调混凝土的和易性及流动性，如采用0.5～2cm卵石做粗骨料，现场实测坍落度不小于200mm等；用2t偏振器插入钢筋笼，约6min后，钢筋笼不再下沉，地面外漏3.65m，加上1.5m的空桩长度，钢筋笼有效长度24.85m。

②第二次成桩试验

10月13日，第二次试桩施工，用同样保证措施，用3t偏振器插入钢筋笼，钢筋笼有效长度只有24.9m，两次相差5cm，说明施工满足不了30m通长布设钢筋笼的设计要求。

③第三次成桩试验

设计将钢筋笼主筋由原来的ϕ14改为ϕ16，并在其底端加焊一根长1.5m的工字钢，增加其重量及振动势能，用3t偏振器插入钢筋笼。10月18日，进行了第三次试桩施工，钢筋笼同样不能下到设计标高。

④第四次成桩试验

前三次成桩试验，有效桩长30m，钢筋笼长度30m，用各种可能的方法，均无法将钢筋笼下置到位，不得已将其截断。第四次成桩试验直接采用25m钢筋笼，无论用2t还是3t偏振器激振，均可顺利将钢筋笼下至设计要求标高。

与长螺旋成桩试验同时，建设方用150型旋挖钻机进行成桩试验，历时两天，虽钻至设计深度，但反复清孔，孔底沉渣仍不能满足规范要求，仅做了一次失败的成孔试验。

3.2.3 钢筋笼不能下到设计要求的标高的原因分析

长螺旋钻孔压灌桩是灌注完混凝土后插入钢筋笼，通长配筋设计下插入钢筋笼时，由于振动，混凝土石子下沉，上、中部还可下沉，钢筋笼可以插入。当达底部，下沉石子聚集，无回旋余地，再加上钢筋笼底部收口、钢筋间距缩小，插入钢筋笼阻力大增，无法下到设计标高。

3.2.4 “长螺旋钻孔压灌桩”成桩试验研究结果

经前期成桩工艺试验研究，本场地采用30m有效桩长、长螺旋钻孔压灌桩最好，其成桩质量既满足规范要求，同时易施工、效率高、成本低。综合考虑，我司建议采用长螺旋钻孔压灌桩。根据理论与工程实践，建议将钢筋笼缩短至25m。

3.2.5 单桩承载力试验结果

对有效桩长30m，桩径分别为600mm和800mm的桩做载荷试验，最大荷载分别加至7000kN和10000kN，其最大沉降量不大于20mm。

据此计算，实测单桩承载力比勘察报告计算的旋挖及反循环工艺成桩的理论计算极限承载力标准值（4890kN和6720kN）提高43%～49%，比其设计要求的承载力特征值高11%～17%，由于载荷试验远未达到桩的破坏标准或规范规定的40mm，故比其设计要求的承载力特征值要高20%～30%。

3.3 “长螺旋钻孔压灌桩”之核心技术问题——钢筋笼配筋长度的研究

3.3.1 国内规范对钻孔灌注桩配筋长度的规定不统一

查阅国内各种现行规范规程，对钻孔灌注桩配筋问题做出明文规定的仅有三个，但其规定却不统一，具体规定如表4所示。

三种规范规程对桩基配筋的规定 表4

Three specifications for pile foundation reinforcement provisions Tab.4

规范或规程条目	具体规定
《建筑桩基技术规范》JGJ 94—2008第4.1.1.2条	2）摩擦型灌注桩配筋长度不应小于2/3桩长；当受水平荷载时，配筋长度尚不宜小于4.0/α（α 为桩的水平变形系数）
《建筑抗震设计规范》GB 50011—2010第4.4.5条	液化土和震陷软土中桩的配筋范围，应自桩顶至液化深度以下符合全部消除液化沉陷所要求的深度，其纵向钢筋应与桩顶部相同，箍筋应加粗加密
《建筑地基基础设计规范》GB 50007—2011第8.5.3.8条	3）坡地岸边的桩、8度及8度烈度以上地震区的桩、抗拔桩、嵌岩端承桩应通长配筋； 4）钻孔灌注桩构造钢筋的长度不宜小于桩长的2/3；桩施工在基坑开挖前完成时，其钢筋长度不宜小于基坑深度的1.5倍

由表4所见，三个规范中，只有《建筑地基基础设计规范》GB 50007—2011规定8度及8度烈度以上地震区应通长配筋，但其对钻孔灌注桩另有规定：“钻孔灌注桩构造钢筋的长度不宜小于桩长的2/3”。其余两个对桩基设计具有决定性意义的规范均未要求通长配筋。

3.3.2 钻孔灌注桩配筋的作用

桩基配筋的作用一是抗压裂构造配筋，主要是防止桩体承受荷载较大时，在上部荷载作用下将桩体混凝土压裂；二是抗剪配筋，是防止在地震水平力的剪切作用下桩体（尤其是桩头）被剪断或在支护设计中、防止侧壁土压力产生的剪切作用将桩体剪断。

而本工程设计图纸所强调的“设计使用年限不少于100年”，根据有关规范，仅在配筋量上增加10%，而非一定要通长配筋。另外，根据《建筑地基基础设计规范》GB 50007—2011第8.5.3.5条：“设计使用年限100年的建筑，要求适当提高桩身混凝土强度，水下灌注混凝土的桩身混凝土强度不宜高于C40”，对桩身配筋并无特殊要求。

3.3.3 国内及西安地区钻孔灌注桩配筋的常规做法

（1）旋挖钻机成孔、正反循环钻机成孔等常规方法成孔的灌注桩，几乎全为通长配筋，其中上部1/2为全配筋、下部1/2为半配筋。

（2）西安地区岩土工程条件较好（本场地桩长范围内大部分地层为硬塑～可塑粉质黏土和中密～密实的砂砾石层），对桩基的侧限较强，对建筑抗震有利。

本地区长螺旋钻孔压灌桩的配筋设计为：钢筋笼长度为2/3桩长，且最长不大于25m，其原因为：

①符合多数国内规范，达到了安全可靠。

②西安地区为8度烈度地震区，根据西安类似场地地震动实测参数，经计算，本场地满足抗震设计要求的桩基最小配筋长度仅为十余米。

③该建筑物平面形态接近圆形、各向同性，应力分布均匀，结构稳定，对抗震有利。

3.3.4 西安地区“长螺旋钻孔压灌桩”通长配筋施工的经验与教训

长螺旋钻孔压灌桩在西安地区使用虽已十余年，但仅限于少数房地产企业，范围很小，为替代旋挖钻机，也采用桩身通长配筋，试验次数较多，但基本不成功。

（1）失败的教训

2015年7月，“某科技孵化器基地”桩基工程就是典型案例。桩径700mm，桩长33m，采取加大偏振器振动力至5t、延长振动时间至钢筋笼下置到设计标高。最终导致桩体混凝土离析，使桩头（桩体主要承受压力及剪力部位）混凝土强度由C40降到不足C25，降低近50%，产生致命错误，不得不多加2根锚桩（即两个锚桩做成三根，如图1所示）。

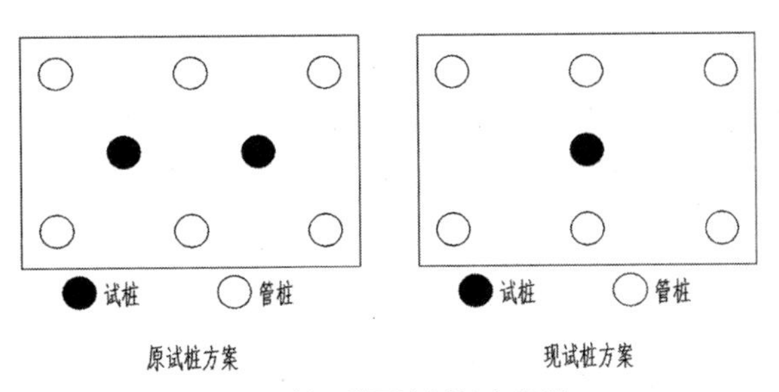

图1　某工程两次试桩方案图

Fig.1　Scheme drawing of two pile tests in a project

（2）30m通长配筋的弊病

本工程若按30m通长配筋，一定要将钢筋笼安放到设计标高，则需5t的偏振器激振，75t吊车起吊（偏振器增大、钢管及钢筋笼增长增重，直接起吊高度37～40m，50t吊车起吊高度不足）、16～25t吊车扶笼。由此带来如下问题：

①5t的偏振器激振能量远大于常规使用的3t偏振器，极易导致上部混凝土离析、强度降低。混凝土离析后，粗骨料沉入桩底，钢筋笼更无法安放到位，桩基质量无法保证。

②要将通长配筋的钢筋笼下置到位，对混凝土的要求也十分苛刻。以往个别工程在锚桩施工中，为减小混凝土中石子阻力，粗骨料全部采用圆砾，最终将通长配筋的钢筋笼下到了孔底（实际上，暗中将桩长加长了1～2m）。

西安市狠抓环境治理，河道开采砂石已被取缔，当时正值西安地区雨季，无法采到圆砾。圆砾短缺，极有可能导致混凝土供应不及时，导致堵管、断桩等事故，严重影响工期和质量。

③该工程工作量大、时间紧迫，需10余台长螺旋钻机，西安及周边地区既没有十台75t汽车式起重机，更没有10余台5t的偏振器，机械设备不足，不能保证施工进度。

④本来1台50t吊车可以完成的工作，却要采用25t和75t两台吊车施工，费用将成3倍增加，不够经济。

（3）行之有效的“长螺旋钻孔压灌桩”施工参数

大量工程实践证明，采用“长螺旋钻孔压灌桩”，桩长为30m，按25m长度设计钢筋笼，50t吊车起吊（保证高度）、27m钢管（2cm厚）保护钢筋笼（保证钢筋笼不被折断）、3t偏振器激振、5～8min之内将钢筋笼下到位（保证钢筋笼能下到位且混凝土不致产生离析），工程质量最好，又经济合理、还施工易行。

该参数是理论设计与长期工程实践相结合而得出的结果，既在理论上满足了规范规定，现实中又有足够的设备实施，同时也兼顾了经济性。

3.3.5 专家论证

针对出现的问题，2017年10月14日，邀请了西安地区知名结构、岩土专家，对减短钢筋配筋方案进行论证，专家主要观点如下：

①长螺旋钻孔压灌桩基础方案，经试桩证实承载力比理论计算提高40%以上，完全达到安全、合理、环保、可行的效果。

②从桩基承受地震作用力的原理分析，桩在地震力作用下会产生水平位移，当有一定位移时，桩间土体就发挥其侧限作用，消减地震应力，保证桩体不会因位移较大

而破坏。根据勘察报告，本场地以砂砾土为主，土质较好，侧限较强，地震作用力对桩体影响很小。

③西安地区地震作用力实测值

地震水平应力对建筑物的破坏性最大，而地震力沿深度方向呈指数式衰减，衰减速度很快。根据实测，西安地区在10m以下，地震水平应力接近于零。根据《建筑桩基技术规范》JGJ 94—2008，按桩长的2/3即20m配筋完全满足规范及实际安全要求，现在配筋25m，更能满足要求。

④由于该施工方案的优越性，若一定要通长配筋，建议可采用增大桩径、缩短桩长至25m的桩基方案。

3.3.6 “长螺旋钻孔压灌桩”实施中遇到的各种质量问题

经过前期试验研究、专家论证等程序，工程桩采用了按桩长的2/3且不小于25m的配筋设计，我司承接了主体育场及其附属工程的桩基施工任务。

3.3.6.1 钢筋笼不能下到设计要求标高

根据《建筑桩基技术规范》JGJ 94—2008，混凝土的坍落度为180～220mm，因运输过程中遇到道路拥堵等耽误时间，造成坍落度损失，或混凝土搅拌时坍落度较小，易造成钢筋笼不能下置到设计深度。对此，采用如下措施予以处理：

（1）调整偏振器能量，将普遍使用的2t偏振器改为3t，加大激振力。

（2）加强对商混站的管理，当现场实测混凝土坍落度小于200mm时，坚决予以退回。另外，将成桩时间错开交通高峰期，防止坍落度损失。

（3）如果钢筋笼还下不到位，且差距较大（大于1m），则用钻机动力大的优势，沿原孔位复钻，将钢筋笼及混凝土钻出，重新成桩。

3.3.6.2 相互串桩

场地地层中含有多层砂层，为防串孔，采用隔一打一的跳打顺序施工。但本工程为独立承台桩，个别情况下无法跳打或操作工人抱侥幸心理而未采用跳打，有个别桩孔产生串孔，对此处理方法如下：

（1）刚灌注完还未初凝的桩体混凝土面，随着相邻成桩钻杆的上拔而下沉。此时将钻杆下沉3～5m，加大混凝土输送泵的泵压，重新压灌混凝土，然后减慢钻杆上拔速度，使其混凝土面恢复到原位，再带压缓慢提升，保证两桩最后的混凝土面在同一水平面。

（2）无法跳打的桩，错开成桩时间，待前一根桩灌注完成5～6h、混凝土初凝以后，再施工相邻的桩。

（3）个别串孔无法解决，待其初凝后重新钻孔，将原来的钢筋笼及混凝土钻出，重新成桩。

3.3.6.3 桩身小应变曲线异常

基桩小应变检测发现，2根800mm桩径的桩体在27m左右小应变曲线略有异常。

（1）根据地层结构分析，该处为4m多的密实粉质黏土，不会产生塌孔或缩孔。

（2）反复检查分析发现，该处正好为钢筋笼尖位置。为减小吊起的钢筋笼晃动、尽快将其下入孔中，孔口操作人员违章将钢筋笼锥尖落地（工地严禁如此）。雨天后发现，由于锥尖扎入土中较深、所夹泥渣未清干净、违章下置夹泥钢筋笼，导致曲线略有异常。

（3）仔细分析该异常桩后认为，桩径800mm，钢筋笼尖小于400mm，且在27m之深度，对桩身混凝土强度及桩身质量不会产生质的影响。但为保证工程质量，不留任何后患，在该桩上各增加一组静载荷试验，以验证其桩身强度及承载力是否满足设计要求。经验证，其结果均满足规范及设计要求。

（4）扩大小应变抽检数量，再未发现类似异常。

4 产生了巨大经济效益与社会效益

4.1 对大型公建项目开创了一种安全高效且全新的桩基础形式

长螺旋钻孔压灌桩是住房和城乡建设部于2005年、2010年要求推广应用的建筑业10项新技术之一，2008年才列入《建筑桩基技术规范》JGJ 94—2008，起步较晚、发展较慢，设备能力有限，仅在一些房地产项目中偶有使用，绝非主流。

借助第十四届全运会建设项目，我司花大力气解决了理论上“8度及8度烈度以上地震区的桩、抗拔桩、嵌岩端承桩应通长配筋”的规定在长螺旋钻孔压灌桩的适用性问题，将其配筋改为“2/3配筋且不大于25m”，解决了根本问题，为该桩型在8度地震烈度区、大型公共建筑中的快速推广扫清了理论障碍，奠定了坚实的理论基础，具有开创性的成就。为该类场地提供了一种安全、高效、经济、较新的桩型，同时也促使该设备的大型化、强力化、多产化，促进了设备制造业的发展与进步。

4.2 经济效益

4.2.1 工程质量保证

（1）采用长螺旋钻孔压灌桩后，单桩承载力大幅提升，桩数大幅减少，质量一次检验合格率100%。另外，桩基施工效率提高一倍以上。

（2）经我院近4年的长期变形监测，主体建筑总沉降量小于10mm，远小于一般采用旋挖或反循环工艺的灌注桩的沉降量（根据我院数千个建筑变形观测结果，其沉降量在20～40mm）。主体建筑施工开始到沉降基本稳定不足一年半时间。稳定很快，说明该方法效果很好。详见建筑物四个角点沉降观测点时间–沉降量曲线图（图2）。

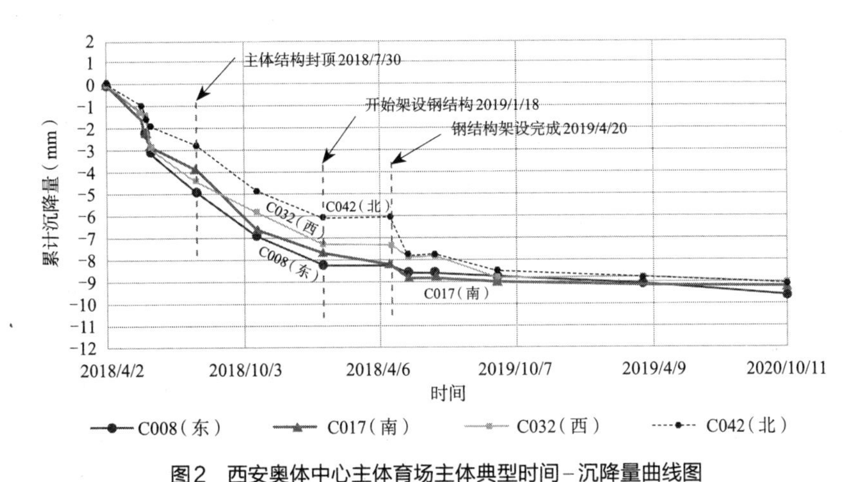

图2　西安奥体中心主体育场主体典型时间–沉降量曲线图

Fig.2　Typical time of main body of Xi'an Olympic Sports Center Stadium—settlement curve

4.2.2 施工效率高

我司中标该项目主体育场及其附属设施的桩基施工后，精心组织、科学管理，上下齐心、昼夜奋战，最终用了常规施工方法一半的时间（40d左右），完成了近41000m^{3}混凝土灌注桩，大幅度缩短了工期，为奥体中心项目的顺利完成奠定了坚实的基础。

4.3 社会效益

4.3.1 媒介报道，产生了社会影响

根据西安新闻报道，利用该新工艺，用了一半时间完成了围绕西安城墙18圈的桩基工程，一次检测Ⅰ类桩为100%，取得了极好的经济效益和社会效益。

4.3.2 推广应用的示范作用，带动桩基行业发展

西安第十四届全运会项目的标杆示范作用，使“长螺旋钻孔压灌桩”在以后西安及其周边的各类体育设施中广泛采用，带动了桩基行业的发展。

（1）兰州奥体中心大厚度杂填土及纯小漂石素填土场地，旋挖钻机因漏浆、钻头钻不进小漂石无法成孔；冲击钻也因漏浆而一筹莫展。我司提出用长螺旋钻孔压灌桩工艺（将交流电动力头改为扭矩更大的直流电动力头），不用泥浆（不怕漏浆），用大螺旋（不存在小漂石进不到钻头内而无法成孔的情况），快速圆满完成了桩基施工任务，获“兰州奥体第一功”的美誉。

（2）洛阳奥体中心项目，地层中部有砂卵石，底部有卵、漂石，旋挖钻机成孔时孔底沉渣超标，慕名邀请我司采用长螺旋钻孔压灌桩工艺前去施工，6台钻机，30d时间，保质保量地完成了30000m^{3}混凝土灌注桩。效率是旋挖钻机的2～3倍，所有检测一次性通过，Ⅰ类桩率100%。

4.4 长螺旋钻孔压灌桩的未来发展方向

（1）目前设备基本满足100m以下建筑物的摩擦桩桩基施工要求。对于100m以上的超高层、道路桥梁的桩基础，需要钻孔朝超深超大（桩径1200～2500mm，深55～65m）发展，要求设备能力向大动力、超大超高型发展。但设备超大超高后，其稳定性、安全性、机动性变差，对电力的要求更高，不利于该方法的推广与使用。

动力超大化（可用3～4个动力头及减速齿轮组）、钻杆接头快速化、钻孔过程加卸钻杆方便化（像反循环成孔工艺的不断加钻杆及卸钻杆）、钻机设备小型化（最高控制在25～30m），以满足超高层及道路桥梁桩基础的需要，应是该工艺的发展方向之一。

（2）长螺旋钻机入硬岩化：动力超大化、钻孔入岩化（对南方基岩埋深较浅，上部为河流冲积层或风化残积层场地；陕北及内蒙古等地，上部为巨厚砂层、下部为基岩）应是该工艺的另一发展方向。

5 结论

（1）长螺旋钻孔压灌桩的采用，为第十四届全运会主要项目建设提供了首个关键技术，增加了核心创新点，成为该项目采用新技术的首个亮点。

（2）理论上解决了“8度及8度烈度以上地震区的桩应通长配筋”的规定在长螺旋钻孔压灌桩的适用性问题，试验研究后将其配筋改为“2/3配筋且不大于25m”。解决了配筋的根本问题，为该桩型在8度地震烈度区、大型公共建筑中的快速推广扫清了理论障碍，奠定了坚实的理论基础，具有开创性的成就。

（3）大量工程实践证明，该桩为砂卵石类场地一种安全、高效、经济、较新的桩型，同时也要使该设备的小型化、强力化、入硬岩化。

延安全民健身运动中心勘察关键技术探讨

张瑞松　何建东　张继文　唐　辉
（机械工业勘察设计研究院有限公司，西安　710043）

【摘　要】 延安全民健身运动中心位于延安新区，地貌单元属于经过平山造地后的黄土丘陵沟壑区，根据挖填方厚度不同将建设场地划分为深挖方区、浅挖方区、薄填方区和厚填方区。通过资料收集、现场钻探、室内试验等手段对场地分区域进行黄土湿陷性评价、地基承载力及变形性质评价，对建设场地整体进行边坡稳定性评价和地基均匀性评价，提出合理的地基基础方案及桩基设计参数。为类似深挖高填建设场地遇到的各类岩土工程难题提供了强有力的技术支撑，为延安新区地方标准的编写提供了一个重要的实用案例。

【关键词】 平山造地；挖填方；黄土丘陵沟壑区；勘察技术

Discussion on Some Key Technologies of Investigation to the Yan'an National Fitness Center

Ruisong Zhang　Jiandong He　Jiwen Zhang　Hui Tang
（China Jikan Research Institute of Engineering Investigations and Design Co. Ltd., Xi'an 710043, China）

【Abstract】 Yan'an National Fitness Center is located in land creation of the loess hilly and gully region. Based on the thickness of excavation and filling, the site is divided into deep-excavation area, shallow-excavation area, low-filling area and high-filling area. The investigation reportrelies on data collection, field drilling, laboratory test and other means, evaluates the loess collapsibility and slope stability, proposes the reasonable foundation program and pile foundation design parameters. This report provides strong technique support for various geotechnical engineering problems in similar deep excavation and high filling construction sites, and provides an important practical case for the compilation of local standards in Yan'an New Area.

【Keywords】 Land Creation; Excavation and Filling; Loess Hilly and Gully Region; Geotechnical Investigation

1 引言

为摆脱“线”形城市局限性，多地提出了“城镇上山”“中疏外扩、上山建城”等城市发展战略，充分利用城市周边低丘缓坡，拓展城市发展空间[1~3]。延安作为黄土丘陵沟壑区的典型“线”形城市，人口增加与城市空间资源不足的矛盾突出、生态环境脆弱、交通拥堵严重、城市功能不健全、布局不合理等问题亟待解决，因此，2012年延安市通过平山、填沟、造地、建城，“削峁建塬”扩展城镇化建设用地，建成延安新区，具有显著的经济、生态、社会效益。

黄土丘陵沟壑区平山造地后场地不可避免地会遇到黄土湿陷性、边坡稳定性、地下水系统调整、挖填交界搭接及黄土和填土工程性质差异性等问题。除上述问题外，延安全民健身运动中心建筑物还具有结构复杂、上部荷载大等特点，要求勘察成果能够全面考虑场地复杂地质条件和上部结构，提出合理的地基承载力、沉降变形、桩基计算等技术参数，满足设计要求并总结工程经验，为后续延安新区建设提供实用案例和技术支撑[4~6]。

2 工程概况

延安全民健身运动中心作为陕西省重点项目，承办第十四届全运会“国际式摔跤”比赛。其中，体育场建筑总面积约53150m^2，等级为乙级体育场，坐席数30105座，建筑地上三层，地下一层。建筑罩棚最高点约45.60m，钢拱中心点高约56.30m（圆钢管结构中心点高度），钢拱跨度约256.80m（不含混凝土柱墩）。全民健身运动中心，建筑面积约70554m^2，坐席数7514个，馆内包括一座甲级体育馆、乙级游泳馆。建筑物效果图见图1。

3 工程特点及勘察难点

3.1 工程特点

（1）建设场地属于深挖高填场地

项目场地位于延安新区（北区）一期工程的西南侧，场地原始地貌为黄土梁峁沟壑区，经大面积平山造地工程施工后，沟谷区已基本消失而形成填方区，与挖方区共同形成地势平坦的场地。通过与平山造地前原始地形图对比，勘察区域绝大部分

图1　建筑物效果图
Fig.1　Architectural renderings

位于挖方区，最大挖方厚度约80m，北侧和南侧局部位于填方区，最大填方厚度约46m。据了解，场地北侧回填施工结束时间为2013年10月，场地南侧回填结束时间为2014年10月。

填方区物料来源为附近山坡放坡开挖的黄土及粉质黏土，回填方式以机械分层碾压为主，强夯为辅；沿原地面沟谷区设置有树枝状的支盲沟、次盲沟和主盲沟，盲沟由土工布包裹砾石及涵管组成。场地原始地形地貌示意图见图2。

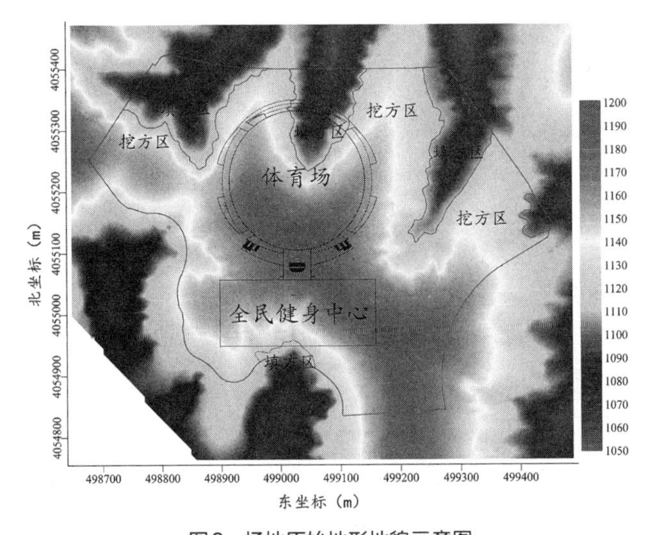

图2　场地原始地形地貌示意图
Fig.2　Original topography of the site

（2）建设场地工程地质条件复杂

建设场地平山造地后形成了“三面二体”：填筑体顶面、临空面、交接面和填筑体、原地基体。平面上可分为挖方区、填方区，其中深挖方区地层较均匀，工程性质较好；厚填方区上部为人工填筑体，下部为原始黄土斜坡、沟谷，填筑体固结时间随填方厚度的增加而增加，但压实填土差异沉降敏感度随着填方厚度的增加而降低；挖填交界区由薄填方区和浅挖方区组成，地层不连续，地基土工程性质差异性较大，湿陷性土层主要分布在该区，对沉降敏感的建筑物影响较大。全民健身中心场地平山造地后形成西侧土质挖方高边坡，南侧局部土质填方高边坡，北侧沟谷底部布置有排水盲沟，无论是勘探点的布置还是基础方案的选择都是难题。场地平山造地示意图见图3，挖填方区示意图见图4。

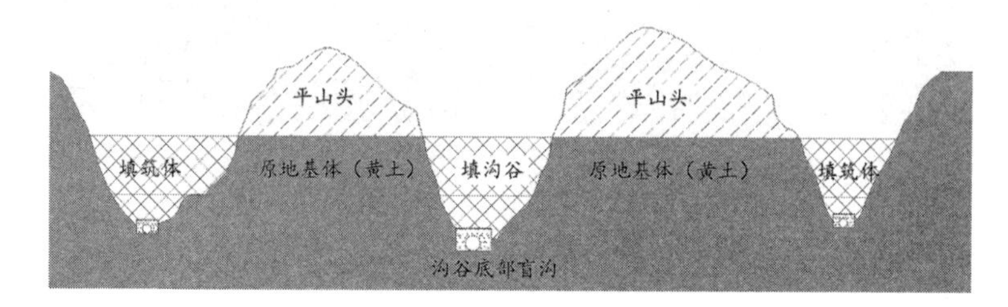

图3　平山造地示意图

Fig.3　Land reclamation in loess hilly gully areas

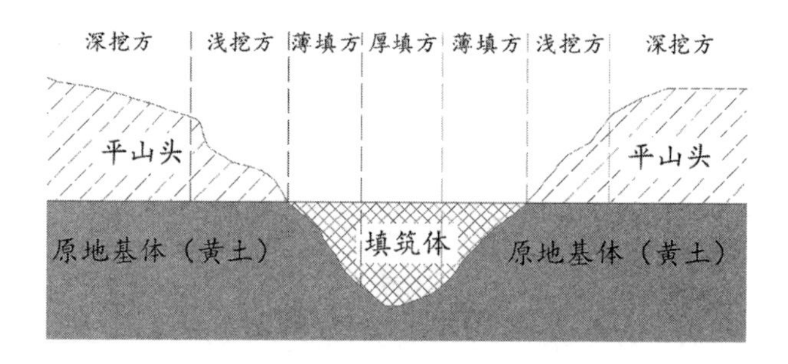

图4　挖填方区示意图

Fig.4　Loess areas with excavated-filled partition

（3）本工程为社会关注度高的重要建设项目

延安市全民健身运动中心作为陕西省重点项目，承担着承办全国第十四届运动会“国际式摔跤”比赛馆的重任，对延安市经济发展和社会进步都将产生重大和深远的影响。该工程工期紧、任务重，需要在保证安全和质量的前提下按期提供技术可行、安全合理的勘察成果资料。在承接本项目勘察任务开始，就需要参建各方保持密切沟通，便于解决项目进行中遇到的众多困难和障碍。

3.2　勘察难点

（1）勘探点的布置及组织实施

延安新区这种深挖高填场地岩土工程勘察工作目前并无相适应的规范可遵循，且该项目建筑物柱底荷载标准值为10000～12500kN，均为大跨空间结构建筑，对差异沉降敏感，勘探点的平面布置既要考虑现状工程地质条件、建筑物平面布置、基础形式及荷载要求等因素，又要考虑原始地形地貌和原来的工程地质、水文地质条件。勘探点深度不但要考虑不同挖方厚度及不同填方厚度区域内工程地质条件的差异，还要对场地形成过程有所了解，这与普通的岩土工程勘察方案布置有很大区别。

在现场具体实施过程中，钻探外业工作要根据实际钻探情况对钻孔深度和数量进行调整。钻孔既要查明湿陷性土层分布，又要查明压实填土和下伏原始土层的空间分布状况，对现场技术人员提出更高的要求，也对钻探及测试工作顺利实施带来诸多困难。

（2）挖填交界区勘察

挖填交界区由薄填方区和浅挖方区组成，该区内地层起伏大且不连续，地基土一般具有轻微～中等湿陷性，地基均匀性较差～很差，原始地形局部还分布落水洞、塌陷坑等不良地质作用，因此，查明挖填交界线的走向及挖填交界区的地层分布，是本项目的难点和重点。

挖填交界区现场钻探、取样、原位测试技术要求均较其他场地严格。该区域重点布置探井获取未扰动土样，获取场地地层的黄土湿陷性质，确定场地湿陷类型及地基湿陷等级。钻探要求全部采用干钻方式，严禁向孔内加水。为查明勘探点填土实际厚度，在理论填土厚度深度附近采取连续静压取土的方式查明界线深度。取样孔钻进过程中应根据地层情况控制钻进速度，并应按"一米三钻"控制回次进尺，卸土时严禁敲击取土器，土样取出后应检查试样完整性，当扰动较大时废弃并重新取样。

本项目勘察过程中发现浅挖方区空洞1处，该空洞东西宽约2.0m，东西长约4.0m，北侧填方区填筑体底部含水量高，造成基桩施工时缩孔、塌孔。一方面表明挖填交界面仍是较优导水通道，另一方面也通过地层中含水量变化位置发现填筑体底部盲沟正在发挥作用。

（3）湿陷性评价

延安新区地处湿陷性黄土地区，地基土浸水产生的湿陷变形不仅可能会影响场地整体的稳定性，也可能使建筑物基础发生不均匀沉降，因此，查明场地形成后湿陷性土的分布范围及厚度对地基处理设计尤为关键。此外，填筑体内压实填土个别土样也表现出湿陷性特征，压实填土的湿陷性评价应考虑填土回填的施工工艺及回填实际情况，可参照相关规范进行评价。

挖方区内的离石黄土不具有湿陷性，挖填交界区的马兰黄土一般具有湿陷性，该区域的场地湿陷类型评价应根据钻孔的自重湿陷量计算结果，结合建筑物及原始地形根据工程分区“以点带面”综合考虑。建筑物地基湿陷等级应按照各自所在不同分区的场地湿陷类型，计算相应建筑物基底以下总湿陷量来综合判定。最终在“勘探点平面位置图”上分别进行标注与区分。

（4）边坡稳定性评价

场地西侧为土质挖方高边坡，南侧局部为土质填方高边坡。西侧挖方高边坡坡顶距全民健身中心最近距离约38m，坡高约50m，最大坡角约28°，南侧填方高边坡坡顶距全民健身中心最近距离约27m，坡高约50m，最大坡角约25°。两侧边坡均为人工设计边坡，西侧挖方高边坡形成时间约为2014年11月，南侧填方高边坡形成时间约为2014年10月，边坡上修建有截排水沟，并进行了坡面绿化。目前，在天然条件下稳定，但对建筑物进行抗震稳定性设计，尚应估计不利地段对设计地震动参数可能产生的放大作用，其水平地震影响系数应乘以增大系数。

4 技术创新点

本项目创新性地根据挖填方厚度不同，将场地划分为深挖方区、浅挖方区、薄填方区和厚填方区（一般以20m为分界）。考虑根据不同分区可能遇到的各类岩土工程问题，进行针对性的勘察方案布置，进而结合现场钻探、室内土工试验结果等进行湿陷性评价、地基均匀性评价等相关工程地质评价。再按照深挖方区、浅挖方区、薄填方区和厚填方区，分区提供地基承载力特征值（f_{ak}）及变形指标（E_s），最终提供安全可靠且经济合理的地基基础方案建议，提出完成自重固结和未完成自重固结情况下的桩基设计参数。

5 工程经验

（1）勘察点的平面布置既要根据现状工程地质条件、建筑物平面布置、基础形式及荷载要求等参数，又要综合考虑原始地形地貌和工程地质、水文地质条件。勘探点的深度要考虑可能采取的地基基础形式、不同挖方厚度及不同填方厚度区域内工程地质条件的差异，尤其要对场地形成过程有所了解，现场实施要根据实际情况及时进行调整。

（2）挖填交界区勘察由于其土层分布及工程性质的特殊性和复杂性，是建设项目岩土工程勘察工作的重点和难点。

（3）黄土湿陷性评价应根据钻孔的湿陷量计算结果，结合场地分区、原始地形及建筑物基础形式等因素“以点带面”综合进行评价。其中，压实填土的湿陷性评价还应考虑填土回填的施工工艺及回填实际情况参照相关规范进行评价。

（4）延安新区挖填场地应分区进行湿陷性、均匀性、强度及变形指标等评价。

（5）要充分利用Q_2老黄土良好的工程性质。

6 总结和展望

（1）该工程作为我院“十二五”国家科技支撑计划“黄土丘陵沟壑区（延安新区）工程建设关键技术研究与示范”课题中的典型案例之一，其实施过程通过精心勘察，确保了工程建设质量，已完成岩土工程勘察，总体取得了成功。

（2）为日后延安新区深挖高填建设场地遇到的各类岩土工程难题（湿陷性评价、强度及变形、地基基础方案等）提供了强有力的技术支撑，奠定了我院在延安新区技术领先的优势。

（3）为《延安新区工程勘察技术导则》和《延安新区建筑工程设计技术导则》的编写提供了一项重要的实用案例。

参考文献

[1] 张耀波，孙红昆，方琳.“城镇上山”：现状分析与路径选择——以云南省曲靖市为例[J].中共云南省委党校学报，2013，14（2）：149-151.

[2] 杨子生.山区城镇建设用地适宜性评价方法及应用——以云南省德宏州为例[J].自然资源学报，2016，31（1）：64-76.

[3] 高建中.延安新区黄土丘陵沟壑区域工程造地实践[M].北京：中国建筑工业出版社，2019.

[4] 张瑞松，唐辉，高建中.延安新区大厚度压实填土地基均匀性评价[J].岩土工程技术，2020，34（1）：24-26.

[5] 高建中，张瑞松，唐辉.延安新区挖方区天然地基承载力研究[J].工程勘察，2017，45（7）：25-31.

[6] 延安新区工程勘察技术导则[S].延安，2019.

第十四届全运会马术场馆规划及设计

高　明[1,2]　范斯媛[1]　朱远松[1]　薛　斐[1]
（1.中国建筑西北设计研究院有限公司，西安　710018；
2.西安建筑科技大学建筑学院，西安　710055）

【摘　要】 第十四届全运会马术项目在工期较短、地形复杂、行业设计无标准的情况下，通过对国内主要场馆进行调研，在借鉴相关工程和研究的基础上，针对马术特有的工艺及规划设计进行分析总结，将绿色建筑、光伏技术、生态技术和5G通信技术等运用于工程实践中。工程建成后，对今后马术建筑在规划设计理念、技术标准和新技术的运用方面起到示范作用。

【关键词】 马术；标准；绿色建筑；海绵城市；光伏技术；5G技术

The Planning and Design of Equestrian Gymnasium in the 14th National Games

Ming Gao[1,2]　Siyuan Fan[1]　Yuansong Zhu[1]　Fei Xue[1]
（1. China Northwest Architecture Design and Research Institute Co. Ltd., Xi'an 710018, China;
2. College of Architecture, Xi'an University of Architecture and Technology, Xi'an 710055, China）

【Abstract】 The equestrian project of the 14th National Games has a short construction period, complex terrain and no standard industry design. Based on the investigation of the main domestic venues, the unique equestrian technology and planning design are analyzed and summarized, and the green building, photovoltaic technology, ecological technology and 5G communication technology are applied in the engineering practice. After the completion of the project, it will play an exemplary role in the planning and design concept, technical standards and the application of new technologies of equestrian architecture in the future.

【Keywords】 Equestrian; Standard; Green Building; Sponge City; Photovoltaic Technology; 5G Technology

1　区域及项目背景

第十四届全运会马术比赛场地位于西咸新区秦汉新城渭河以北，处于秦汉新城与泾河新城交界处，茶马大道以东、旅游路以北、张良路以南区域。

项目西距机场约14km，南距西安北客站约15km，距城际高铁秦宫站约8km，南接机场高速马家堡出入口（图1）。

2 项目简介与场地背景

园区总规划用地约3794亩（含水库316亩），其中，第十四届全运会比赛用地约876亩（不含水库，含越野赛道面积），道路用地287亩。建设期为2019年10月至2021年8月，其中第十四届全运会马术比赛场地和市政设施配套部分已于2020年6月30日完工，综合服务设施之一——马术室内馆已于2021年8月完工（图2～图5）。

图1　场地现状
Fig.1　Site context

图2　鸟瞰效果图
Fig.2　Aerial view

图3 总平面
Fig.3 Overall plan

图4 看台楼效果图
Fig.4 Grandstand renderings show

图5 马厩效果图
Fig.5 Stable renderings show

3 第十四届全运会马术项目介绍

马术比赛是男女可以同场竞技，唯一一项由人和动物共同完成的体育竞技项目。

第十四届全运会马术比赛项目由三个不同的项目组成：分别为盛装舞步、场地障碍赛和三项赛。

盛装舞步比赛在1200m^2特定场地上进行，比赛根据马的步伐及行进中的姿态、骑手的技术与姿势、骑坐安稳等项目给予评分，马匹要在规定的时间内完成慢步、快步、跑步、斜侧步等一系列动作。

场地障碍赛是一项考验人马配合熟练程度以及按照固定路线快速通过多道障碍物的能力。比赛在长90m、宽60m的场地中进行，场内设置10～12道不同形状的障碍。

三项赛是最综合的马术竞技项目，马术三项赛是骑手与同一匹马的组合参加规定的三项马术比赛。即：盛装舞步赛、越野赛和场地障碍赛（又称马术三项全能赛）。

越野障碍赛是最刺激的全面骑乘能力的挑战项目，是规范正确地调教和训练的结果。这个项目的焦点在于运动员和马匹要处于各种变化的比赛环境（天气，地形，障碍物，地面状况等）下，展现其面对障碍的跳跃技术、协调能力、相互信任和“靓丽的骑姿”。

4 第十四届全运会马术比赛场馆

马术比赛场馆由马术比赛配套建筑、中心比赛场地、活动热身场地、越野场地和配套市政道路组成。

4.1 马术比赛配套建筑

4.1.1 马术看台楼

地下一层为设备用房，一层为媒体用房、贵宾接待、裁判员用房、礼仪用房及器材室；二层为观众入场平台及为观众服务的商业、医疗和卫生间等辅助用房；三层为包间用房。

主看台包括主席台、记者席、商务区、一般观众席等区域，设有贵宾席60座、记者席80座、观众席2330座、无障碍席6座。座位颜色选用考虑到马的视觉生理特征，避免使用红色等亮丽的颜色，以避免刺激参赛马匹，最终选用墨绿色。

4.1.2 马医院及功能用房

一层设有马医院、赛事监管办公室、兴奋剂检测、医务室、运动员休息室及理疗按摩室、志愿者休息、随队官员休息室。二层设有赛事办公、会议室以及相关休息室（赛后俱乐部办公）。

4.1.3 马厩

规划建设15栋马厩，每栋马厩可容纳22匹马，总共可以容纳330匹马。每个马厩内设有鞍具间、马工用房、2间洗澡房、2间烤灯房，同时配有电动天窗、通风扇、灭蚊灯和移动式蒸发式冷气机，其中三个马厩采用了制冷效果更好的冷风型单元式空调机。

4.1.4 马术室内馆

设置标准的60m × 90m的纤维砂赛场，观众看台1800座，满足极端天气情况下场馆的应急要求。

4.1.5 配套建筑

包含马蹄铁工厂、草料库、饲料库、马粪收集房、配套卫生间等建筑。

4.2 赛场部分

4.2.1 中心比赛场地

中心比赛场地举办了盛装舞步和场地障碍赛两个单项比赛。场地尺寸为80m × 100m，满足障碍赛场地尺寸90m × 60m比赛要求。盛装舞步场地尺寸为60m × 20m，套用障碍赛场地。将南侧一块60m × 90m平时训练场地，作为赛前准备活动场地。紧靠中心赛场南侧，作为骑手和马匹进行赛前最后准备活动区（10min热身场地）。

4.2.2 越野赛场

越野场地由出发区、赛道、救护车道三个区域组成。出发区位于马球场西侧附近，并设置相关的观众席。赛道一部分环绕马球场的草地，一部分环绕芋子沟水库，形成本次独特的比赛场景。设计按照CCI 2星/3星标准设计，赛道总长度为4700m（32跳），速度520m/min，在主要障碍点设置观众观看点。设计了规划七路、规划八路、旅游路东北段、规划五路共四条市政路和环绕马球场的救援车道，兼作赛事救援道之用。

准备活动场地位于马球场北侧草地，靠近比赛出发区。场地大小满足至少提供两个标示红白旗的固定的或可打落的障碍物摆放要求。

4.2.3 验马道

验马道位于马厩区中轴延伸处北段东侧，附近场地开阔，适合于马匹的集散和人员聚集观看。场地尺寸为70m × 5m，材质采用防滑柏油路面。

4.2.4 训练设施

盛装舞步训练场地两块，每块场地为70m × 40m；障碍训练场地一块，每块场地为80m×50m。利用马球场地南侧的区域，作为越野赛训练场地。

规划设计2个调教圈，位于马厩区的东侧，直径为15m，场地材质为纯砂场地。

5 挑战与创新

5.1 场馆设计的独特性

5.1.1 马术工艺流线的独特性

马术比赛有观众流线、VIP流线、新闻媒体流线、工作人员及后勤服务流线等常规体育建筑工艺流线。但由于有马匹的加入，又产生了不同于其他比赛项目的工艺流线。马医院效果如图6所示。

图6 马医院及附属用房效果图
Fig.6 Ma hospital and accessory building renderings show

（1）马匹进场流线

通过运送通道，在落马区进行相关的检疫检查，有异常情况的马匹进入隔离马厩，正常马匹进入相关的马房。

（2）马匹服务流线

马匹的饲料、草料的进出和马匹粪便的储藏、清运，避免与公众流线冲突。

（3）上场流线

三次检录地点位于马厩出口处和进入热身场地处，通常人马在一起，有赛事监管检查马编号和骑手的证件；另一个位于进入主赛场处，是最终的一个检录，要求人骑在马上进行。

（4）通行证件发放

比赛期间，马术运动员和其他工作人员须在赛事监管办公室进行身份确认，确定通行权限，领取相关通行证件。

（5）下场流线

运动员与马匹下场不能与上场流线重叠，在下场流线处应设置一定规模的降温区，集中给参赛的马匹进行冲水降温。

（6）越野赛流线

参赛运动员和马在经过检录后进入热身场地，然后进入约 5m×5m的出发围栏出发进行比赛，赛后经过降温区，回到马厩。

5.1.2 赛场布局与马术赛制的独特性

马厩尽量位于场地的下风向，马粪收集布置在马厩区的下风向。在马厩区布置大量绿地和小型训练场地，供马就近放松、练习。

盛装舞步和场地障碍赛的10min热身场地与主赛场邻近，入口直接相对，方便选手热身后直接进入比赛区。设置多块训练场，热身场地最小尺寸为60m×20m，与10min热身场地一体布置。赛场长边高差不应大于0.6m，短边高差不应大于0.3m，场地距离观众不小于10m。规划为每位裁判提供裁判亭，距地面赛场高度不小于0.5m。三项赛位于出发围栏处留出较大的空地布置观众席和热身场地。

合理规划降温区位置，规划在马术比赛的退场流线处和马厩区附近。在各个功能分区之间留出足够的空间，以便根据不同赛事要求设置工作人员工作空间，避免场地拥挤。

中心比赛场地开口依据流线分为贵宾颁奖入口、工作人员进出口、裁判入口和运动员上下场进出口。比赛场地大小影响比赛马的完成时间，场地越小骑手完成比赛的速度越慢。

5.1.3 马厩设计依据的探索

马厩没有相关的设计依据和规范，工程设计对标准化和规范化进行探索。比如，对于马格的最小尺寸大小、窗户高度和大小、马厩内应设置的配套用房及设施、通风要求、采光要求、采暖要求、马厩外门开启方式（一般为推拉门），马厩地面材质的通用做法及防滑要求、马厩排水设计和基于安全和使用细节构造措施要求等一系列问题进行探索。

5.2 工程的复杂性

5.2.1 汉长陵文保控制线与建筑、场地规划布局的矛盾

场地南部位于汉长陵国家文物建控地带内，对建筑的高度、体量、颜色、结构基础形式和深度有较为严格的规定。将比赛和训练场地尽量布置在该区域；将一层的马厩及其附属用房、二层马医院和附属建筑布置在其中，而将较高的马术看台楼和马

术室内馆置于线控地带外侧。同时，建筑风格采用中式的秦汉风建筑，呼应文保区的建筑风格要求。

5.2.2 场地地貌起伏与场地平整的矛盾

场地西南高，东北低，整体坡向芋子沟水库。水库周边有若干高差10多米的沟壑，并且有鱼塘、枯井、村庄等原有风貌，土方工程量巨大。规划布局充分利用地形，将建筑和赛场布局在不同的标高位置，减少土方挖填。马球场通过合理的标高设计，将南部的土方回填至北部，基本形成土方自平衡。将主要的建筑尽量避开沟壑回填位置和水塘枯井等不利地形，充分利用地形高差布局建筑。

5.2.3 工期紧张、考古任务巨大与建筑体量的矛盾

项目正式开工是第十四届全运会场馆最晚的，场地面积大，古墓、文物遗存较多。规划将建筑化整为零，在合理的赛事流线基础上，取消集中式建筑布局，将建筑分为马术看台楼、马医院及附属用房、马厩区和马术室内馆（非第十四届全运会要求部分，备用风雨场，2021年8月完工）。

5.2.4 马术建筑运动特性与汉帝陵风貌的矛盾

现代马术源于国外，定位为时尚高端的运动，建筑造型多为现代或欧式风格，与长陵文保区风貌有矛盾。建筑采用三段式造型，深色的基座和浅黄色的屋身，不同方向的坡屋顶与平屋顶穿插组合，形成丰富的屋顶轮廓造型。大悬挑屋檐，将运动感与古典有机统一。在色彩上选用暗喻秦汉代的主色调红、黑、黄色。建筑装饰选用“马”主题浮雕；场地内的灯饰、标识和城市家具均采用秦汉的造型元素，一起构筑场所地域精神。

5.3 场馆的科技性

5.3.1 现代智能系统全覆盖

设计设置了25个智能化系统，比如影像采集及回放系统、售检票管理系统、场地LED大屏及控制系统等。全场馆实行了5G信号全覆盖，场馆管理和竞赛组织的智能化系统可实现声光电三位一体的联调联动。

5.3.2 高技术赛场的尝试

世界范围内马术场地障碍及盛装舞步赛事主要在砂地或草地面层的专用场地内举行，其中以混合纤维砂面层的马术场地为主。混合纤维砂面层马术场地在场地性能上具有良好的渗水性、软硬度，能够保障骑乘人员和马匹的安全，提升竞赛表现能力，同时混合纤维砂马术场地养护方便且成本相对较低[2]。

5.3.3 绿色建筑应用

选用绿色装饰装修材料，围护结构热工性能比国家现行建筑节能设计标准提高10%；选用高效多联式空调机组，综合部分负荷性能系数（IPLV）较现行国家标准提高80%以上。场馆设置了能耗监测系统、建筑设备节能控制与管理系统、信息网络和远程监控系统；设置太阳能热水系统和光伏发电系统，加强可再生能源利用。场地设置雨水回收利用系统和自建中水处理系统，收集场地雨水用于绿化灌溉、道路浇洒等，不足部分由自建中水系统提供。

5.3.4 海绵城市应用

马术中心赛场、训练场、热身场、马球场、越野赛道等特殊场地下垫面，采用透水铺装，具有渗滤作用，能降低地表径流系数，降低径流总量，削减峰值流量；其他下垫面雨水接入雨水管网，最终汇入芋子沟水库，形成天然雨水收集池，控制用地范围内的雨水径流总量。汇入水库的雨水经过处理可回用于场地内道路浇洒、绿化浇灌等。

5.3.5 节约办会，兼顾赛后运营

规划布局及建筑功能均考虑赛后商业运营的要求，减少后期改动。市政道路和马球场内部环道兼顾越野赛道救援道，减少投资。越野赛道与环芋子沟水库公园景观结合，减少后期改造。马术室内馆（备用场馆）设计兼顾赛后旅游表演的需求，为赛后改造提供了可能。

6 结语

全国第十四届运动会马术场馆建设充分考虑建筑材料、绿色生态、太阳能利用、海绵城市及5G技术的应用，竭力打造较为齐备的、国内领先的马术运动场馆。规划设计、开工建设和验收完成均是全国第十四届运动会所有场馆中最快的。在建设的一年半时间内，在当地政府全力协助下，EPC联合体共同努力，加班加点终于在规定的630节点完成建设。人们在惊叹场馆的建设速度之外，对场馆给予称赞和好评。场馆在6月迎来测试赛，在完善各项设施的基础上，圆满完成了全国第十四届运动会马术项目赛事的举办。

参考文献

[1] 刘少瑜，王珺，潘凯玲. 香港奥运马术比赛及场地[J]. 建筑创作，2008(7)：136-138.

[2] 王洪伟，蔡明霞，朱兵华，等. 马术场混合纤维砂面层的施工工艺与质量控制[J]. 新型工业化，2020(6)：148-149,157.

[3] 《建筑设计资料集》(第三版)编委会. 建筑设计资料集.第6分册[M]. 北京：中国建筑工业出版社，2017.

[4] [英]威廉·米克勒姆.马术全书[M]. 北京：北京科学技术出版社，2019.

[5] [英]艾尔温·哈特利·爱德华兹.DK马百科全书[M]. 北京：北京科学技术出版社，2019.

[6] 郑国上.马术[M]. 北京：人民体育出版社，2011.

[7] 盛装舞步25版规则.

[8] 三项赛24版规则(04-20).

[9] 场地障碍25版规则.

全国第十四届运动会西安体育学院鄠邑新校区场馆、场地规划设计

杨永恩　于岩磊

（中国建筑西北设计研究院有限公司，西安　710018）

【摘　要】 第十四届全运会共有手球、曲棍球、棒球、垒球、橄榄球五个大项的赛事活动在西安体育学院鄠邑校区举行，项目净用地742.29亩，设计将手球馆、教学区、室内体育馆、宿舍区等主要功能区域联通。其中手球馆定位为甲级综合体育馆，共设观众席6300座。

【关键词】 第十四届全运会；手球馆；甲级综合体育馆

The 14th National Games Planning and Design of Venues for Huyi New Campus of Xi'an Institute of Physical Education

Yongen Yang　Yanlei Yu

（China Northwest Architecture Design and Research Institute Co. Ltd., Xi'an 710018，China）

【Abstract】 There are five major events at the 14th National Games, including handball，hockey，baseball，softball and rugby，would be held at the Xi'an physical education university campus. The project covers 742.29 acres of land，which connects the handball hall，teaching area，indoor gymnasium and dormitory area. The handball hall is a Grade-A comprehensive gymnasium with a total of 6300 spectator seats.

【Keywords】 The 14th National Games；Handball Court；Grade-A Comprehensive Gymnasium

1 引言

手球馆设计定位为甲级综合体育馆，共设观众席6300座。设计按照可承办国际级手球赛事的标准规划设计和建设，同时在绿色节能、智能化建设、灯光以及场地用材等诸多方面也具有先进性。场馆在建设中还将融入智能化视频监控系统、智能化视频转播系统、智能化新闻发布系统等多项智能化系统。

2 工程概况

西安体育学院鄠邑校区“一馆四场”是除了西安奥体中心之外承办比赛项目最多的场馆，共有手球、曲棍球、棒球、垒球、橄榄球五个大项的赛事活动在此举行（图1、图2）。项目用地沿东城路分为东西两块，北起吕公路，南至环高路，东临潭峪河，项目净用地742.29亩。

设计力求打造智能、绿色、节能的校园环境。校区以符合全运会赛事要求、满足教学需求，赛后遗产可迅速转化为单项赛事集训基地为设计目标，努力为西安体育学院鄠邑校区未来发展创造宝贵的物质和精神财富，为西安体育学院拓展更广阔的发展空间。

图1　西安体育学院鄠邑新校区南向鸟瞰图
Fig.1　Aerial view from the south of the Huyi New Campus of Xi'an Institute of Physical

图2　西安体育学院鄠邑新校区东南向鸟瞰图
Fig.2　Aerial view from the southeast of the Huyi New Campus of Xi'an Institute of Physical

3 规划设计

3.1 规划结构及整体布局

校园分为东、西两区，各区块内均衡布置比赛场地及校园建筑。校园主入口为核心东西向展开，形成以图书教学楼、校前广场、曲棍球赛场为中心，总长近500m的空间主轴。采用架空环廊联系校园东西两区，将手球馆、教学区、室内体育馆、宿舍区等主要功能区域联通。

考虑城市人流来向，设计把重要性、对外性较强的手球馆、图书馆、综合馆、行政楼、医务楼等均沿北侧吕公路布置，满足了全运会手球项目比赛的对外交通需求，良好的建筑形象也较好地展示了体院的校园属性（图3、图4）。

图3 手球馆鸟瞰图
Fig.3 Aerial view of the handball hall

图4 手球馆透视图
Fig.4 Perspective drawing of the handball hall

3.2 交通系统设计

校园主要出入口通过内部环路相连接，满足消防要求，形成了完整的校园交通体系。教学、生活区以景观连接，步行系统及亲水廊桥围绕水景设置，形成宜人的教学生活环境。地下车库设置在东地块内，车辆由城市道路引入，就近进入地下车库，地面人车分流。

4 手球馆单体设计特点及难点

4.1 建筑设计

手球馆定位为甲级综合体育馆，共设观众席6300座（图5）。设计按照可承办国际级手球赛事的标准规划设计和建设，同时在绿色节能、智能化建设、灯光以及场地用材等诸多方面也具有先进性。场馆在建设中还将融入智能化视频监控系统、智能化视频转播系统、智能化新闻发布系统等多项智能化系统。

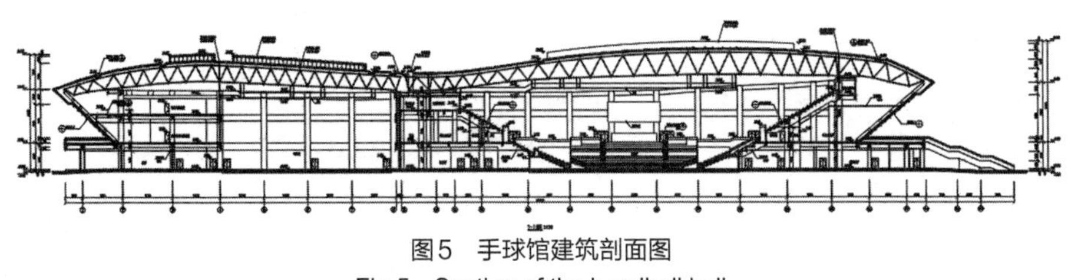

图5　手球馆建筑剖面图

Fig.5　Section of the handball hall

设计将不同人流以立体交通方式进行分流，观众由二层大平台进入观众大厅，其他人流由场馆各个方向专用入口从一层进入场馆，功能空间配置齐全。除手球比赛，也可举办篮球、艺术体操等各类大型单项赛事和各项演出活动。建筑形象动感、流畅，建成后不仅成为学院的地标，也成为鄠邑区的地标。

4.2 结构设计

4.2.1 下部支承主体结构

由于比赛馆和热身馆建筑功能、空间、标高等差异较大，若结构连成一体，结构质量、刚度分布很不均匀，会产生较大的偏心和扭转，出现明显的抗震薄弱部位。因此，在两馆间设抗震缝，将其分为两个独立的、较为规则、抗震能力较好的结构单体[3]。

4.2.2 屋面结构

由于屋盖网架支承于下部主体结构柱上，因此，屋盖网架设缝位置与下部支承结构抗震缝对应，屋盖分为两段，8轴左侧热身馆为A段，9轴右侧比赛馆为B段。屋盖结构形式均采用正放四角锥双层弧形网架，网架支座采用抗震球铰支座。

4.2.3 侧幕墙结构

建筑外立面体型复杂，侧幕墙体系和屋盖钢结构紧密衔接，整体呈扭曲波浪形，无论是平面形状还是立面尺寸均不规则，为结构找形和建模分析带来极大挑战。侧幕墙主体结构形式为平面桁架，平面桁架采用相贯节点。侧面幕墙桁架竖向主杆件下部支座支承于二层平台之上，采用抗震球铰支座，主杆件上端与网架下弦节点球相连，该处连接可实现上下滑动要求。

4.2.4 本项目部分设计参数

抗震设防烈度为8度（0.2g）；场地类别为Ⅲ类；地震分组为第二组；抗震设防类别：A段，丙类；B段，乙类。建筑结构安全等级：A段，二级；B段，一级。建筑物抗震等级：比赛馆、热身馆支撑屋盖的柱为一级，热身馆为二级。对该项目进行结构分析时，共分为下述四部分：

（1）屋盖网架单独建模

由于网架与混凝土结构地震作用验算的标准不同，对网架设计应以单独建模分析为主，但网架支座约束刚度的设置需有效地考虑下部支承结构的约束作用[4]。根据建筑形体和平面尺寸，建立屋盖网架模型，如图6所示。

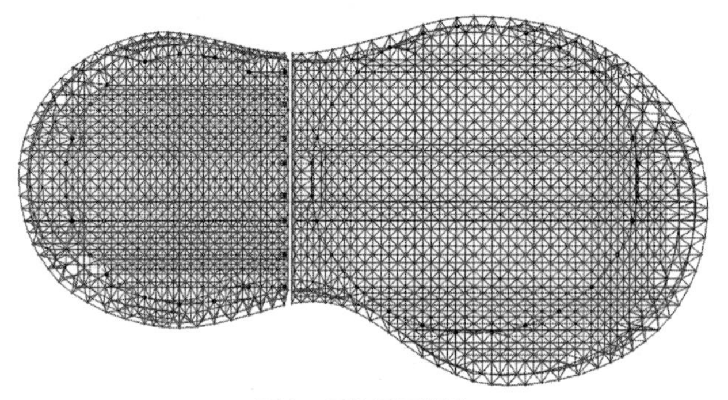

图6 屋盖网架模型
Fig.6 Model of the space truss

（2）下部主体结构与屋盖协同分析模型

对网架－混凝土混合空间结构评判设计指标时，宜采用简化网架的建模方式[4]。对混凝土构件进行承载力配筋设计时，可采用混合结构协同建模补充验算，取包络设计。

将屋盖网架和混凝土主体结构协同建模。由于网架屋盖通过支座与顶层混凝土构件连为一体，网架本身的刚度和承载力对支承结构有影响时，应直接体现在顶层混凝土支承构件上，因此，建模分析时，应将网架并入下部支承混凝土结构顶层中，而不应单独作为一个标准层。阻尼比采用振型阻尼比，协同模型如图7所示。

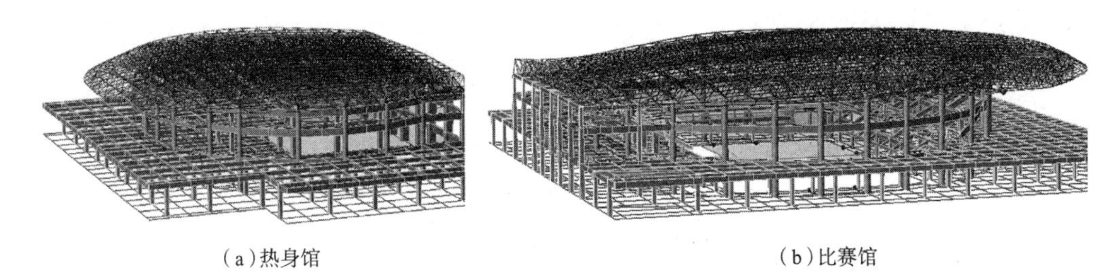

（a）热身馆　　（b）比赛馆

图7　手球馆协同模型图

Fig.7　Cooperative model of the handball hall

（3）幕墙侧桁架模型

为了保证平面桁架体系的整体稳定性，上下设两道水平环向桁架，间隔30～40m设置柱间斜向支撑。侧桁架模型如图8所示。为了减少幕墙侧桁架体系对屋盖钢结构的附加刚度影响，侧桁架与网架相交的节点处采用了竖向可滑动的连接形式。

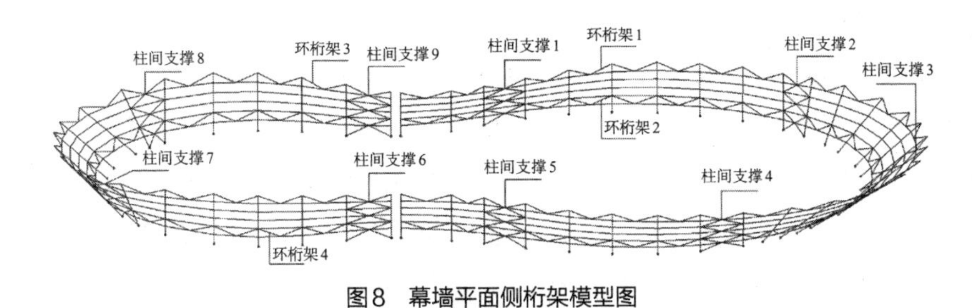

图8　幕墙平面侧桁架模型图

Fig.8　Plane truss model of side curtain wall

（4）屋盖网架与幕墙侧桁架整体模型

对网架和幕墙侧桁架建立组合模型，如图9所示，此模型可用于复核关键构件应力比。

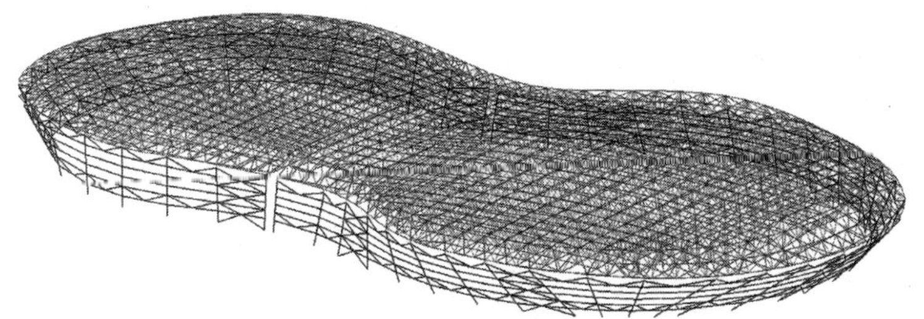

图9　屋盖与侧桁架结构三维示意图

Fig.9　Three-dimensional schematic diagram of the roof and side curtain wall structure

4.2.5 关键节点设计

侧桁架与网架相交处的节点为整体钢结构体系的关键节点。该节点采用销轴节点，耳板侧面布置防失稳的肋板，与侧桁架相连的耳板开竖向孔，以保证侧桁架与网架竖向无约束的设计要求。

4.3 给水排水设计

因校区建设有数量较多的比赛场地，浇灌用水的需求很大，故总体给水系统设计为分质、分功能供水的方式，具体为生活给水和浇灌用水各自独立；浇灌用水充分利用非传统水源，一般道路及绿化浇洒采用中水，与运动员有近距离接触或运动员在其场地上活动的体育场地浇灌采用生活用水。

设计分区对校区室外雨水进行收集处理，处理后的中水作为道路及绿化浇洒水源。运动员公寓区排水量大且稳定，收集运动员公寓区的优质生活杂用水进行处理，以达到景观补水的要求，并作为人工湖补水水源。

鉴于校区污水流量变化幅度大，长时间无比赛的情况下，室外污水管内有可能会出现达不到管道自净流速的情况，易造成管道的淤积，将室外化粪池分散设置在各单体周围，降低管道淤积概率。

4.3.1 给水

因场地市政给水压力及接入管径均偏小（市政给水水压：0.15MPa，接入管管径*DN*150），考虑用水的安全性，校区的生活给水采用变频加压供水的方式，在给水加压泵配置时应充分考虑平时使用情况，令单台水泵的流量尽量贴近平时使用要求。

因手球馆平时、赛事用水量及用水区域差别很大，在生活给水管网布置时充分考虑实际使用情况，采用分区、分功能供水。室内生活给水管网布置成环，以保持管网内给水的循环流动；且在环状管网上设置分区控制阀门，在长时间没有比赛的情况下，可以通过控制阀门关闭比赛区的给水管网。

4.3.2 污水

由于手球馆单层面积较大，用水点分散且有的用水点距室外较远，故底层排水管设检修检漏管沟，在室外设检漏井，平时可定期通过室外检漏井进行管道漏水检查。

4.3.3 雨水

手球馆网架屋面采用虹吸雨水系统，分成若干排水系统。屋面天沟及雨水斗防冻措施采用自调控发热电缆的电伴热系统，在屋面采光天窗底部设置二道屋面天沟，防止雨水漫过天窗倒灌到室内。

4.3.4 自动喷水灭火系统

观众休息厅大空间自喷系统喷水强度：12L/（min·m^2），采用K115快速响应喷头，且输水主干管布置成环网；比赛厅上空净空高度超过了18m，设置4门大流量自动消防炮，保证至少2门消防炮能够同时到达被保护区域任一位置。

4.4 暖通设计

（1）手球馆主比赛大厅采用组合式空调机组的全空气系统（过渡季节可全新风运行），空调送、回风采用上部球形喷口与布袋送风相结合的送风方式（送风角度可调节），风管设置于网架内；场地下部采用集中回风方式；此送、回风方式可均匀覆盖整个比赛场地及观众看台。

（2）手球馆副馆以热身、训练为主，在大赛结束后为学校师生提供活动场地，开展篮球、羽毛球等活动。故考虑到该馆的使用特性，空调形式采用组合式空调机组的全空气系统（过渡季节可全新风运行），采用球形喷口侧送、下部集中回风以及落地式风机盘管相结合的送风方式。当场地内进行对风速有要求的活动时，可采用落地式盘管进行空气调节。

（3）场馆二层环形的通高休息厅由于高度原因，四周均为玻璃幕墙，设置空调的方式有限，故采用在内侧墙下设置落地式盘管，以保证区域内的温度。该区域结合建筑外立面的造型，均匀地设置电动排烟窗，既保证消防的要求，也满足建筑的美观。

（4）馆内空调水系统采用分区控制，在动力中心的制冷机房内通过分集水器使管路分为热身馆区、比赛馆区及公共管理办公区；结合各个区域的使用时间、功能，合理地分配与调节。

4.5 电气设计

4.5.1 强电

（1）场地照明

场地照明采用智能照明控制系统（Litecom），该系统安装方便、操作直观、功能规模可调整扩展，可以通过移动设备控制。本工程设置7种运行场景模式，可通过调节光通量进行照度改变，获得各种模式的最佳效果。也可以通过系统进行个性化灯光配置，比如运动员进场灯光秀等。

（2）电力配电

本工程正常电源采用二路市政10kV高压电源进线，每路电源均能承担起本工程100%的负荷。应急保障电源采用移动柴油发电机组，设计预留保障电源接口。高、低压配电系统均采用单母线分段供电形式，低压配电系统对于单台容量较大的负荷或重要负荷采用放射式供电。

（3）电气节能

采用非晶合金（SCBH15）新型节能型变压器。对于制冷机季节性、容量大的负荷采用单独设置变压器方式，变电所设置靠近负荷中心，以减少线路损耗。走廊、门厅、大堂、大空间、地下停车场等公共区域采用智能照明控制。采用能耗管理系统，对水、气、电用量进行统计分析，指导管理者进行管理优化。

4.5.2 弱电

手球馆（大型甲级场馆）按照现行《体育建筑智能化系统工程技术规程》及《第十四届全运会信息化建设要求与技术规范》进行弱电系统设计。通过这些系统的运用，实现场馆智能化、人机交互功能。为智慧化场馆做好铺垫。主要系统特点如下：

（1）网络设计

作为基础网络，手球馆采用内网、外网、比赛专用网，物理上完全隔离。核心机房设置在一层，水平与竖向线缆均采用光纤（一用一备），有利于系统扩容和变更。公共区域设置无线网络接入点，有利于手机、PAD等移动终端设备的接入。

（2）应急响应系统

对于举办大型赛事的场馆，应预防应急突发事件的发生。系统可以满足对各类危及公共安全的事件进行就地实时报警；采取多种通信方式对自然灾害、重大安全事故、公共卫生事件和社会安全事件实现就地报警，可实现与西安市政府应急管理体系的连接。

（3）标准时钟系统

标准时钟系统为赛场工作人员、运动员、观众提供准确、标准的时间，同时也可以为体育场馆的其他智能化系统提供标准的时间源。

（4）竞赛技术统计及场馆成绩系统

采用竞赛技术统计及场馆成绩系统。根据竞赛规则，对比赛全过程产生的成绩及各种信息进行监视、显示公布，同时传送到成绩统计系统和技术分析相关部门提供所需的比赛信息。计时记分系统根据比赛需要用于控制显示比赛成绩、比赛时间、个人（队）犯规、暂停时间等信息。保证计分正确，信息传递无误。

5 结语

设计以“符合全运会赛事要求、满足教学训练需求、赛后遗产可迅速转化为学校教学训练场馆及单项赛事集训基地”为设计目标，围绕“一馆四场”，尤其是手球馆的赛后利用进行了大量调研和设计工作，场馆在第十四届全运会结束后可用于学校教学训练，承办大型体育赛事，体育产业开发，面向社会开放，充分体现了“适度建设、绿色生态、节俭办赛、便于赛后利用”的要求。

该项目建筑功能及体型均比较复杂，整体呈扭曲波浪形，建筑、结构专业设计难度大，目前该项目已建成并投入使用。实践证明，前文所述整体方案合理、可行，分析准确、可靠，为项目顺利完工和第十四届全运会如期举办提供了有力保障。

参考文献

[1] 中华人民共和国行业标准.体育建筑设计规范JGJ 31—2003(2003版)[S]. 北京：中国建筑工业出版社，2003.

[2] 中华人民共和国国家标准.建筑设计防火规范GB 50016—2014(2018版)[S].北京：中国建筑工业出版社，2018.

[3] 中华人民共和国国家标准.建筑抗震设计规范GB 50011—2010(2016版)[S]. 北京：中国建筑工业出版社，2016.

[4] 于岩磊. 网架-混凝土混合空间结构建模分析及存在的问题[J]. 工业建筑，2020，50(5)：158-164.

[5] 中华人民共和国国家标准.建筑给水排水设计标准GB 50015—2019[S].北京：中国计划出版社，2019.

第十四届全运会陕西省体育训练中心改造（现代五项“五合一”决赛场地）项目技术研究总结

李阿利　曹茜茜　张须眉　杨中合
［陕西省建筑设计研究院（集团）有限公司，西安　710018］

【摘　要】2021年第十四届全运会由陕西省人民政府承办。其中，现代五项“五合一”决赛在陕西省体育训练中心举行。本次比赛根据新的现代五项竞赛规则布置场地，同时立足场地现状，因地制宜、因势设计，运用创新技术，保证场地满足比赛要求，确保现代五项“五合一”决赛顺利举办。
【关键词】第十四届全运会；现代五项“五合一”决赛场地；赛后场地改造利用；拼装泳池

Summary of the Technical Research on the Reconstruction of Shaanxi Provincial Sports Training Center (the Modern Pentathlon“Five in One”Final Venue) in the 14th National Games

Ali Li　Xixi Cao　Xumei Zhang　Zhonghe Yang
[Shaanxi Architectural Design and Research Institute (Group) Co. Ltd., Xi'an 710018, China]

【Abstract】The 14th National Games in 2021 will be hosted by the People's Government of Shaanxi Province. Among them, the modern pentathlon “five in one” final will be held in Shaanxi sports training center. According to the new modern pentathlon competition rules, the venue of this competition is arranged. At the same time, based on the current situation of the venue, it is designed according to local conditions and circumstances, and innovative technology is used to ensure that the venue meets the competition requirements and the modern pentathlon “five in one” final is held smoothly.
【Keywords】The 14th National Games; Modern Pentathlon “Five in One” Final Venue; Reconstruction and Utilization of Field after Competition; Assembling Swimming Pool

1 引言

经国务院批准，2021年第十四届全国运动会由陕西省人民政府承办，这是陕西继成功承办第四届全国城市运动会后，时隔17年再次获得全国综合性运动会的承办权，也成为中西部首个承办全运会的省份。

2020年3月6日，中国现代五项运动协会向第十四届全运会筹委会发来《关于确认十四运现代五项比赛规则和场地布局的函》。该函中提出：根据国际现代五项联盟最新会议精神，将在2020年东京奥运会以后采用新的竞赛规则。新规则要求现代五项决赛在“五合一”场地进行，即将击剑、游泳、马术及跑射联项比赛合并在一个场地内进行。

2020年4月5日，中国现代五项运动协会向陕西省体育训练中心发来《关于确认十四运现代五项比赛场地布置方案的函》。该函中提出：为提升赛事观赏性，根据国际现代五项联盟新竞赛规则要求，全运会现代五项须设置“五合一”决赛场地。经我协会对你中心报来方案研究，认为此方案的场地布局符合办赛要求。

2 工程概况

陕西省体育训练中心建立于1999年（图1），地处西安市南郊，高新开发区，东靠唐延路、南临丈八东路、西靠丈八北路，占地面积约1500亩，绿地面积约30万m^2，场馆面积约9万m^2，共16个室内馆，32个室外场地。

（1）项目名称：第十四届全运会陕西省体育训练中心改造（现代五项“五合一”决赛场地）项目。

（2）建设单位：陕西省体育产业集团有限公司。

（3）建设地址：陕西省体育训练中心内。

图1 效果图
Fig.1 Architectural illustration

3 设计目标

（1）维修改建场地，完善项目功能设计，满足第十四届全运会举办现代五项比赛的需要，运用创新和前瞻性的发展理念，力图为运动员创造良好的训练、比赛环境，为观众呈现精彩的赛程及创造良好的视听环境（图2）。

（2）发挥体育设施对城市发展的带动功能，繁荣地区经济，为陕西省开展体育竞赛、全民健身、体育产业提供基础条件。

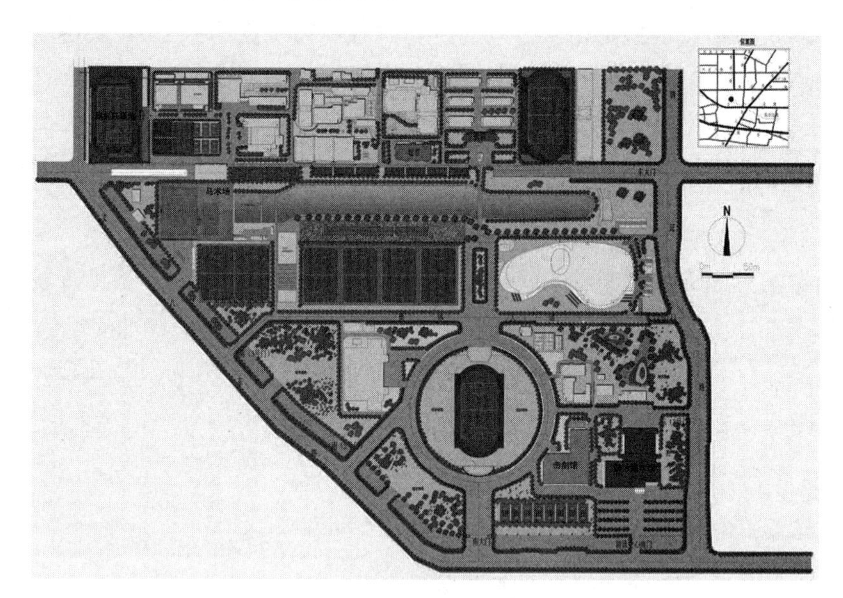

图2 总平面图
Fig.2 General plan

4 项目亮点

（1）根据中国现代五项运动协会《关于确认十四运会现代五项比赛场地布置方案的函》，及现代五项竞赛规则的改变，该项目由原来四个比赛场地（即陕西省游泳跳水馆、陕西省网球馆、陕西省体育训练中心室外游泳池西侧场地、西田径场）变化为一个室外比赛场地，五个比赛项目需要设计在陕西省体育训练中心南区室外游泳池西侧足球场内，为现代五项“五合一”决赛场地（图3、图4）。

（2）由于上述改变，出现以下问题：

1）设计难度：五个项目同时在同一比赛场地时，运动员的比赛顺序流线设计需合理、清晰。

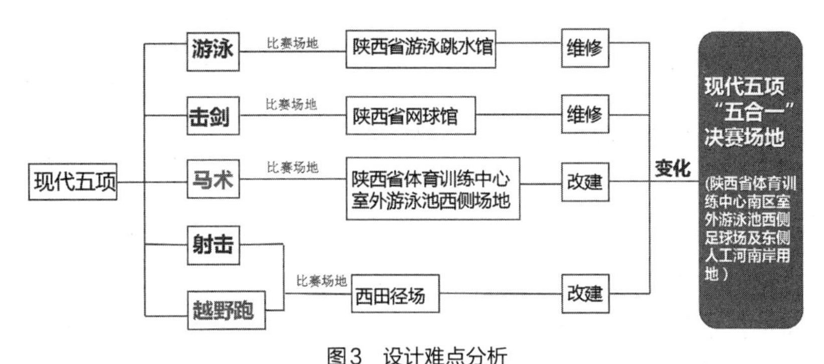

图3　设计难点分析

Fig.3　Analysis of design difficulties

图4　各个场馆效果图展示

Fig.4　Exhibition of the design effect drawing of each sports ground

现代五项比赛中五个项目击剑、游泳、马术及跑射联项合并布置于同一个比赛场地后，需充分了解和熟悉运动员的比赛流程，保障运动员比赛流程合理、不相互交叉干扰。

根据现代五项“五合一”决赛比赛规则，“A”级比赛中，决赛部分的项目顺序为：击剑、游泳、马术、跑射联项。

在本次设计中，将高台剑道设计于场地入口附近，邻近观众坐席；紧邻其右为拼装泳池；泳池北侧为马术比赛区；跑道则在这些比赛区域外侧布置；同时射击区紧邻跑道，又邻近运动员出口。这样布置既满足了运动员的比赛流线，又利于贵宾及观众观看比赛。

2）技术难度：比赛场地需赛后可以改造使用。

现代五项“五合一”决赛场地为陕西省体育训练中心南区室外游泳池西侧足球场

及东侧人工河南岸用地，本次项目考虑比赛结束后场地继续利用，所以在设计时场地种植暖季型草坪，赛后作为足球场使用。同时游泳池为拼装泳池，剑道、射击区、赛马区皆为可拆卸，不破坏草坪构造，便于赛后场地利用。

3）投资减少：永久性建筑及临时性建筑的选择。

该项目由原来四个比赛场地合并为一个室外比赛场地后，比赛项目不变，投资减少，则相应设计配套设施需根据项目投资进行调整。

由于赛后场地改造利用及投资小，本次设计将场地内的比赛设施设计为临时搭建，观众看台也为赛前临时搭建；赛事用房区域中，工作人员用房为永久性建筑，利于赛后对场地管理使用，运动员用房为赛时租用，马匹检查用房为赛时购买拼装用房。马厩区域中，马厩、洗马台均为赛前临时搭建。

5 设计内容

5.1 概况

现代五项“五合一”决赛场地位于陕西省体育训练中心园区西南，总计划占地面积65443.84m^2。分为四个区域：观众入口及看台区域、比赛场地区域、赛事辅助用房区域、马厩区域（图5～图7）。

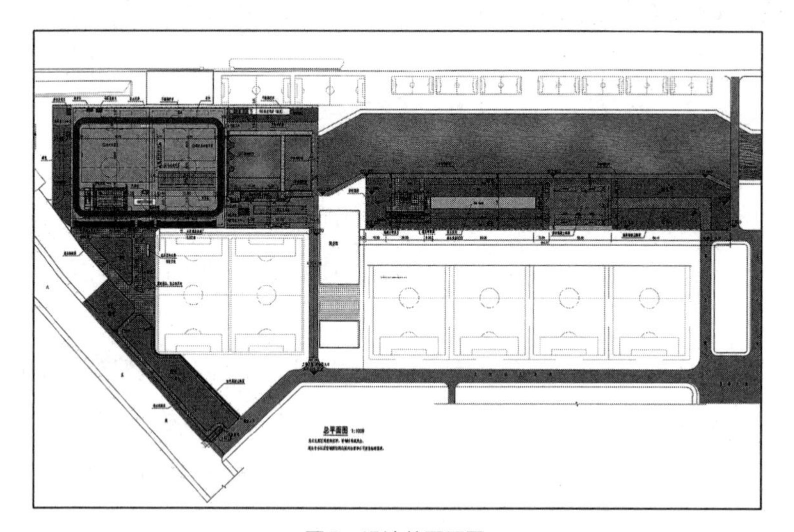

图5　设计总平面图
Fig.5　General plan

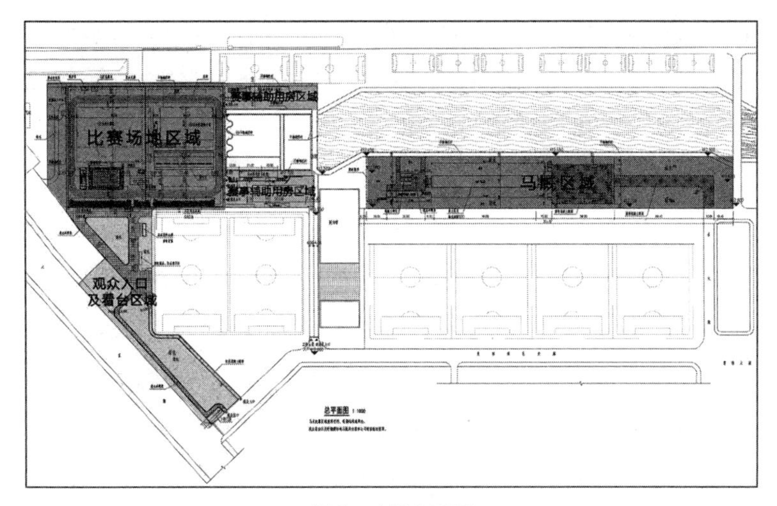

图6　功能分区图
Fig.6　Functional zoning map

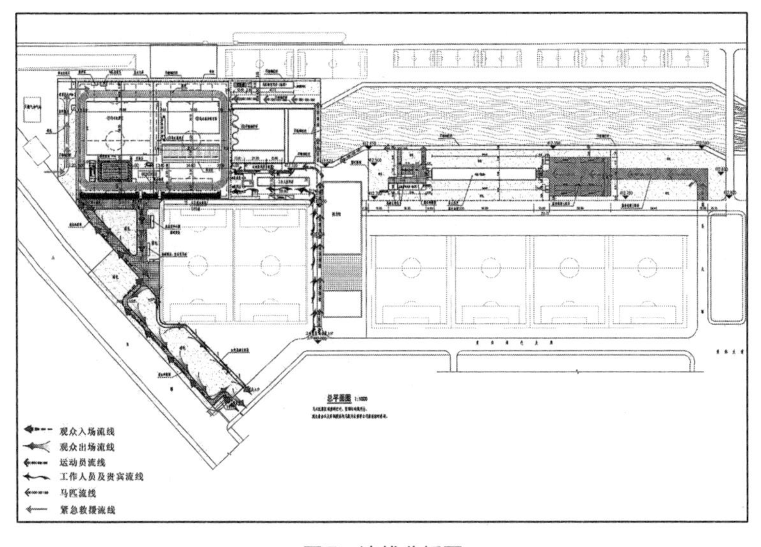

图7　流线分析图
Fig.7　Streamline analysis chart

5.2 现代五项“五合一”决赛场地设计内容

5.2.1 观众入口及看台区域

（1）观众入口及看台区域位于现代五项决赛场地的南侧。由观众入口步道区域、入口广场、观众看台组成。

（2）观众入口步道分为入口步道和出口步道。

（3）入口广场内布置成品室外公厕及赛时商品、饮品售卖。成品室外公厕为成品购买，赛时安装。

（4）观众台为轻钢结构，赛时临时搭建，共有三组，其中侧边两组为普通观众坐席，中间一组为主席台，三组看台共设置有1472个观众席位，其中观众坐席1360个，贵宾坐席112个，另设无障碍席位3个。

5.2.2 比赛场地区域

（1）比赛场地区域由两块标准足球场地构成，南北长110m，东西长150m，种植暖季型草坪，场地设置有盲沟加环形排水沟的排水系统；比赛场地区域分为高台击剑区、游泳比赛区、马术比赛及热身区、射击区、跑道等比赛区域。

（2）高台击剑区：该区域位于比赛场地的南侧中间部分，比赛区域尺寸为6m×21m，在其居中部位设置比赛剑道一个，尺寸为2m×14m，其南侧设置计分器台，该高台击剑区由赛事公司赛前搭建。

（3）游泳比赛区：该区域位于比赛场地的西南侧，由设备间、更衣室等辅助用房与比赛池部分组成，其中设备间及更衣室赛时由专业泳池安装公司赛前搭建，泳池部分尺寸为20m×33m，其泳池尺寸为15m×25m，共6个赛道，为成品拼装泳池，赛前购买安装到位。

（4）马术比赛及热身区域：位于比赛用地的南侧，赛时场地布置为比赛区域、热身活动场地以及裁判台。其中比赛区域尺寸为50m×70m。比赛区域由铝合金栏杆围合，四边各设置一个4m宽的进场及出场疏散门。在比赛区域东侧设置裁判台，为赛前轻钢结构临时搭建。裁判台东侧为热身活动场地，热身活动场地尺寸为30m×50m。由铝合金栏杆围合，东西两边设置4m宽疏散门。

（5）跑射联比赛区域：跑道位于场地的四周，设置5个跑道，在跑道南侧赛时搭建射击大棚及设计靶位，射击大棚采用轻钢结构，共布置有40个标准设计靶位。射击台采用成品采购。靶位墙采用轻钢板墙，顶部设置轻钢雨棚。比赛前由竞赛组委会对路线进行测量确认，用轻质栏杆分隔出赛道路线。

（6）在场地西侧和场地南侧设置赛事显示大屏，南侧显示大屏为车载大屏，为赛事租用，西侧赛事大屏为赛事搭建；在马术比赛场地与高台剑道之间，赛时搭建升旗台。

5.2.3 赛时辅助用房区域

（1）赛时辅助用房区域位于比赛场地区域的东侧，该区域为现有室外游泳池。

（2）在游泳池南侧设置工作人员用房（该建筑为永久建筑），该建筑主要功能有安保室、医务室、器材室、组委会办公室、裁判及贵宾休息室、信息中心、媒体办公室等。

（3）运动员用房（该建筑为赛时租用）位于现有游泳池南侧，该建筑功能为卫生间、运动员男女淋浴更衣室、运动员休息室、医务处及兴奋剂检测室。

（4）在泳池北侧设置马匹检查用房（该建筑为赛时购买拼装用房）及马匹遮阳棚。

5.2.4 马厩区域

马厩区域位于赛时辅助用房区域的东侧。体育训练中心人工河南岸。南北宽51.4m，东西长351.7m。该区域从东至西分为马匹运输道路、马匹运输停车广场、马厩及管理用房与洗马台。比赛时临时搭建轻钢结构马厩，马厩宽11m，长100m。场地西侧设置有6个洗马台位。

6 关键技术

（1）比赛场地区域中为满足运动员比赛要求，结合原有场地布置情况，为了更合理地利用原有布置，游泳比赛区的游泳池选用拼装式游泳池，以下性能优势均有利于本次“现代五项”五合一比赛项目：

1）拼装泳池设计的灵活性

由于本次比赛在泳池的需求和认证标准上均有明确的要求，因此，在对尺寸、形状、深度进行设计时均应根据现有具体情况进行设计。拼装泳池为全不锈钢结构，在设计及安装时具有更大的灵活性，能最大程度满足设计要求。

2）少量维护保养，易于清洁、打理

由于不锈钢有较强的抗压力，避免侵蚀风化和沉降，可以避免传统泳池带来的破裂、膨胀和老化变形的问题。不锈钢泳池不会出现褪色、开裂及混凝土老化的问题。

不同于传统混凝土泳池，拼装式泳池整体非常坚固、持久，不易发生尺寸偏差。

3）可拆装重复使用

本次比赛结束后，泳池部分场地需恢复作为足球场使用。拼装泳池可拆装重复使用，完善解决了传统泳池无法拆除再利用的缺点，根据使用者的需求可方便地对泳池部件进行拆除，再重新选择合适地点进行安装，而且不会影响使用功能，符合目前世界提出的环保节约口号。

4）高水准的完结工序

可以提供许多不同类型的完结细节，适用于不同的建筑或项目要求。从外观到使用均符合比赛要求，所有构件均采用镀锌钢材进行加工，使泳池不但满足功能需求，而且很好地将其建成一套精美的建筑产品，是建筑艺术和使用功能的结合，得到使用者的认可和喜爱。

5）建立在施工难度较大的地点

由于本次室外泳池是放置在足球场部分，为了更好地保护草坪，施工难度较大。采用拼装泳池（图8），其在耐腐蚀的结构支撑系统的支援下，适合于任何环境，可以满足任何泳池建设的需求。建造过程中完全保持场地干净、整洁、有序，不会影响周围环境及使用者生活。整体泳池结构具有轻便、坚固而且适应性强的特点，在最困难的环境中建造泳池也是可能的。

图8 拼装泳池实景图

Fig.8 Real picture of assembled swimming poo

（2）比赛场地区域（赛后）即足球场部分，考虑到节水、省工、提高养护质量等方面，本次设计采用喷灌技术，喷灌系统主要由可升降式喷头、管件和管材、控制设备（电磁阀控制）及变频给水加压设备组成。采用本项技术主要有以下几项优点：

1）采用升降式喷头，利用喷头的隐藏技术不影响平时足球场的使用，不破坏足球场美观性、整体性。作为比赛场地区域时，大大提高了比赛场地的适用性和舒适性。在比赛时无须对灌溉管道及喷头进行拆卸，最大程度做到节约省工。

2）喷灌可以采用较小灌水定额对足球场草地进行浅浇勤灌，便于严格控制土壤水分，使之与草地生长需水更相适应；喷灌对土壤不产生机械破坏作用，可保持土壤团粒结构，使土壤疏松、孔隙多、通气条件好，促进养分分解、微生物活跃，提高土壤肥力。

3）喷灌可以调节足球场小气候，增加近地表层温度，夏季可降温，冬季可防霜冻，还可淋洗茎叶上的尘土，促进呼吸和光合作用，因而给草坪创造了良好的生活环境。

4）喷灌可以实现高度的机械化，可以在短时间内完成足球场地的灌溉，大大提高生产效率，尤其是本次设计采用自动化操纵的喷灌系统，更可节省大量的劳动力。

7 结语

本次项目设计充分发挥设计人员技术创新能力，解决在设计中遇到的各种技术问题，依据各种设计规范将比赛场地设计得规范、标准，满足“现代五项”比赛要求，确保第十四届全运会成功举办。

参考文献

[1] 王宏威，金媛媛，刘晶晶.新时代我国现代五项运动发展研究[J].体育文化导刊，2021(1).

[2] 张骞，彭永康.武汉商学院“现代五项”场馆赛后开发利用研究[J].武汉商学院学报，2021，35(1).

[3] 郭飙.浅析我国第十四届全运会西安场馆规划[J].新西部，2016(7):30，34.

基于数字建构下的文化艺术创作实践
——西安文化交流中心项目（长安乐）

高令奇　赵　阳　杨安杰　郝　恺
（中国建筑西北设计研究院有限公司，西安　710018）

【摘　要】 西安文化交流中心（以下简称“长安乐”）是筑梦新长安系列的重点建筑之一，也是第十四届全运会重点配套设施项目。其中，长安乐是本土建筑师基于数字技术应用的超大型复杂公共建筑，该项目在建筑设计及施工建造过程中，有很多技术创新与亮点，也攻克了很多技术难点，整个过程充分体现了数字信息时代的特点。本文通过对建造过程的总结回顾，重点阐述了建筑、结构、幕墙设计等关键环节中的技术特色，展现当代大国建造之范式。

【关键词】 技艺相融；数字建构；精确建造

Cultural and Artistic Creation Practice Based on Digital Construction

LingQi Gao　Yang Zhao　Anjie Yang　Kai Hao
（China Northwest Architecture Design and Research Institute Co. Ltd., Xi'an 710018, China）

【Abstract】 Xi'an Cultural Exchange Center (hereinafter referred to as Chang'an Le) is one of the key buildings of dream building new Chang'an series, as well as the key supporting facilities of the 14th National Games. Among them, Chang'an Le is a super large complex public building based on the application of digital technology by local architects. In the process of architectural design and construction, the project has many technological innovation highlights and constantly overcome many technical difficulties. The whole process gives full play to the characteristics of the digital information age. Through the summary and review of the construction process, this paper focuses on the technical characteristics in the key process of architecture, structure and curtain wall design, and also shows the paradigm of contemporary big country construction.

【Keywords】 Technology Integration; Digital Construction; Precise Construction

1 引言

随着灞河边上的长安塔、浐灞中心、会展中心、奥体中心的相继建成，西安国际港务区及浐灞生态区已成为西安的又一新中心。奥体核心区域于2020年初举办了概念规划及重点建筑方案设计国际设计竞赛，最终中国建筑西北设计研究院有限公司（以下简称“中建西北院”）在竞赛中脱颖而出，其方案被定为实施方案。该区域内最终实施的建筑还有长安云——西安城市展示中心、长安书院——西安市文化艺术中心和长安谷——西安国际港务区中央公园，作为重点配套建筑，它们与奥体中心共同组成了西安的新时代城市基调。

2 工程概况

本项目建筑用地面积36.3万m^2，总建筑面积14.3万m^2，由五大部分组成，分别是大剧院：2049座（全国第二大规模，第一为国家大剧院）；音乐厅：1500座；多功能厅：511座；电影院：650座；还有央视传媒港，项目外部效果已于2021年7月完成。本方案打造了西安前所未有的公共文化场所，将与奥体共同形成全市新的文化地标。

本方案以半坡出土的乐器“埙”为原型，因此，建筑取意“长安乐”，以期重现新长安之辉煌。设计独具匠心，其造型似花似帆，在灞水边千帆竞发，百舸争流；建筑形式明快沉稳，典雅豪迈，其蜿蜒奔放，有万马奔腾之势，又如几缕丝带，舞动新长安；建筑与景观结合，如水畔含苞待放的花朵，以期重现昔日广运潭千帆竞发的繁荣景象（图1～图3）。

图1 总体布局
Fig.1 General layout

图2　总体鸟瞰1
Fig.2　General aerial view 1

图3　总体鸟瞰2
Fig.3　General aerial view 2

3　项目重点、难点与亮点

长安乐工程体量大、结构复杂，面临的技术难度也颇大。在很多常规设计和施工方案已不适合的前提下，由设计总包中建西北院总建筑师赵元超引领，诸多团队协作，众多专业配合，不断进行技术创新。该项目也是建筑师责任制在中国的一次成功尝试。

该项目幕墙面积约95000m^2，由极具施工难度的双曲风帆幕墙、异形框架玻璃幕墙、异形框架铝板幕墙等形式组成（图4、图5）。3个月的极限施工时间，复杂的曲面造型渐变、扭转，无规律的板块分布给幕墙设计、材料组织及施工带来了巨大挑战。

图4　细部效果
Fig.4　Detail effect

图5　效果图
Fig.5　Rendering

3.1　分析

大剧院、音乐厅、多功能厅、电影院场的“帆”基底曲面为不规则的双曲面，并存在翘曲情况，造型复杂，实现难度高（图6）。因此，需要通过BIM技术对“帆”曲面进行曲率分析、参数化分析、形体分析、整体建模、系统设计、受力分析等（图7）。

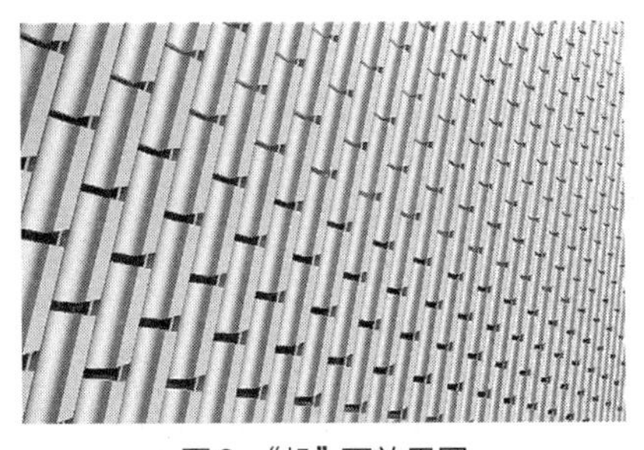

图6 “帆”面效果图
Fig.6 Effect picture of “sail” surface

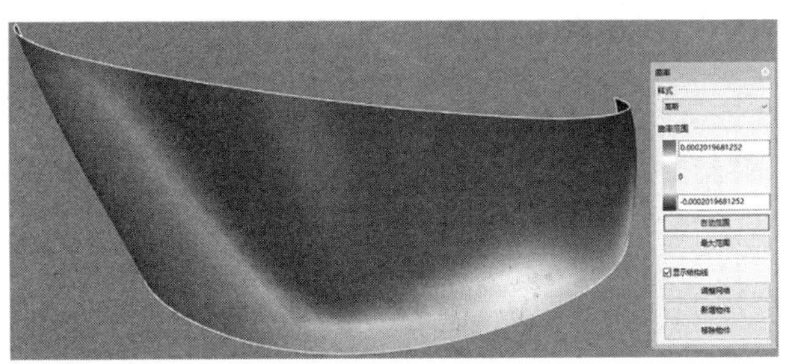

图7 BIM曲率分析
Fig.7 Curvature analysis of BIM

3.2 帆排布

长安乐“帆”体量巨大，共有“帆”24000余块，因此，在帆排布过程中采用BIM参数化设计插件Grasshopper进行设计，建模效率提升数十倍（图8、图9）。

3.3 系统设计

通过四次样板论证发现，无论是铝单元体系还是框架体系“帆”，安装的精度、质量及速度均难以满足工程需求。经过深入研究，最终将“帆”幕墙的方案由最初的铝单元，调整为最终的6m×17m的钢单元体系，连接系统由背栓式调整为不锈钢爪件式。不锈钢爪件与钢结构间可以通过焊接实现±90°调节，不锈钢爪件自身可实现±30mm的调节量。通过上下两个不锈钢件不同调整程度可实现垂直方向的角度调节。通过螺栓与长条孔的配合可以实现±15mm、±10°的调节量，最终实现五维调节，从而保证“帆”面的安装精度。

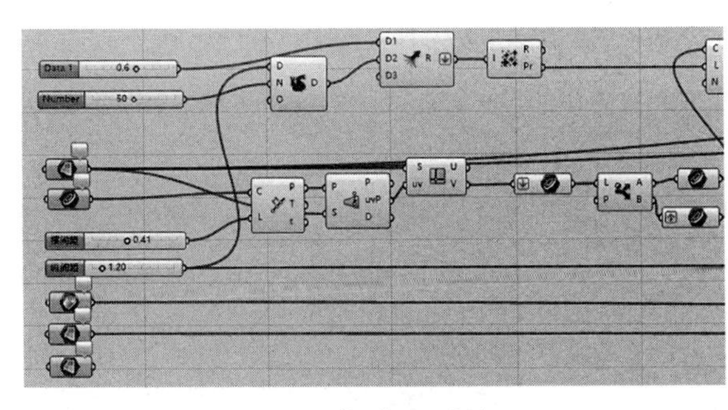

图8 “帆”GH电池
Fig.8 “Sail” GH batteries

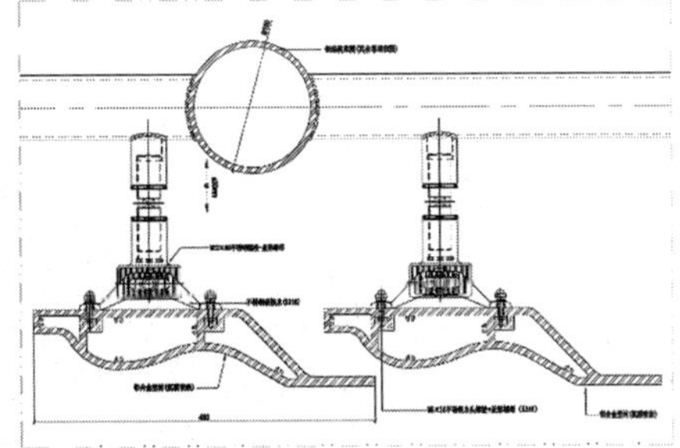

图9 “帆”系统横剖图
Fig.9 “Sail” surface rendering cross section of “sail” system

3.4 整体建模

创建LOD400级整体BIM模型，并通过模型提取加工参数，然后将加工参数输出为Excel表格形式，真正做到BIM模型深入简出，让下游生产厂家能够理解待加工图纸。

3.5 “帆”建模

提取曲面UV线，按照奇偶进行分组，奇数组按照1100mm为模数进行帆面排布，偶数组最上方预留550mm后按照1100mm的模数进行排布，从而实现错缝效果。

3.6 合模

将“帆”与钢结构进行整合，并划分为若干单元，创建胎架模型，并对不同长度的板块进行区分、编号。

3.7 吊装验算

每个“帆”单元宽度6m、高度17m、重约20t。如此庞大的单元吊装前需对重心、受力、吊装点位置进行整体验算，方可进行吊装。

3.8 胎架定位

将胎架放于对应施工区域，调平并固定限位。以首层平台布设的三级观测点为基准，测量出胎架各节点坐标，并录入模型，生成胎架模型。

3.9 平移小单元

将无缝钢管牛腿、连接杆件、无缝钢管环梁、套接式无缝钢管连接件、铝合金支撑杆件视为小单元整体在模型中平移到胎架上（图10、图11）。以环梁最长弧所在面与胎架平台面共面为原则，旋转小单元，并生成各测量点新坐标。

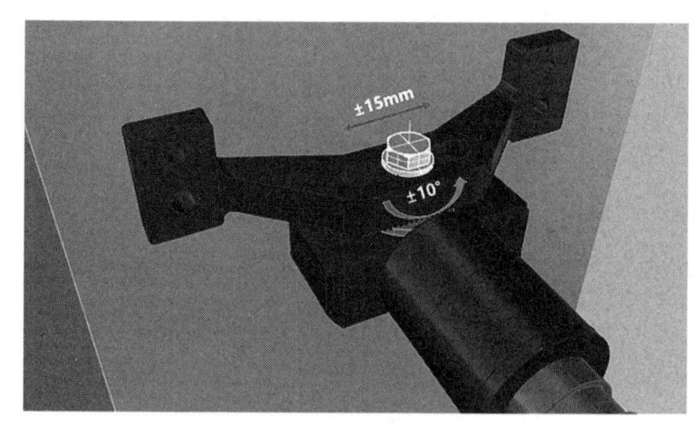

图10　连接爪件三维图
Fig.10　3D drawing of connecting claw

图11　“帆”连接室内效果
Fig.11　“Sail” connecting indoor effect

3.10 型材排版

型材在单元框架安装前用全站仪打点标记，为避免定位偏差、型材加工偏差及保证一次安装成型，须在地面对单元型材点位排查验证。

3.11 “帆”面安装

将模型中的“帆”通过坐标进行定位，现场安装时通过智能全站仪打出每块“帆”的定位点，并用角钢做支撑定位辅助安装（图12、图13）。

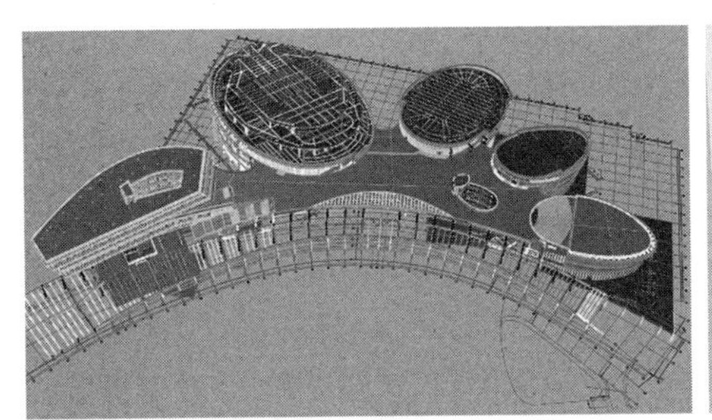

图12　整体BIM模型
Fig.12　Integrated BIM model

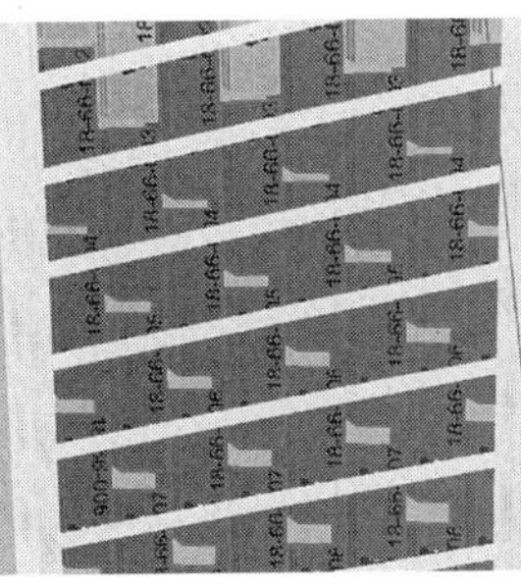
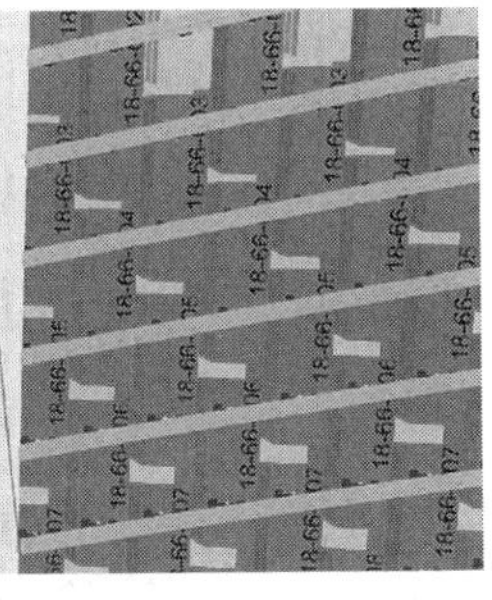

图13　“帆”编号图
Fig.13　“Sail” number chart

3.12 安装定位

“帆”整体为空间几何造型，定位极为复杂。为控制安装精度提高安装效率，将“帆”拆分为6m×17m的单元体系，以首层平台布设的三级观测点为基准，采用全站仪放样法依次进行定点定位组装。每块单元板块在地面进行组装。

3.13 单元吊装

将组装好的单元，利用吊车、葫芦等双点吊运到安装区域，配合两台登高车安装。安装时，以首层二级观测点为基准，以全站仪放样法进行牛腿定位，空中人员根据测量人员的指挥，旋转、移动、微调单元，最终完成定位安装（图14、图15）。

图14　“帆”吊装方案
Fig.14　“Sail” hoisting scheme

图15　“帆”组装示意图
Fig.15　“Sail” assembly diagram

4 关键技术

以BIM技术为支撑，精心研究、创新设计，通过特制不锈钢爪件，实现板块三维多自由度的调节，同时，借鉴装配式幕墙安装经验，采用大板块地面组装与整体吊装的安装方式，成功破解了钢结构误差调节、乐符板块现场定位等难题。

“帆”幕墙总面积约3万m^2，形成近7万根乐符单元，通过数字化设计建构，精密地施工建造，远看既简洁大气，近观又有文化内涵，细致入微。同时，根据不同功能区域的节能及采光需求进行密度调节，形成最终的立面，技术与艺术也得到了完美的融合（图16、图17）。

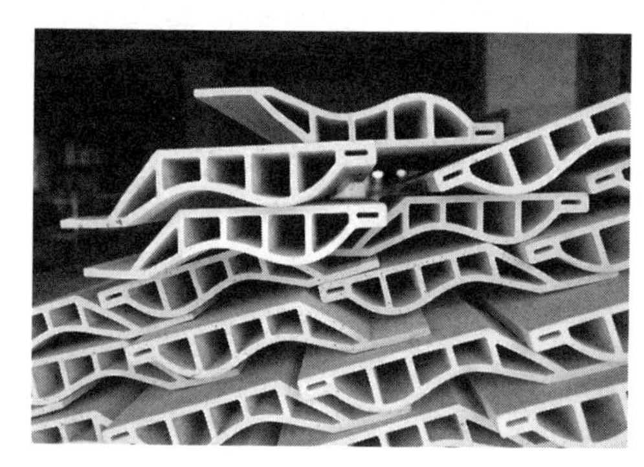

图16 “帆”细部1
Fig.16 Details of “sail” 1

图17 “帆”细部2
Fig.17 Details of “sail” 2

乐符单元板块重量27kg，最大的剧场“帆”重约22万t，主体承重，桁架系统与主体拉接。超大复合建筑，每个单体以百米计量，为将施工误差降到最低，首创滑轨节点，可根据实际定位点进行精准调节，从而误差可控制在2～5mm以内（图18）。

图18 施工过程效果
Fig.18 Effect of construction process

5 结语

数字科技让建筑创作获得更多的可能性，西安文化交流中心是基于数字技术应用的超大型复杂公共建筑，整个过程充分体现了数字信息时代的特点。但设计过程中也应警惕对于数字技术的过度依赖，怎样取得技术和艺术的平衡，仍将是建筑师们的永恒命题。

西安城市展示中心工程报告简析

李 媛 卢 骥 李家翔 赵 阳
（中国建筑西北设计研究院有限公司，西安 710018）

【摘 要】西安城市展示中心作为奥体中心重点配套项目，以其舒展流畅的流线型姿态坐落于西安港务区灞河沿岸。本文通过对城市展示中心从初步设计阶段到工程建设的过程中遇到的技术难点，以及技术创新的介绍，深入剖析本工程项目。从结构层面以及幕墙层面展开论述该工程项目的技术要点，旨在形成本项目的技术复盘资料，同时为同类型的大型公建项目提供技术支持及参考。

【关键词】钢结构；悬挑；大跨度；开放式幕墙系统

Brief Analysis of the Project Report of Xi'an City Exhibition Center

Yuan Li Ji Lu Jiaxiang Li Yang Zhao
(China Northwest Architecture Design and Research Institute Co. Ltd., Xi'an 710018, China)

【Abstract】 As a key supporting project of the Olympic Sports Center, Xi'an City Exhibition Center is located along the Bahe River in Xi'an port district with its smooth and streamlined posture. This paper deeply analyzes the project by introducing the technical difficulties and technological innovation encountered in the process of urban exhibition center from preliminary design stage to project construction. This paper discusses the technical points of the project from the structural level and curtain wall level, in order to form the technical review data of the project, and provide technical support and reference for large-scale co-construction projects of the same type.

【Keywords】 Steel Structure; Cantilevered; Large-span; Open Curtain Wall System

1 引言

西安城市展示中心构建于西安港务区灞河沿岸的城市设计基础之上。本次规划区域，紧密衔接西安行政中心、奥体中心、会展中心、高铁新城、汉长安遗址等中心，是新城建设的核心；但受现状条件制约，各区域之间衔接较弱，缺乏互享。我们通过整合城市资源，将城市的多心聚力，形成区域辐射之势；优化城市轨道交通，与周边主要区域形成10～30min生活圈，联动打造大西安新中心。

2 工程概况

2020年3月，中国建筑西北设计研究院都市与建筑设计研究中心参与港务区城市设计及重点单体建筑设计的国际竞赛，在8家国际知名设计团队中脱颖而出，荣获桂冠。随即开展深化设计，项目于2020年6月开工，预计于2021年6月30日完成主体形象及周边景观（图1、图2）。西安城市展示中心项目总用地面积16.83亩，总建筑面积15.91万m^2，容积率0.9，绿地率35%。

图1　鸟瞰图
Fig.1　Aerial view

图2　南馆人视点
Fig.2　Rendering

城市展示中心作为奥体中心周边重点配套建筑之一，位于奥体中轴一侧，坐落于灞河沿岸。方案采用动感的造型，简洁大气；它犹如漂浮在水岸上空的一朵星云，我们谓之“长安云”。建筑以地脉视角，对骊山进行映射，底层错落有致的台塬式基座与大地景观交融，以山水文脉的概念重塑场地的氛围；建筑悬挑段形成的架空部分将与城市开放空间相结合，形成一个完全开放、无边界的公共活动平台。

功能上，规划展示与科技馆两馆合一，通过架空连桥紧密衔接，将规划展示、科学博览、科学启蒙、科技体验等复合功能精心策划，有机融合。与周边功能产生联动，构建综合性城市展示中心，打造奥体辐射圈。

3 项目重点、难点、亮点

该项目整体体量大，外观创意上带来结构技术较大的挑战，如何实现65m悬挑段以及150m架空连桥成为本项目的重点课题。同时，如何通过参数化时间非线性形体的优化、幕墙与建筑主体的有机融合、幕墙分板的细节深化与优化等也成为本案的难点以及亮点。

3.1 结构难点

3.1.1 连体

本工程南馆与北馆之间的连桥跨度为150m，为大跨度结构，连桥与两侧塔楼刚性连接，连桥桁架伸入塔楼两跨，连桥与两侧塔楼形成多塔连体结构。由于连桥跨度较大，相对于两侧塔楼，其刚度相对较小。通过对比研究单塔模型与整体模型的整体指标的差异，结果表明，连桥对两侧塔楼的影响非常有限。

3.1.2 150m大跨度连桥

（1）强度、稳定性验算：

根据性能目标的要求，进行多工况（含风、温度、三个地震水准等工况）组合下强度、稳定性验算，对于连桥关键构件进行零楼板验算，保证结构基本分析的完善（图3）。

（2）竖向地震：

150m大跨度连桥为大跨度连体结构，加速度反应较大，对竖向地震作用敏感，根据《高层建筑混凝土结构技术规程》JGJ 3—2010第4.3.13、4.3.14条的规定，分别进行振型分解反应谱法和弹性时程分析法计算连体的竖向地震，并与规范4.3.15条竖向地震系数法计算的竖向地震作用取包络。从计算结果可知，时程法计算的构件竖

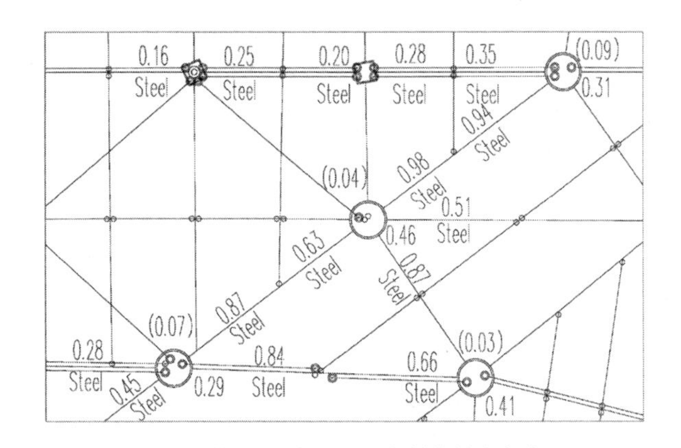

图3　大震不屈服工况下关键构件应力比

Fig.3　Stress ratio of key components in rare earthquakes

向地震作用产生的轴力及反应谱法计算的轴力均小于重力荷载代表值的10%。因此，在本工程结构设计中通过采用重力荷载代表值的10%作为悬挑部位和连桥的竖向地震效应加以考虑。中震、大震计算时，竖向地震系数分别取0.3和0.6验算构件承载力（图4）。

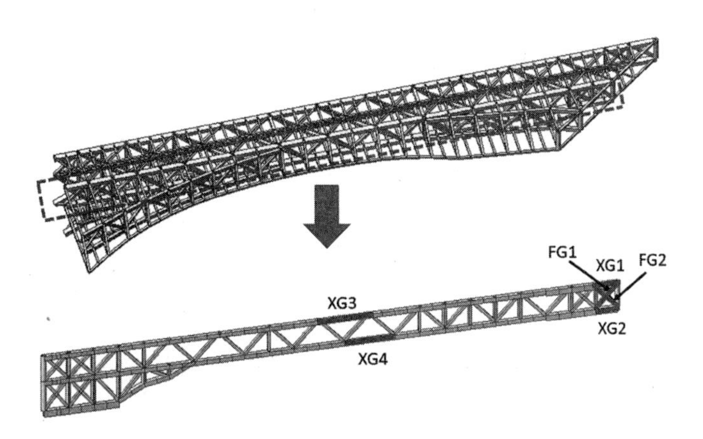

图4　竖向地震分析选取构件示意图

Fig.4　Component of vertical seismic analysis

（3）楼盖舒适度验算：

通过对连桥进行竖向自振频率及竖向振动峰值加速度分析，发现其最小自振频率为1.5Hz，最大加速度为0.283m/s^2，均大于规范要求（图5）。需要通过增设质量调谐阻尼器（TMD）的方式来控制结构竖向振动最大加速度峰值，满足楼盖舒适度要求（图6）。加设TMD后竖向振动加速度（时程曲线平稳段）由最大0.283m/s^{2}减小到0.118m/s^2 $<$ 0.15m/s^2，减振率58.3%，满足设计要求。

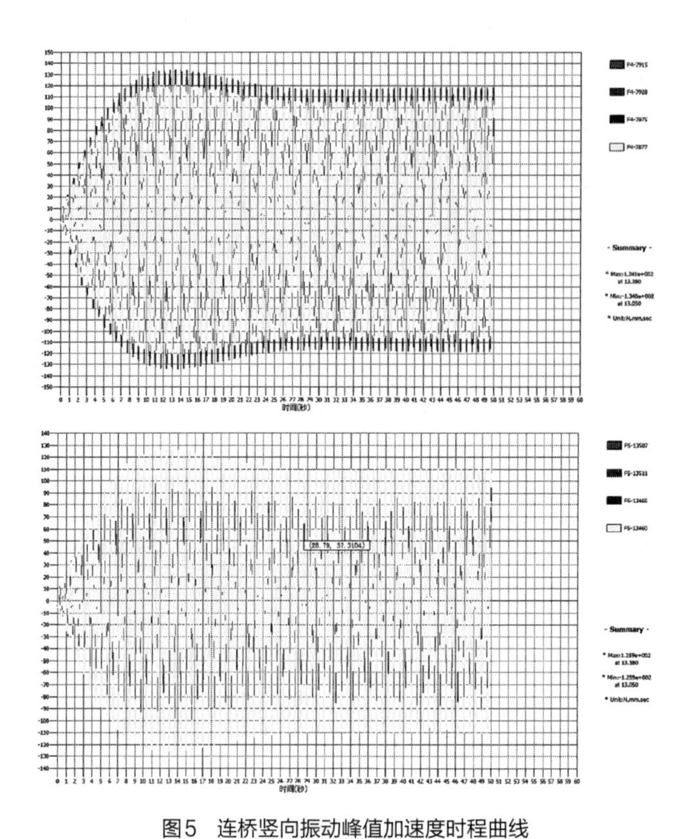

图5　连桥竖向振动峰值加速度时程曲线
Fig.5　Vertical vibration peak acceleration time history curve of sky corridor

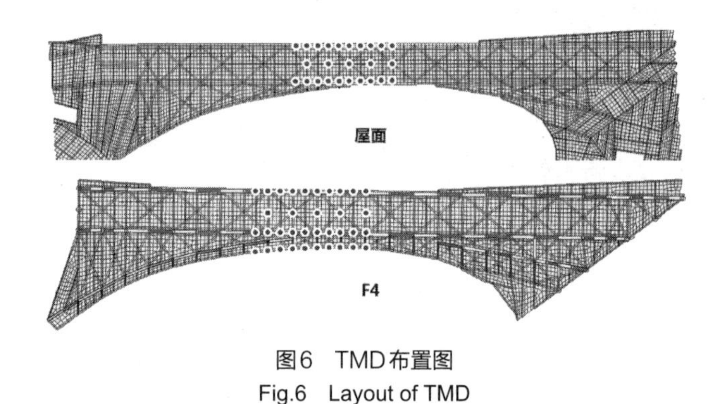

图6　TMD布置图
Fig.6　Layout of TMD

（4）温度应力分析：

本工程南馆、北馆加连廊总长420m，地下室平面尺寸为420m×110m，属于超长结构，应考虑温度作用应力进行分析（表1）。地下室以上钢结构起控制作用的工况为整体温升25℃，整体温降24℃。地下二层温度工况取整体温升5℃，整体温降5℃。地下一层温度工况取为地下二层与一层温差平均值，温度作用工况为整体温升15℃，整体温降15℃。控制工况作用下，各层楼板主拉应力基本都在2.2MPa以内，仅局部位置超过2MPa，但均不大于2.5MPa。整体温升工况下，与连廊所在层相连的框架梁、框架柱及支撑内力变化明显，延伸范围较大。一层钢柱在温升工况下应力变化较为明显，但应力值不超过50MPa。其他各层桥墩处框架柱及支撑内力变化较大，其他框架梁、框架柱、支撑内力变化不明显（图7）。

西安市气温统计资料　　表1

Temperature statistics of Xi'an　　Tab.1

月份	1	2	3	4	5	6	7	8	9	10	11	12
平均温度（℃）	1.0	5.0	11.5	17.5	22.5	27.5	30	28	22.5	16.5	8.5	2.5
极端低温（℃）	-13	-8	-2	3	10	14	18	15	10	0	-3	-18
极端高温（℃）	14	22	30	35	36	38	41	39	35	31	24	16

图7　六层顶板温降工况最大主应力

Fig.7　The maximum principal stress of the six-layer roof temperature

（5）施工模拟验算：

根据《超限高层建筑工程抗震设防专项审查技术要点》第二十条第（二）款的要求：必要时应进行施工安装过程分析。由于本工程大跨度连桥采用地面拼装整体提升的施工工艺，钢构件在施工结束后的初始应力与施工过程关系密切，故需要进行施工过程模拟分析（图8）。

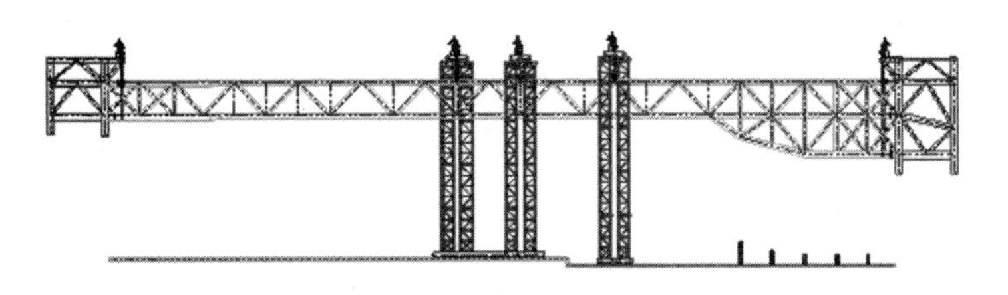

图8　连桥整体提升示意图

Fig.8　Diagram of the overall lifting of sky corridor

（6）风舒适度验算：

由于150m大跨度连桥自振频率较小，风振效应显著，进行了风洞试验提供的风荷载时程分析，结果表明风荷载作用下最大振动加速度满足规范要求。

3.1.3 62m长悬挑展厅

（1）强度、稳定性验算：

根据性能目标的要求，进行多工况（含风、温度、三个地震水准等工况）组合下强度、稳定性验算（图9），对于关键构件进行零楼板验算，保证结构基本分析的完善。

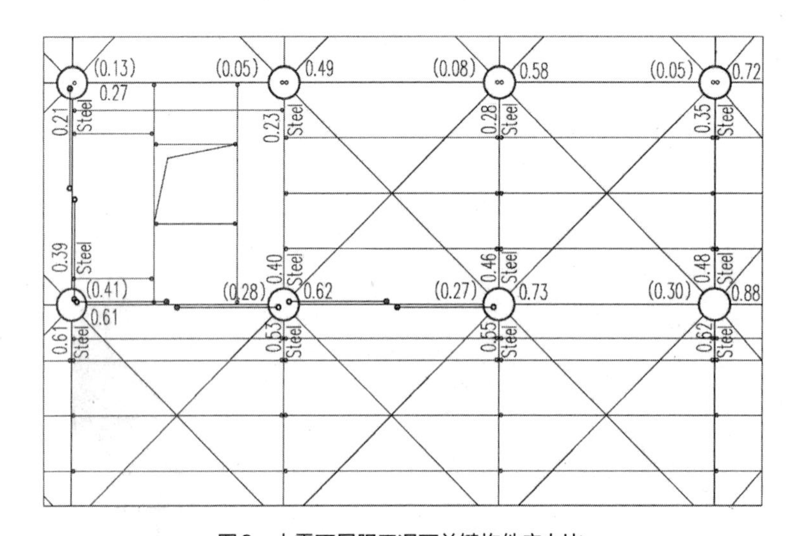

图9 大震不屈服工况下关键构件应力比
Fig.9 Stress ratio of key components in rare earthquakes

（2）竖向地震：

62m长悬挑展厅，加速度反应较大，对竖向地震作用敏感，根据《高层建筑混凝土结构技术规程》JGJ 3—2010第4.3.13、4.3.14条的规定，分别进行振型分解反应谱法和弹性时程分析法计算连体的竖向地震，并与上述规范4.3.15条竖向地震系数法计算的竖向地震作用取包络。从计算结果可知，时程法计算的构件竖向地震作用产生的轴力及反应谱法计算的轴力均小于重力荷载代表值的10%。因此，在本工程结构设计中通过采用重力荷载代表值的10%作为悬挑部位和连桥的竖向地震效应加以考虑（图10）。中震、大震计算时，竖向地震系数分别取0.3和0.6验算构件承载力。

（3）楼盖舒适度验算：

通过对长悬挑展厅进行竖向自振频率及竖向振动峰值加速度分析（图11），发现其最小自振频率为1.61Hz，最大加速度为0.354m/s^2，均大于规范要求。需要通

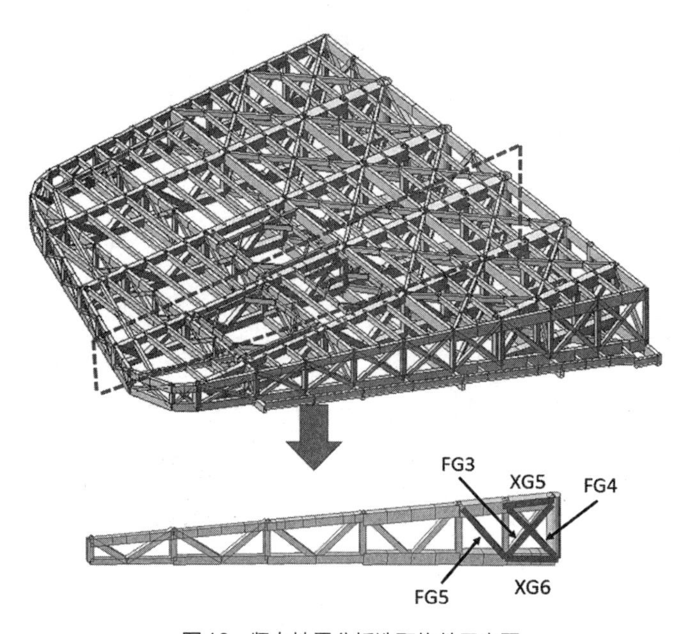

图10　竖向地震分析选取构件示意图

Fig.10　Component of vertical seismic analysis

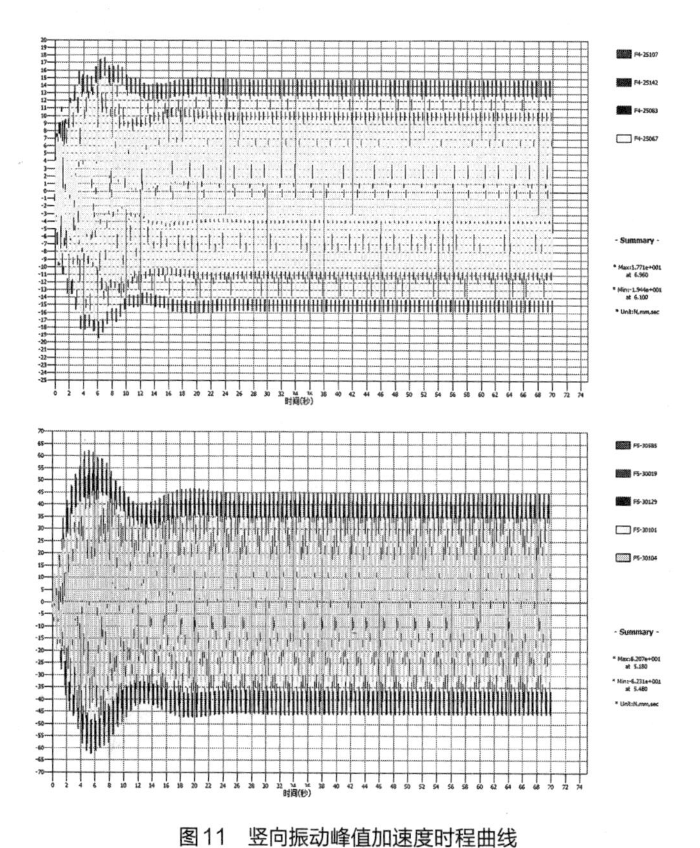

图11　竖向振动峰值加速度时程曲线

Fig.11　Vertical vibration peak acceleration time history curve

过增设质量调谐阻尼器（TMD）的方式来控制结构竖向振动最大加速度峰值，满足楼盖舒适度要求（图12）。加设TMD后竖向振动加速度（时程曲线平稳段）由最大$0.354m/s^2$减小到$0.056m/s^2<0.15m/s^2$，满足设计要求。

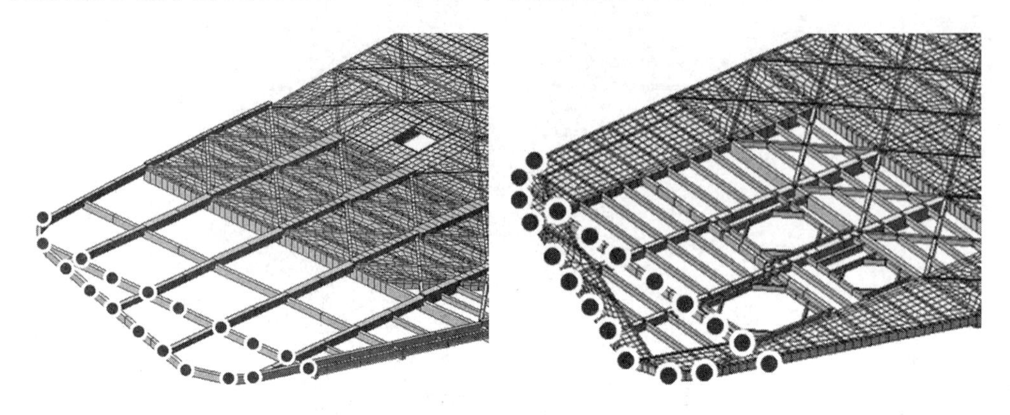

图12 TMD布置图
Fig.12 Layout of TMD

（4）施工模拟验算：

根据《超限高层建筑工程抗震设防专项审查技术要点》第二十条第（二）款的要求：必要时应进行施工安装过程分析。由于本工程长悬挑展厅采用胎架支撑拼装、局部卸载的施工工艺，钢构件在施工结束后的初始应力与施工过程关系密切，故进行了施工过程模拟分析。

（5）风舒适度验算：

由于62m长悬挑展厅自振频率较小，风振效应显著，进行了风洞试验提供的风荷载时程分析，结果表明风荷载作用下最大振动加速度满足规范要求。

3.1.4 复杂钢结构节点分析与实现

选取连桥、长悬挑关键部位节点进行有限元分析（图13、图14）。通过与钢构加工单位密切配合，多轮调整方案，最终确定既能满足施工质量，又能满足设计意图的节点，进行大震不屈服工况下分析，结果均满足规范要求。

3.2 幕墙难点

3.2.1 表皮金属幕墙分板研究

建筑的外表皮由一层熠熠生辉的浅色金属板覆盖，加之不规则曲面的飘带造型，使整体建筑体现出云的轻盈，但同时也增加了幕墙设计难度和加工难度。如何既满足建筑效果的需求，同时简化曲面板形体以降低造价和施工难度，同样是此项目幕墙工作的重点。根据设计需要，先确定分板线形态，梳理分板尺寸在可加工范围内。

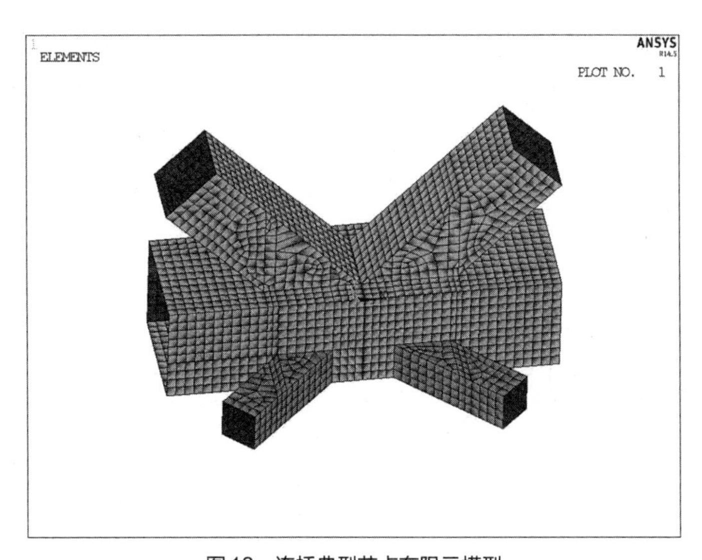

图13　连桥典型节点有限元模型

Fig.13　Finite element model of typical joints of sky corridor

图14　悬挑展厅典型节点有限元模型

Fig.14　Finite element model of typical joints of exhibition hall

①构造组成：面板+外层龙骨+防水层+保温层+内层龙骨+内板；

②面板：25mm阳极氧化铝蜂窝板（包括加强筋、异形板等）；

③外层龙骨：铝合金型材，阳极氧化AA20；

④防水层：1.5mmTPO防水卷材+2mm钝化铝板；

⑤保温层：150mm厚保温玻璃丝棉；

⑥内层龙骨：热镀锌钢龙骨；

⑦内板：0.9mm镀锌穿孔压型钢底板。

面板工厂内加工成型，精度较高，四点定位，受挂接横龙骨精度影响，每块面板单独定位，与相邻板无共用定位点，板面阶差和分缝尺寸精度控制较难（图15～图20）。

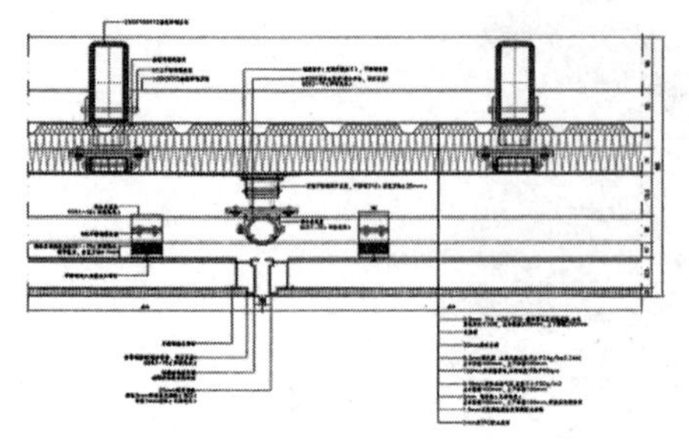

图15　金属表皮构造详图

Fig.15　Structural details of metal skin

图16　金属幕墙分板研究1

Fig.16　Research on the partition of metal curtain wall 1

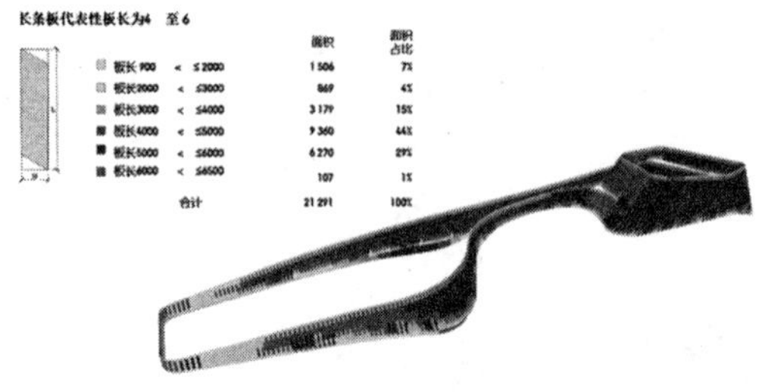

图17　金属幕墙分板研究2

Fig.17　Research on the partition of metal curtain wall 2

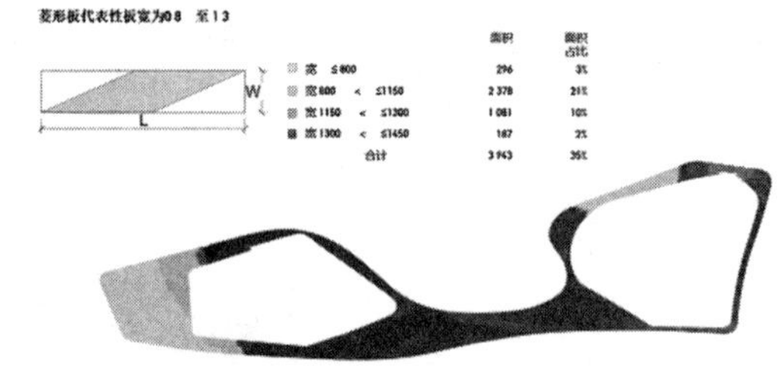

图18　金属幕墙分板研究3

Fig.18　Research on the partition of metal curtain wall 3

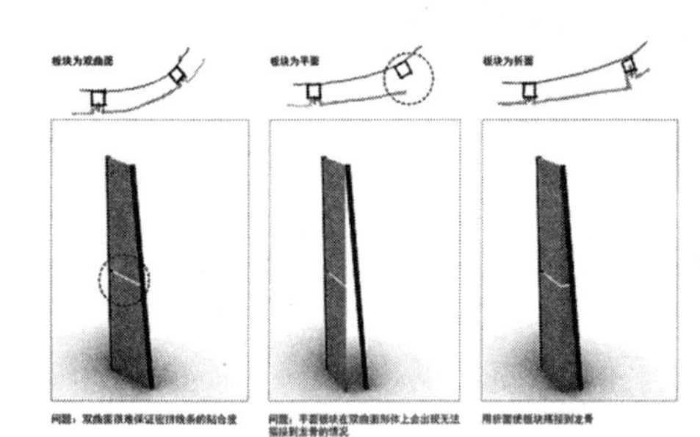

图19　金属幕墙分板研究4

Fig.19　Research on the partition of metal curtain wall 4

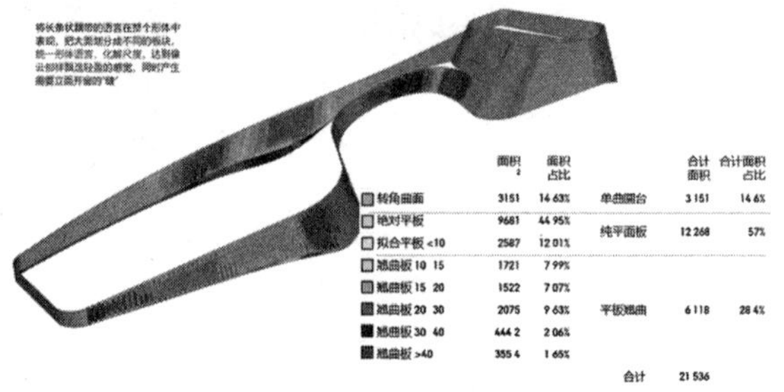

图20　金属幕墙分板研究5

Fig.20　Research on the partition of metal curtain wall 5

为解决曲面形态与线性龙骨之间交接的问题，采用端部折面来贴合龙骨与面板。

通过有理化整合优化形体，尽可能使得分板为平板、圆台弧板及翘曲板。针对圆台板，当半径R=6m时，1mm的铝板可实现自重成形，3mm的铝板需要辊弯后才能复合蜂窝。当半径R>12m时，3mm的铝板可实现自重成形（图21、图22）。

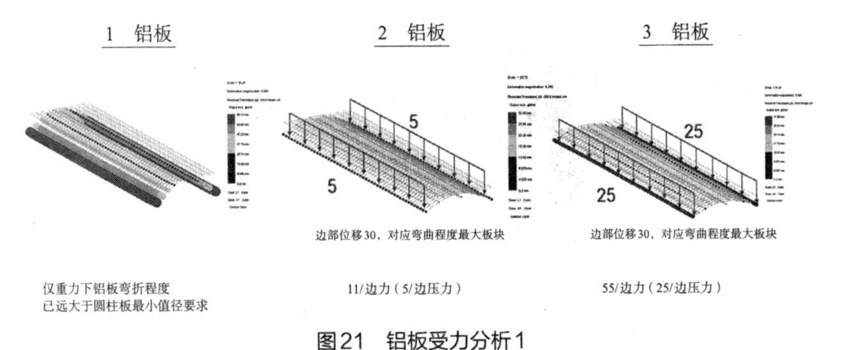

图21 铝板受力分析1

Fig.21 Stress analysis of aluminum plate 1

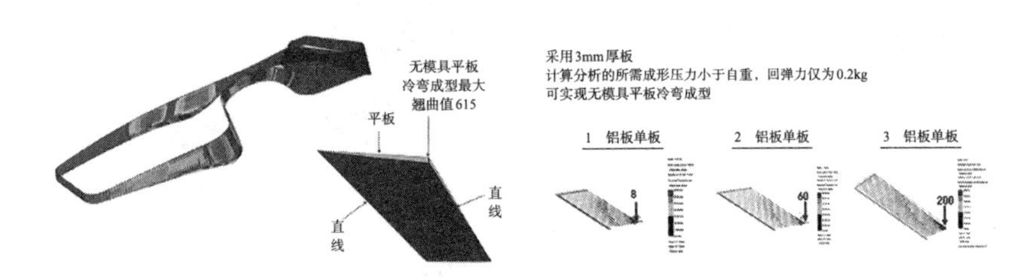

图22 铝板受力分析2

Fig.22 Stress analysis of aluminum plate 2

针对翘曲板，采用3mm厚板计算分析的所需成形压力小于自重，回弹力仅为0.2kg，可实现无模具平板冷弯成型。

3.2.2 悬挑区幕墙龙骨结构研究

为了抵抗侧向荷载，本次模型中增加了面内斜撑龙骨。方案两侧楼板吊杆位置加剪刀撑，抵抗侧向力（图23）。

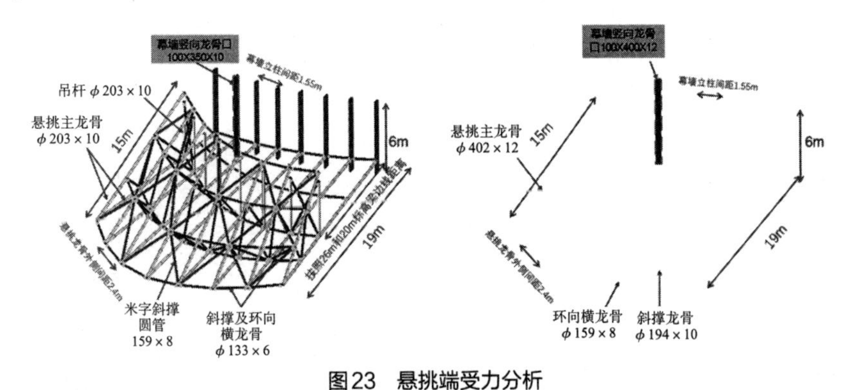

图23 悬挑端受力分析

Fig.23 Force analysis of cantilever end

3.2.3 大跨度玻璃采光顶

屋面采用大跨度玻璃采光顶来为室内提供采光。玻璃采光顶水平尺寸约32m×47m，兼顾安全性与美观轻盈性是本项目的重点和亮点（图24、图25）。

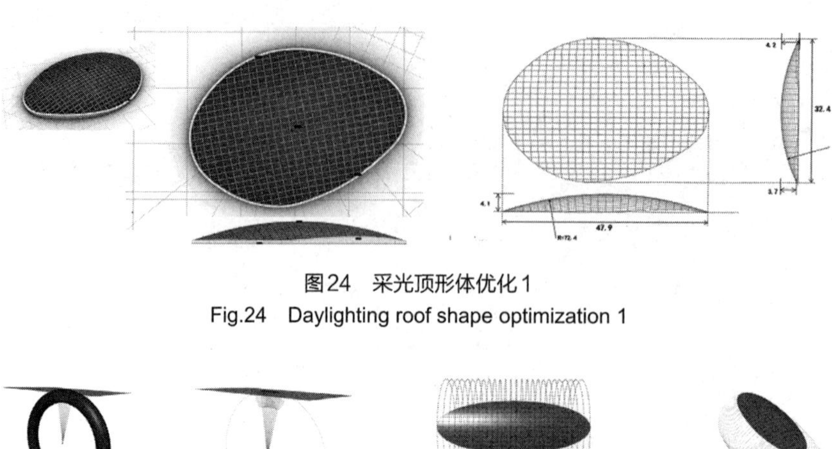

图24　采光顶形体优化1
Fig.24　Daylighting roof shape optimization 1

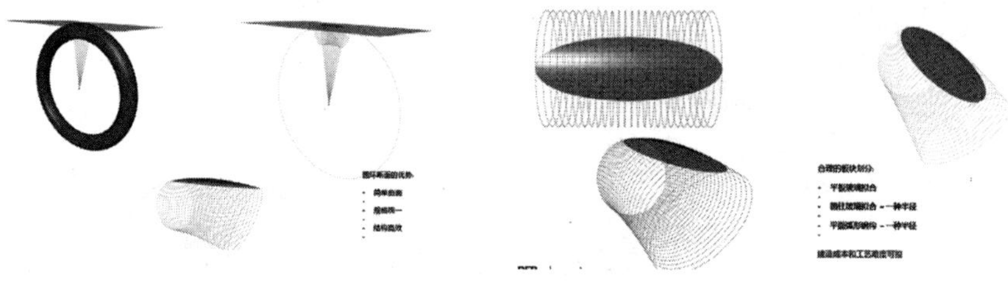

图25　采光顶形体优化2
Fig.25　Daylighting roof shape optimization 2

3.3 建筑难点

由于建筑形态自由流畅，更要求内部空间与之相匹配，做到内外统一、融为一体。我们以连续动线组织了完整的观览流线，以充满动势的中庭空间以及侧边厅作为空间的高潮节点。

4 主要科技创新

4.1 理念创新

用150m大跨度连桥将南北两楼连接起来，这种结构理念本身就是一种创新。

连桥跨度达到150m，将连桥单独作为一个结构单元（类似简支梁），在现有的建筑高度条件下是无法实现的。将两个振动特性不相同的塔楼用连桥连起来有利也有弊。弊端是极大地增加了结构本身的复杂性和设计难度；有利点是将连桥桁架向南北两馆分别延伸至少20m，将原来的简支梁结构变成了连续梁结构，改善了连桥的变形和内力情况，降低了桥墩柱受拉的风险。

最终经过与建筑专业人员协商、与专家进行讨论，确定了连体方案，即使用一个较为复杂的结构体系，保证建筑外形的实现度。

4.2 复杂钢结构节点分析与实现

长悬挑展厅与大跨度连桥中桁架节点非常复杂，存在翼缘板转换、框架梁与框架柱同时使用内外环连接、同一节点上超多构件连接等超常规节点形式。通过与钢构加工单位密切配合，经过多轮调整方案，最终确定既能满足施工质量，又能满足设计意图的节点。这些超常规、超复杂的节点形式属于有限元分析技术的应用创新，能为以后的工程提供一些有用的参考。

4.3 150m大跨度连桥的施工模拟、实施及健康检测

150m大跨度连桥在民用建筑中已属少见，本工程采用地面拼装、整体提升的施工工艺，对于设计施工模拟、施工精度、提升控制及健康监测都提出了非常高的要求。提升过程为多步骤提升，每提升一步都需要设计、提升、施工、监测等各方进行现场计算、测量、数据采集及焊缝检测并进行核准，各方数据对照一致，发现问题及时解决后方可进行下一步提升。最终通过多步提升、多步核准、多次检查合格后，将连桥提升到位并进行焊接。这样多方配合、多步核准、多次检查的合作技术创新模式，能为今后类似工程提供有用的参考。

4.4 62m长悬挑展厅的施工模拟、实施及健康检测

62m长悬挑展厅采用胎架支撑拼装、局部卸载的施工工艺，由于悬挑长度超大，对于设计施工模拟、施工精度、卸载控制及健康监测都提出了非常高的要求。卸载过程为多步骤提升，每一步都需要设计、施工、监测等各方进行现场计算、测量、数据采集及焊缝检测并进行核准，各方数据对照一致，发现问题及时解决后方可进行下一步提升。最终通过多步卸载、多步核准、多次检查合格后，将胎架卸载完全。这样多方配合、多步核准、多次检查的合作技术创新模式，能为今后类似工程提供有用的参考。

5 关键技术

5.1 超长结构温度效应计算分析

对超长结构进行温度效应计算分析。考虑适度的施工措施、有效的计算假定，在细化温度作用取值的情况下，使用Midas Gen软件进行结构温度效应整体计算，对薄弱楼板加强配筋。

5.2 楼盖、风舒适度验算及实测结果

大跨度、长悬挑结构楼盖均存在人行激励下超规范限值的问题，通过增设TMD可以有效解决。TMD安装完成后，通过人行实测试验来验证计算的正确性和产品的可靠性。风舒适度要通过较长时间的实测，来验证计算的正确性。

5.3 动力弹塑性时程分析

采用由广州建研数力建筑科技有限公司开发的Sausage软件，对结构进行大震下动力弹塑性时程分析。通过结果分析，对结构整体的变形、屈服机制、屈服顺序以及构件损伤等指标进行评估，结果显示此结构方案安全合理。

5.4 三种地震水准下楼板应力分析

由于本工程存在大悬挑、大跨度及超长等特点，部分关键楼板存在较大的拉应力和压应力，因此，采用Midas Gen软件，对结构进行多遇地震、设防地震及罕遇地震下楼板应力验算。楼板采用薄壳单元，通过应力换算成配筋，将关键部位楼板配筋进行加强。

5.5 多点多维地震反应分析

结构由于超长，需要考虑行波效应，因此，对结构进行多点多维地震反应分析。选择地震波视波速250m/s，按照0.1s时间差（即25m距离）分成若干区块进行多点多维地震输入。对比多点输入与一致输入结果，对相应区域框架柱地震剪力进行放大。

5.6 抗连续倒塌分析

本工程采用概念设计和拆除构件相结合的方法进行抗连续倒塌设计。

6 结语

本工程在周期紧张的情况下，克服结构挑战以及复杂金属表皮幕墙体系、石材幕墙体系难度，最终使工程得以较好地呈现。在探索的过程中有诸多收获可供后续类似项目参考。同时，因时间限制，并未对所有技术节点做到最优解，这也值得我们以此为案例，继续深挖剖析，发掘优化的可能性，并及时总结经验教训，为日后的项目探索打下坚实的基础。

参考文献

[1] 陈林堂.广州万达茂组合金属屋面体系应用[J].中国建筑金属结构，2021(7)：70-73.

[2] 邢玉荣，周生昆，姜树仁，等.基于金属面层的双层异形幕墙关键技术研究[J].建设科技，2021(9)：20-25.

[3] 彭志丰.哈芬槽预埋件在金属幕墙夹芯板系统中的研究及应用[J].钢结构，2016，31(3)：62-65.

[4] 高旭.南京市公共建筑的幕墙工程质量控制研究[D].南京：东南大学，2019.

[5] 杨广林.金属屋面种植工程技术探讨[J].中国建筑防水，2012(23)：30-33.

[6] “一带一路”文化交流中心系列公建项目北地块项目超限报告[R].西安：中国建筑西北设计研究院有限公司，2021.

[7] 中华人民共和国行业标准.高层民用建筑钢结构技术规程JGJ 99-2015[S].北京：中国建筑工业出版社，2015.

II

第二篇 建筑施工

大型体育场馆施工技术重难点分析

周英杰　靳　鑫　常　璐
（中国建筑第八工程局有限公司，上海　200112）

【摘　要】随着国家和各地方社会经济的发展，政府对体育事业更加重视，其中一个重要的体现是对公共体育设施的投入不断加大，特大型体育馆建设趋向普遍。但在进行特大型甲级场馆施工中存在着诸多的技术重难点，因此，本文主要对特大型场馆的技术重难点以及在特大型体育场馆建设中应用的新技术和技术创新进行了剖析解答，希望能给相关的技术人员和施工人员提供参考。
【关键词】大型体育馆；钢结构；双曲金属屋面；板块单元

Analysis of Heavy and Difficult Points in Construction Technology of Large-scale Stadium

Yingjie Zhou　Xin Jin　Lu Chang
(China Construction Eighth Engineering Division Corp., Ltd., Shanghai 200112, China)

【Abstract】 With the development of the national and local social economy, the government pays more attention to sports, one of the important embodiments of which is the increasing investment in public sports facilities, the construction of mega-stadiums tends to be common. However, there are many technical difficulties in the construction of mega-class A-level stadiums, therefore, this paper mainly focuses on the technical difficulties of mega-stadiums, as well as the application of new technology and technological innovation in the construction of mega-stadiums, hoping to provide reference to relevant technical personnel and construction personnel.
【Keywords】 Large Stadium; Steel Structure; Bi-curved Metal Roof; Plate Unit

1 引言

建设大型体育馆，主要困难在于国内实际实施案例较少，施工人员可借鉴的经验较少。因此，有必要将大型体育馆施工中的重难点和解决方法清晰地罗列出来，并对大型体育馆施工技术重难点进行专门研究。

2 工程概况

2.1 设计概况

西安奥体中心是2021年第十四届全运会主场馆，项目位于国际港务区，总规划面积6000亩，由“一场两馆”组成，即一座6万坐席的体育场、一座1.8万坐席的体育馆和一座4000坐席的游泳跳水馆。项目建成后承担举办开、闭幕式及田径、体操、游泳、跳水等重要比赛的重任。

奥体中心主体育场以“丝路启航，盛世之花”为立意，以西安市石榴花为构思，通过有韵律的变化，表达出丝绸飘逸的质感。总建筑面积15万m^2，建筑高度58.3m，外轮廓直径334m，地上5层，建筑高度58.3m，东西长332m，南北宽316m，共60033坐席。

2.2 建设概况

本工程是2021年第十四届全运会的主场馆，西北地区首座甲级特大型体育场，是陕西省重点工程，也是2021年第十四届全运会主会场。项目于2017年10月9日开工，2020年6月23日通过竣工验收并交付使用。

3 项目重点、难点及亮点

3.1 工程特点

3.1.1 极具地方特色

本工程以“盛世之花”为设计概念，建筑形态取西安市花石榴花的形态，建筑表皮采用银白色穿孔铝板幕墙系统，通过有韵律的变化，表现出丝绸飘舞的动感。

3.1.2 舒适顺畅的流线

本工程看台设计充分考虑观看比赛的良好视觉效果和场内氛围，使每个观众具有良好的观赛视线。看台及场地采用紧凑的三层连续看台，看台下布置各类竞赛房间和观众服务用房。

3.1.3 高效的结构设计

本工程混凝土结构耐久性年限设计为100年，设置在看台最后排钢结构支撑柱与二层室外平台处的超大型V形钢筋混凝土支撑柱，巨大的V形柱与柔和的立面铝板线条形成强烈的反差，实现了技术性和艺术性的统一。

3.2 工程重点、难点及亮点

3.2.1 测量定位

本工程长度共计20km，有11种半径不等的弧线；阶梯梁台阶6000余处，每层看台分别有168道看台斜梁，斜梁上台阶从5～35步不等；空间多曲幕墙，屋面约7万m^2，平面及空间定位放样难度大。

3.2.2 清水混凝土

本工程总建筑面积达6万m^2，包含28组异形变截面V柱、8组X形斜撑柱、1000m环形折线挂板，品质高、难度大。

3.2.3 预制看台板

本工程有806种预制看台板，共8828块，制作安装精度高、难度大。

3.2.4 超长环向悬挑钢结构

本工程外轮廓直径334m，最大悬挑长度45m；多管相贯节点4318处，最高14贯，制作安装难度大。

3.2.5 丝绸飘带造型铝板幕墙

本工程由7种类型28个花瓣单元、16464块异形穿孔铝板组成折线变弧线，安装精度要求高。

3.2.6 双曲金属屋面

本工程为石榴花造型，主檩条约840t，为双曲带扭转；铝镁锰合金屋面板约4.9万m^2，为正反弯弧，最大长度38m，共5900块，吊运易变形，加工安装难度大。

4 主要科技创新技术和关键技术

4.1 新技术应用情况

本工程共推广建筑业10项新技术10大项36子项（表1）。

新技术应用一览表 表1

Summary of new technology applications Tab.1

序号	项目	新技术名称	应用量
1	地基基础和地下空间工程技术	1.2 长螺旋钻孔压灌桩技术	3308根
2	钢筋与混凝土技术	2.1 高耐久性混凝土	160197m^3
		2.5 混凝土裂缝控制技术	160197m^3
		2.7 高强钢筋应用技术	23000t
		2.8 高强钢筋直螺纹连接技术	240000个

续表

序号	项目	新技术名称	应用量
3	模板脚手架技术	3.1 销键型脚手架及支撑架	8644t
		3.8 清水混凝土模板技术	42000m^2
4	装配式混凝土结构技术	4.10 预制构件工厂化生产加工技术	8840m^3
5	钢结构技术	5.1 高性能钢材应用技术	12000t
		5.2 钢结构深化设计与物联网应用技术	12000t
		5.3 钢结构智能测量技术	全过程
		5.4 钢结构虚拟预拼装技术	12000t
		5.5 钢结构高效焊接技术	12000t
		5.7 钢结构防腐防火技术	70000t
		5.8 钢与混凝土组合结构应用技术	400t
6	机电安装工程技术	6.1 基于BIM的管线综合技术	—
		6.5 机电管线及设备工厂化预制技术	25000m
		6.6 薄壁金属管道新型连接安装施工技术	3000m
		6.7 金属风管预制安装施工技术	26000m
		6.10 机电消声减震综合施工技术	设备机房
		6.11 建筑机电系统全过程调试技术	机电全专业
7	绿色施工技术	7.2 建筑垃圾减量化与资源化利用技术	3000m^3
		7.3 施工现场太阳能、空气能利用技术	太阳能路灯65个，空气能热水器1个
		7.4 施工扬尘控制技术	工程建设全过程
		7.5 施工噪声控制技术	工程建设全过程
		7.6 绿色施工在线监测评价技术	工程建设全过程
		7.7 工具式定型化临时设施技术	工程建设全过程
		7.11 建筑物墙体免抹灰技术	42000m^2
8	防水技术与围护结构节能	8.9 高性能门窗技术	20000m^2
9	抗震、加固与监测技术	9.7 大型复杂结构施工安全性监测技术	钢结构施工过程
10	信息化应用技术	10.1 基于BIM的现场施工管理信息技术	工程建设全过程
		10.3 基于云计算的电子商务采购技术	工程建设全过程
		10.5 基于移动互联网的项目动态管理信息技术	工程建设全过程
		10.6 基于物联网的工程总承包项目物资全过程监管技术	工程建设全过程
		10.7 基于物联网的劳务管理信息技术	工程建设全过程
		10.8 基于GIS和物联网的建筑垃圾监管技术	工程建设全过程

4.2 关键技术与创新

4.2.1 异形截面清水混凝土构件施工关键技术

本工程设计有7种类型共计28根型钢混凝土双向倾斜V形柱，每种类型V形柱在体育场外环呈剪刀形对称布置。V形柱分叉点以下为12个多面体结构，分叉点以上为6个多面体结构，且截面逐渐变小。

施工关键技术如下：

（1）针对其混凝土浇筑困难、模板支架安装搭设不便等难题，研发玻璃模具、优化混凝土配合比（图1）。

图1 试配流程图

Fig.1 Flow chart of trial assembly

（2）研发双层模板体系，使用方圆扣，取消螺杆，将异形截面转化为矩形加固（图2）。

图2 双层模板体系

Fig.2 Two-layer templating system

（3）采用圆柱木模拼缝紧固器、U形托板等措施，保证了交叉圆柱外观质量（图3）。

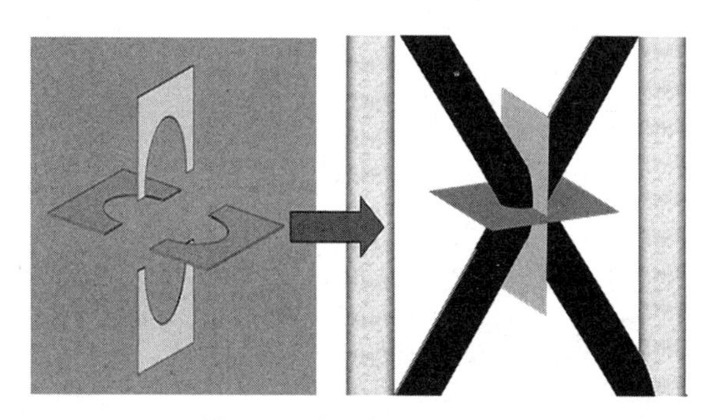

图3　U形托板相贯节点加固
Fig.3　U type supporting plate joint reinforcement

4.2.2 预制看台板制作安装施工关键技术

本工程预制清水混凝土构件种类包括：预制看台板5481块、预制栏板556块、预制踏步2791块，共计8828块。看台板截面形式有L形、T形、U形及平板；踏步有1阶、2阶、3阶、组合型等。

施工关键技术如下：

（1）制作时使用反打工艺进行生产，采用“平板振捣器+小型振捣棒”联合振捣的方法，确保密实度和外观质量。

（2）安装时采用首排闭环定位技术，解决了大体量预制看台累计偏差的难题（图4）。

图4　首排闭环定位技术应用
Fig.4　Application of first row closed loop positioning technology

（3）应用T形扁担吊装梁和二次就位技术，解决了高度受限空间内预制构件吊装就位的难题（图5）。

图5　T形扁担吊装
Fig.5　T pole lifting

4.2.3 超长环向悬挑钢结构施工关键技术

本工程采用管桁架悬挑钢结构，钢罩棚由28个花瓣造型桁架单元组成，单榀最大桁架重量约85t，最高56m，东西向最宽约312m，罩棚最宽处约78m（图6）。罩棚支撑体系外侧共设56个支撑点，分布于V形柱顶，内圈设28个支撑点。

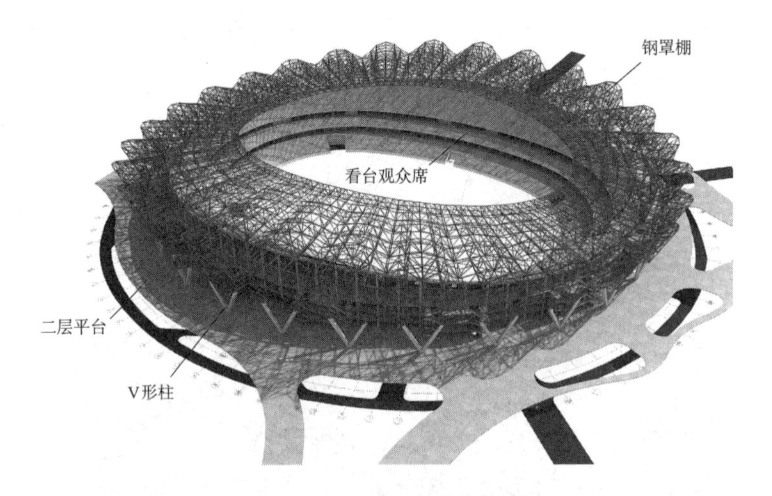

图6　主体育场钢罩棚整体效果图
Fig.6　Overall effect of the steel canopy of the main stadium

施工关键技术如下：

（1）钢结构支座通过研发半球形节点、斜向面支撑节点，实现了钢结构与混凝土结构之间的可靠连接（图7）。

（2）钢结构拼装时基于有限元施工仿真模拟分析（图8），进行合理分段、布设胎架，保证了吊装安全。

图7 铸钢节点示意图

Fig.7 Schematic diagram of cast steel joint

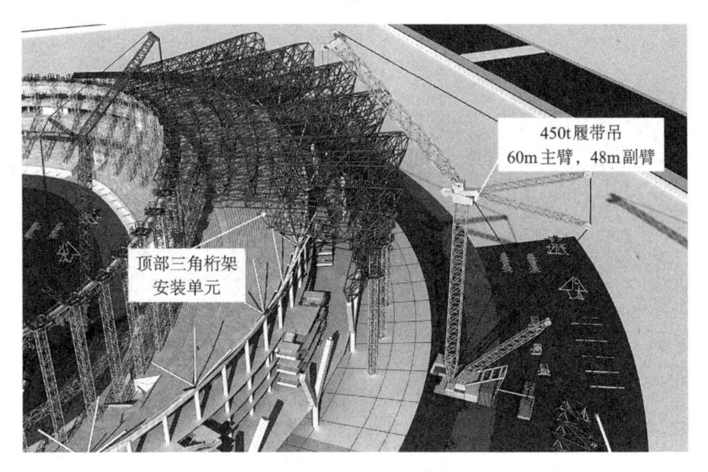

图8 胎架布设及吊装模拟

Fig.8 Simulation of rack layout and hoisting

（3）屋面钢罩棚结构安装时，每个吊装单元采用“一主四副”的方式，保证精确就位；采用“地面相贯焊接+高空平口拼接”的方式，降低焊接难度，保证焊接质量（图9）。

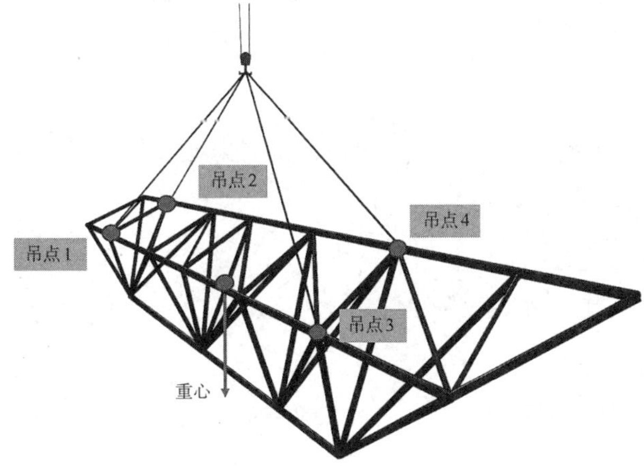

图9 构件吊装示意图

Fig.9 Schematic diagram of component hoisting

4.2.4 板块单元曲线金属幕墙施工关键技术

本工程钢罩棚有28个花瓣穿孔铝板，数量繁多，总计16464块铝板。由于每块编号铝板孔径、板厚、尺寸、翘曲度、特殊折边、特殊加强筋等规格的不同，再加上双面喷涂、包装分料、发货运输等因素影响，无法形成批量生产。

施工关键技术如下：

（1）采用板块金属幕墙与曲线环梁一体化吊装技术，地面合理分块组装，空中多点测量定位，大幅减少空中焊接量的同时有效提高安装精度（图10）。

图10 铝板单元构件
Fig.10 Aluminium sheet element

（2）研发360°可调T形连接件，实现整体线条流畅顺滑（图11）。

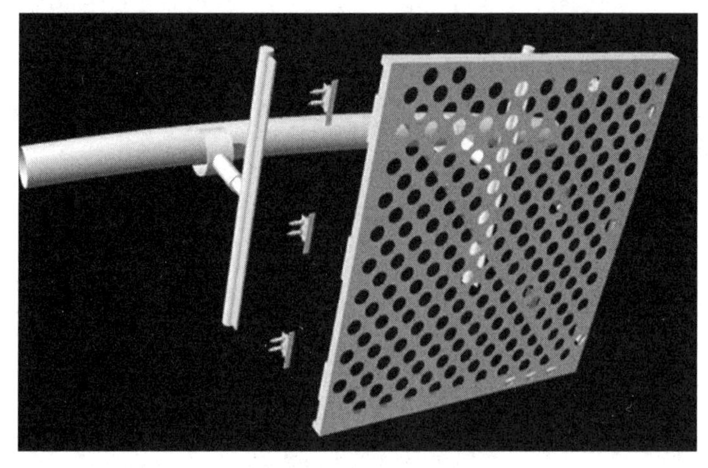

图11 360°可调T形件
Fig.11 360° adjustable T-shape

4.2.5 双曲金属屋面施工关键技术

本工程金属屋面采用优质铝镁锰合金屋面系统（图12），金属屋面系统构造从下至上分别为：主檩托檩条→次檩托檩条→吊顶弯弧角钢→吊顶穿孔底板→玻璃丝布→玻璃吸声棉→钢丝网→压型钢底板→几字形镀锌衬檩→几字形镀锌檩条→岩棉板→TPO防水卷材→铝合金固定座→屋面铝镁锰板。

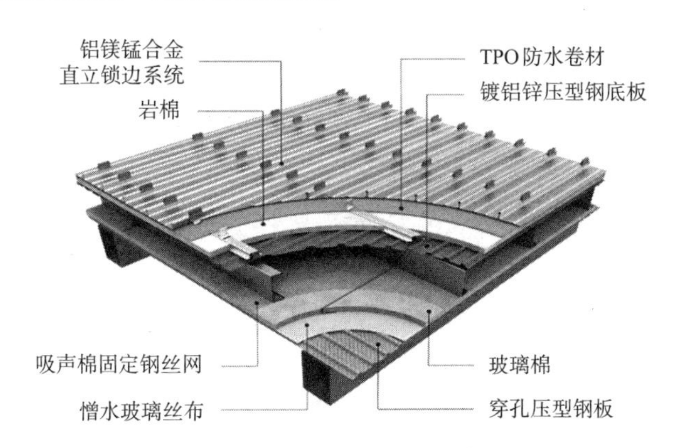

图12　金属屋面标准构造示意图
Fig.12　Sketch map of standard construction of metal roof

施工关键技术如下：

（1）采用两段式檩托，避免了钢结构合龙后因焊接檩托引起的应力和变形（图13）。

图13　两段式檩托
Fig.13　Two-section purlin

（2）采用正反弯弧吊装胎架对超长铝镁锰板进行批量吊装，控制了屋面板吊装过程中的变形，提高了施工效率（图14）。

图14 正反弯弧吊装胎架
Fig.14 Lifting frame with forward and reverse ARCS

5 结语

西安奥体中心主体育场着力打造“世纪精品、传世之作、城市地标”的建党百年献礼工程，它的建设为大型钢结构、异形金属幕墙、清水混凝土构件等积累了一定的施工经验，同时也为同类型会展场馆的建设提供了宝贵的经验。

参考文献

[1] 王魏巍，李文博.体育场预制清水混凝土看台板施工技术[J].工程技术研究，2020(16)：135–136.
[2] 丁璐.预制清水混凝土看台板安装连接节点深化设计技术研究[J].混凝土世界，2020(8).
[3] 刘咏.试析金属与石材幕墙工程项目施工管理与质量控制[J].建材与装饰，2017(37)：122.
[4] 邓卫宁.金属屋面系统分析[J].河北工程大学学报(自然科学版)，2007(4)：42–44.
[5] 秦立标.异型变截面清水混凝土劲性柱施工技术[J].建筑技艺，2018(S1)：28–30.

西安奥体中心游泳跳水馆关键施工技术研究

郑 晨 刘 富 周晓春
（陕西建工第一建设集团有限公司，西安 710003）

【摘 要】西安奥体中心项目位于西安市国际港务区，是2021年第十四届全运会主会场，游泳跳水馆项目总建筑面积104109m²，地下1层、地上4层，建筑高度29.05m。主体结构为框架结构体系，屋盖采用倒三角桁架+平面桁架结构体系，结构四周设置梭形柱装饰桁架。观众容量4046座，是集游泳、跳水、花样游泳、水球比赛、文化和休闲活动于一体的多功能体育场馆，属国家甲级体育建筑、国标二星级绿色建筑。抗震设防烈度8度，设计使用年限50年。工程体量大，功能齐全，结构复杂，品质要求高。

【关键词】清水混凝土；预制看台；装配化；高品质；累积滑移；双层模板；整体吊装

Research on Key Construction Technology of Swimming and Diving Hall of Xi'an Olympic Sports Center

Chen Zheng　Fu Liu　Xiaochun Zhou
(SCEGC NO.1 Construction Engineering Group Co. Ltd., Xi'an 710003, China)

【Abstract】Xi'an Olympic Sports Center project is located in Xi'an International Port District, is the main venue of the 14th National Games in 2021, Swimming and Diving Hall project total construction area of 104109 square meters, 1 underground layer, 4 ground layers, building height of 29.05m. The main structure is the frame structure system, the roof adopts the inverted triangle truss + plane truss structure system, and the structure is arranged around the shuttle column decoration truss. With a capacity of 4046 spectators, it is a multi-functional stadium for swimming, diving, synchronized swimming, water polo, cultural and leisure activities. It is a national class A sports building and a national standard two-star green building. Seismic fortification intensity of 8 degrees, the design service life of 50 years. Large volume, complete function, complex structure, high quality requirements.

【Keywords】Fair-faced Concrete; Prefabricated Stand; Prefabricated; The High Quality; Accumulating Sliding; Double Template; Integral Lifting

1 引言

本工程外立面混凝土柱（圆柱、方柱）及空间双曲面跳台设计为清水混凝土，观众席为清水混凝土预制看台，不再进行任何装饰装修。清水效果将直接影响游泳跳水馆的整体品质。屋面为大跨度空间三角管桁架体系，最大跨度为93m，每榀主桁架重量约110t。结构截面形式复杂，相关杆件较多，屋面钢结构总重量3000t。另外，本工程设置58根装饰柱，单个重量大，高度高，是本工程控制的重点。

2 工程概况

通过各项施工技术的研究和总结，结合现场实际情况，有效地解决了西安奥体中心游泳跳水馆及室外配套工程在施工中遇到的各种施工难点，达到了设计和规范要求。

在实际施工过程中，根据具体问题，具体分析、具体解决，必要的问题通过专家论证来进行分析解决。在施工中探寻新方法、新工艺，通过总结归纳形成一套具有推广意义的施工方法。为以后承建类似场馆类工程打下坚实的基础储备以及提供必要的技术支持。

3 主要科技创新技术

本成果的研究定位首先是解决西安奥体中心游泳跳水馆施工过程中存在的各类施工难点，共计总结形成5项关键技术：

（1）大截面清水混凝土柱施工技术；

（2）空间双曲面清水混凝土跳台施工技术；

（3）预制装饰清水混凝土看台制作及安装技术；

（4）大跨度钢结构屋面桁架滑移施工技术；

（5）外立面幕墙装饰柱整体吊装施工技术。

4 关键技术

4.1 大截面清水混凝土柱施工技术创新点

本技术通过对清水混凝土柱木模散拼模板的转角、蝉缝、加固体系进行优化改进，配制专用配合比，施工过程采取一系列综合措施，使大截面混凝土柱达到装饰清水混凝土效果。施工简便、成型观感质量好，无需后期任何装饰装修。成本低，工期短，节能环保，具有很强的实用性和推广性，达到国内领先水平。

（1）利用BIM技术对清水混凝土结构建模，对模板拼缝排版。

（2）本工程圆柱模板采用工厂定制圆木模，加固方式采用紧固件；方柱模板采用VISA模板，次龙骨采用50×100木方，主龙骨采用方圆扣（即加固用抱箍）进行加固。进场模板表面平整度2mm。所有模板进行预拼装，验收合格后方允许其进入使用；检查模板成型尺寸、拼缝等是否存在问题，错台控制在0.5mm以内；第一次使用模板前必须清理，清理完成后应及时喷涂隔离剂，使用清水混凝土专用隔离剂，在涂刷隔离剂时使用海绵垫擦拭，保证涂刷均匀。竖向拼缝加塞3mm厚海绵条。吊装过程中，安全员必须旁站。模板支设前应按照统一要求确定基础高度，模板完成后调整垂直度等进行验收，对下部1/3段加固螺栓必须逐个检查验收。混凝土浇筑前需二次复检。所有的清水方柱、圆柱均采用现场散拼方式。模外侧满堂架距离模板必须大于50mm，留出足够拆模空间，减少拆模损伤混凝土的概率。

4.2 空间双曲面清水混凝土跳台施工技术创新点

目前国内无相关施工案例，本技术通过双层模板体系的研究与应用，配制专用配合比，施工过程采取一系列综合措施，实现空间双曲面跳台结构施工，施工简便、成型观感质量好，无需后期任何装饰装修。成本低，工期短，节能环保，具有很强的实用性和推广性。

1.测量放线

根据图纸建立BIM三维模型，根据三维模型导出曲面控制关键点坐标，用全站仪和GPS对跳台轴线定位，误差控制在±2mm，用水准仪和GPS对跳台标高定位，误差控制在±2mm。

2.模板及支撑体系搭设

本工程跳台柱截面尺寸均为900mm×2000mm，且均带100mm×100mm的圆弧倒角，柱子周长5800mm，最高直段为7600mm，高度方向模板由4块板拼接而成，每段高度1.9m。异形柱弧面处的曲率半径变化很大，且各不相同，为达到空间双曲面跳台清水混凝土效果，采用双层模板体系，第一层采用15mm厚模板按照曲线弧度进行切缝拼装，再满铺一层韧性较好的3mm厚铝塑模板作为跳台模板面层，施工前进行模板排版，现场根据排版裁剪拼装。

1）直段柱模板体系设置

柱模板选用：由于柱子截面较大，柱模板选用15mm厚、尺寸1220mm×2440mm的清水专用模板。柱子模板由下自上排版，所有柱子横向水平蝉缝在同一相对高度交圈，效果整齐、美观。

柱模板加固：柱子多层模板后设竖向背楞50mm×70mm木方，背楞方木净间距不大于100mm。方木搭接时要求接头相互错开，并且搭接不小于1500mm。柱身加固自下而上设置方圆扣，根据受力计算结果，柱子净高底端的1/3范围内方圆扣间距150mm，其余部分间距200～350mm，方圆扣分布均匀（图1）。柱截面长方向中间设置一道对拉螺杆，对拉螺杆设在靠近方圆扣上的竖向双拼钢管上，通过锁扣与加设的竖向钢管锁定。

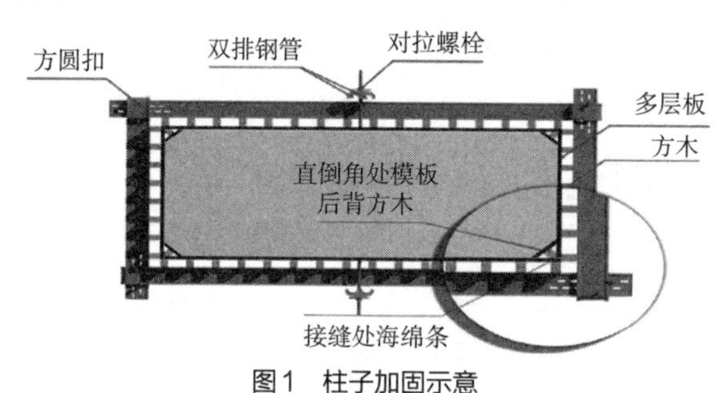

图1 柱子加固示意

Fig.1 Column reinforcement

2）跳台板模板体系

跳台板模板以及主龙骨选用和制作：所有跳台和跳台板衔接的曲线梁以及弧形板通过多层板多道拼接而成，由柱顶弧形起弧位置开始至跳台板端部结束。施工时先弯折出与弧形板面同弧度的ϕ48mm×3.2mm钢管。根据计算布置定型钢管，作为跳台板的主龙骨，定型钢管通过横杆与支撑架体连接（图2、图3）。

图2 跳台支撑体系

Fig.2 Platform support system

图3 跳台支撑体系模型

Fig.3 Platform support system model

跳台板次龙骨及模板选用和制作：钢管顶部铺设横向50mm×70mm方木，作为跳台板模板的次龙骨，根据计算，弧度部位方木间距为150mm。方木上部铺设一层15mm厚多层板，通过多道拼接钉在次龙骨上。多层板上铺设一层3mm厚铝塑板。对施工中弧度较大处板底次龙骨与主龙骨间隙部位，采用木楔揳紧，避免浇筑过程中因混凝土重力作用造成多层板鼓凸，影响跳台板观感质量。跳台直线段与曲线段交接处顶部弧面采用定制“步距式”模板加固，有效提高可操作性的同时，确保跳台顶部弯弧部位的弧度及标高准确性（图4、图5）。

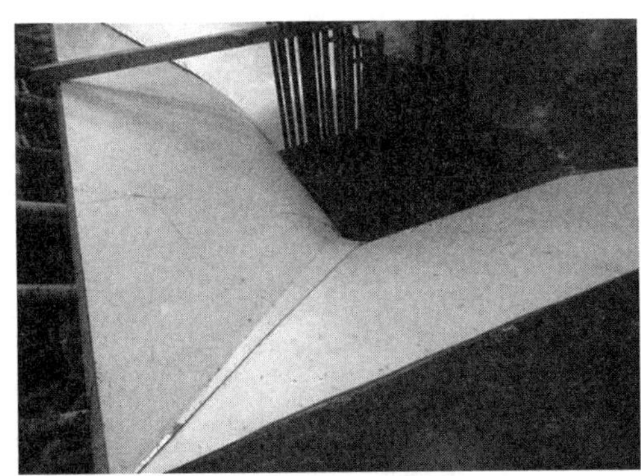

图4 跳台支撑体系1
Fig.4 Platform support system 1

图5 跳台支撑体系2
Fig.5 Platform support system 2

跳台板支撑系统和满堂架的连接和要求：通过满堂架立杆上安装顶托作为板竖向荷载的传递。顶托丝杠伸出立杆高度不大于200mm，自由段高度不大于500mm。加设的水平杆竖向间距不得大于1200mm，立杆根部铺设垫板。

4.3 预制装饰清水混凝土看台制作及安装技术创新点

观众席预制看台板属陕西省首例应用项目，有效避免了观众席看台结构现浇施工产生的结构偏差、抹灰开裂等质量风险，同时减少现场资源投入、采用工厂化预制、节能环保，达到国内领先水平（图6）。

4.4 大跨度钢结构屋面桁架滑移施工技术创新点

采用地面拼装、分段吊装+累积滑移方法施工，可以减少高空拼装和交叉施工影响，节约成本，缩短施工工期。通过方案优化，采用地面分段拼装吊装+累积滑移施工的方法。每榀主桁架分3段进行吊装，整体由4轴→24轴方向滑移。以整体滑移施工技术解决场地限制无法吊装的施工难题，整体节约成本5%，节省工期20d。

实施关键技术：按照钢结构布置特点及滑移施工工艺的要求，钢结构滑移施工

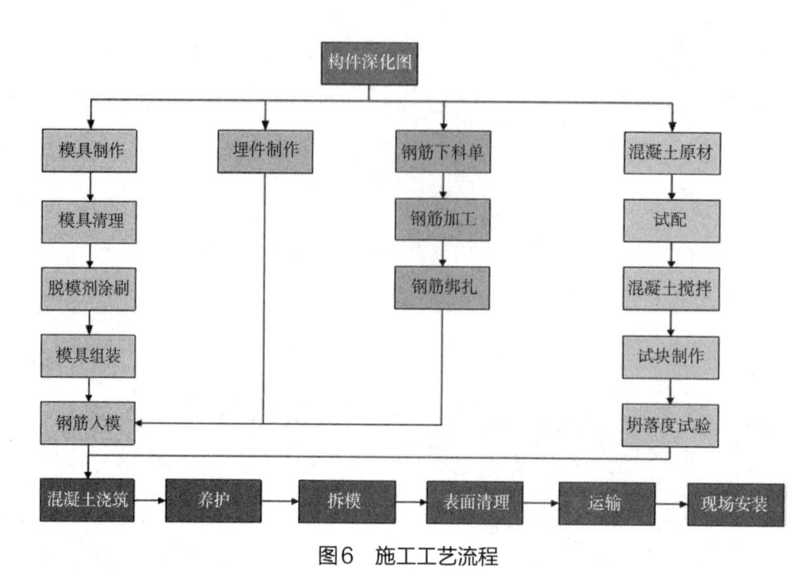

图6 施工工艺流程

Fig.6 Construction process flow

拟采取“累积滑移”的施工工艺，在轴线5～6之间搭设拼装平台，进行累积拼装，利用“液压同步顶推滑移系统”将结构从5轴向23轴累积滑移到位（图7）。

1）在F轴、Q轴结构柱之间设置滑移轨道，局部增设临时支撑。

2）屋盖大跨桁架散拼，每榀主桁架分3段吊装至屋面，并拼成整段，由4轴→24轴进行累积滑移。每榀主桁架重量约110t。

3）钢结构屋盖滑移所需的总顶推力大小为414t。滑移施工最大设置12个顶推点，每个顶推点布置1台50t液压顶推器，顶推点的总顶推力设计值600t＞414t，能够满足滑移施工的要求。

4）大型数控液压累积滑移工艺，同步效果好，无累积误差，同步精度高（滑移不同步尺寸小于10mm）。

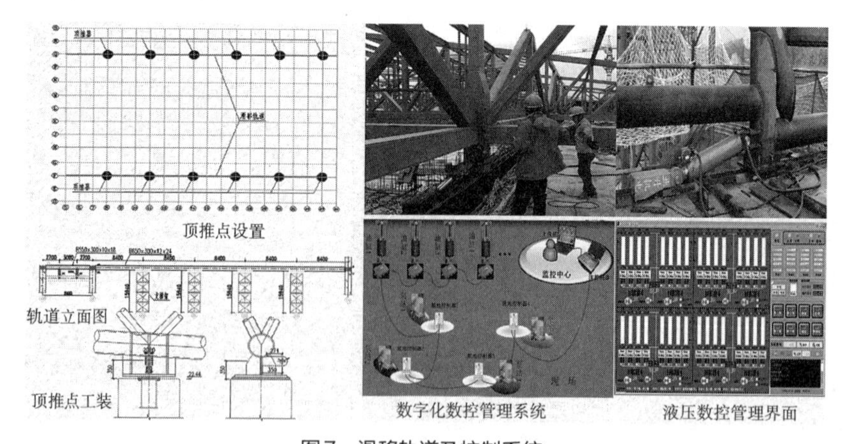

图7 滑移轨道及控制系统

Fig.7 Slip track and control system

4.5 外立面幕墙装饰柱整体吊装施工技术创新点

采用地面胎架拼装整体吊装方法，降低了施工难度与风险，保证了施工安全。该技术的经济效益主要在于利用胎架在地面拼装，可实现多个立面同时施工、整体吊装，节约成本及缩短施工工期。该技术极大地简化了施工过程，达到国内领先水平。

实施关键技术：施工前编制专项施工方案，并向施工人员进行全面的安全、技术交底。

装饰柱钢结构工厂加工后运至现场，杆件编号清晰，制作胎架时根据装饰柱的几何尺寸及平放地在面上时的受力部位设置胎架结构。采用坐标控制胎架结构的精度及准确性（图8）。

首先在地面进行测量放线，严格按照图纸尺寸及分格进行组装，先进行点焊固定，尺寸复合无误后进行满焊。满焊完成后采用2台吊车将整片钢结构提升至胎架固定点，采用全站仪对四个角进行标高测量，保证四个点在同一水平标高，调校完毕后固定牢固，然后进行三角部位的主钢结构定位，主钢结构调校定位完毕后进行侧面腹杆连接满焊（图9）。

图8 胎架制作及主钢结构拼装
Fig.8 Tire frame production and main steel structure assembly

图9 钢结构拼装完成
Fig.9 The steel structure is assembled

铝板龙骨焊接时需要考虑钢结构的制作偏差，避免累积误差，依据龙骨的定位图对龙骨进行加工及转接件安装，龙骨固定到钢结构上，需要整体调校后进行满焊（图10）。

钢结构及龙骨焊接完成后涂装前应进行抛丸或喷砂除锈处理，完成后进行防火涂料及面漆施工。

铝板安装形式为上端打钉、下端插接，左右端不固定，故铝板安装顺序必须从脚部依次安装，螺钉固定间距300mm。

顶部水平桁架施工：水平桁架在地面进行放线定位，并使用100mm×

80mm×6mm镀锌方管制作固定架，将4根杆件固定为一个整体，并在水平桁架上面满铺钢跳板及兜网，采用吊车进行吊装，人员在吊篮内对水平桁架进行焊接。

装饰柱吊装：

吊点设置：装饰柱在底端第二道腹杆位置设置两个下吊点，上吊点设置在水平桁架对应位置上一个分格处，如图11所示。

图10 铝板安装完成
Fig.10 The aluminum plate is installed

图11 吊装
Fig.11 Lifting

吊装：主副吊车架设到位后，主副吊车同时提升，将装饰柱吊离胎架，离地面高度只有1m左右时，进行胎架支撑点部位的补板，补板完毕后设置两根缆风绳，主导车缓缓提升，待装饰柱整体垂直后，辅助吊车撤离。依靠主吊车及缆风绳将装饰柱慢慢移动至水平桁架外侧连接点，达到定位点后进行水平桁架与装饰柱连接点部位的焊接。上部焊接完毕后进行根部焊接，待上下连接点全部焊接完毕，并检验合格后主吊车撤离。

装饰柱顶部对接二层平台一周，所有装饰柱顶部横向钢构件对接焊接，对接钢管的规格为245mm×12mm，对接部位采用230mm直径的圆管作为插芯，从侧面插入，位置调整准确后进行满焊。

5 结语

本工程开展以来，通过技术革新合理控制，项目管理人员集思广益，攻克预制看台板难题，深化节点做法，成为西北首家预制看台板安装单位。通过对空间双曲面清水混凝土跳台双层模板的研究、深化，成为国内首例空间双曲面清水混凝土跳台施工单位。针对清水混凝土施工工艺，项目管理人员从混凝土的试配、模板的选择、现场样板的制作到现场实体的施工，均编写了施工工法，积极推广BIM技术，开展前期策划，施工一次成优，节约了工程建设成本，获得了甲方及监理的一致好评（图12）。

图12　整体效果

Fig.12　The overall effect

采用以上施工技术及措施，极大地减少了资源浪费，突破了传统高消耗性发展模式，从而转向高效型发展模式，通过“五节一环保”，减少了施工扬尘、施工噪声以及施工期对施工段局部生态环境的影响。降低了对局部生态环境的破坏。节约了资源，减少非再生能源的消耗，维护了生态平衡。

参考文献

[1] 林冲，何小东，邓再筠.清水混凝土异形柱加固体系的技术应用[J].住宅与房地产，2017（12）：127.

[2] 杜帅锋.清水混凝土施工技术研究[D].郑州：郑州大学，2014.

[3] 严建峰. 大型体育场预制清水混凝土看台板施工技术研究[J]. 施工技术，2010（S2）：123-126.

[4] 屈峰. 体育建筑的空间、结构与造型——常熟体育中心总体规划及其游泳跳水馆建筑设计研究[D]. 上海：同济大学，2004.

[5] 王星辉，肖国挺，江益平. 高标准游泳池瓷砖铺贴施工技术[J]. 天津建设科技，2013（4）：34-36.

第十四届全运会项目建设科技创新技术研究
——以陕西奥体中心体育馆项目为例

李相如[1] 张 亮[1] 何育波[1] 张毅毅[2]
（1.陕西建工第三建设集团有限公司，西安 710000；
2.陕西建工机械施工集团有限公司，西安 710000）

【摘 要】 陕西奥体中心体育馆项目是第十四届全运会的新建项目，为第十四届全运会的顺利召开提供了场馆保障。在场馆建设过程中，各参建单位都付出了巨大的心血和力量，同时也遇到了一些困难和挑战，但最终圆满完成了场馆建设任务。在建设过程中形成了一系列新技术、新工法等科技创新，尤其是钢结构顶升及毂型节点的施工技术，为同类型大型公共建筑的建设提供了可靠的借鉴依据。

【关键词】 体育场馆；网壳顶升；毂型节点；钢结构

Research on Scientific and Technological Innovation Technology for Project Construction of the 14th National Games
——Taking the Shaanxi Olympic Sports Center Gymnasium as an Example

Xiangru Li[1] Liang Zhang[1] Yubo He[1] Yiyi Zhang[2]
（1. SCEGC NO.3 Construction Engineering Group Co. Ltd.，Xi'an 710000，China；2. SCEGC Mechanized Construction Group Co. Ltd.，Xi'an 710000，China）

【Abstract】 The Shanxi Olympic Sports Center Gymnasium project is a newly built project for the 14th National Games. It provides venue guarantees for the smooth convening of the 14th National Games. During the construction of the venues，all participating units have devoted great effort. At the same time，I also encountered some difficulties and challenges，but finally successfully completed the task of building the stadium. In the construction process，a series of new technologies，new construction methods and other technological innovations have been formed，especially the construction technology of steel structure jacking and hub-shaped joints provides a reliable reference for the construction of large public buildings of the same type.

【Keywords】 Stadiums；Reticulated Shell Jacking；Hub Node；Steel Structure

1 项目概况

随着我国建筑业的高速发展，钢结构越来越多地应用到建筑结构中，钢结构技术应用实施过程中，越来越依靠技术的支撑和行业的进步，并且辐射到建模、计算以及整体结构分析。以陕西奥体中心体育馆工程的钢结构施工为例，该场馆是第十四届全运会的体操和击剑的比赛场馆，且作为闭幕式的备用场馆（图1），座椅数为7048个，总建筑面积72450m^2，屋顶采用单层网壳和双层网，分为比赛馆和训练馆，应用创新技术实现了较大的经济效益和社会效益，值得大面积推广和借鉴。

图1 项目全景照片
Fig.1 Panoramic photo of the project

2 科技创新技术和关键技术

2.1 钢结构大跨度网壳结构分区顶升施工技术

2.1.1 钢结构概况

比赛馆屋盖平面呈椭圆形，短向跨度约100.18m，长向跨度约113.06m，矢高16.5m，矢跨比约1/7，采用双层网壳。结构厚度为4m，网格主要采用四角锥形式，网格尺寸为4.2m×4.2m×4m，节点采用焊接球节点。

训练馆及其他位置屋盖采用单层网壳结构，短向跨度约为42.0m，长向跨度约为58.8m，矢高约4.5m，矢跨比约1/9。网壳杆件截面采用矩形钢管，采用

2.8m×2.8m三向网格。单层网壳采用焊接节点。

2.1.2 钢结构顶升技术

陕西奥体中心体育馆工程训练馆、比赛馆及室外中庭部位采用“结构渐扩同步顶升技术”进行施工，比赛馆顶升架需按不同标高设置。

2.1.3 技术特点

(1)能有效解决现场施工场地狭小和不足等问题，最大化地利用现场空间施工。

(2)整体顶升比吊装稳定，安全性有保证。

(3)顶升过程中对构件的焊接质量及定位精度要求较高。

2.1.4 关键技术

(1)顶升区域划分

训练馆、比赛馆及室外中庭部位网壳采用“结构渐扩同步顶升技术”进行施工。其中，训练馆及室外部分分别划分为2个渐扩区域，比赛馆划分为4个渐扩区域(图2、图3)。

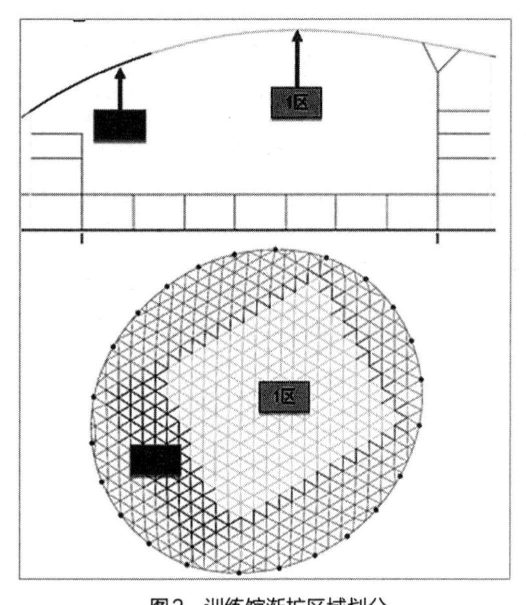

图2 训练馆渐扩区域划分
Fig.2 Gradual division of the training hall

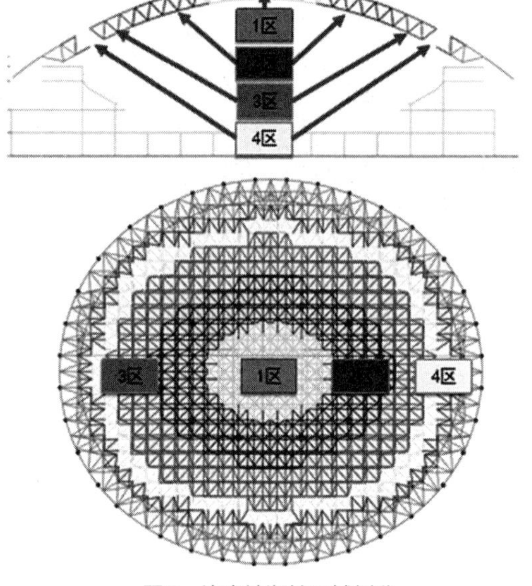

图3 比赛馆渐扩区域划分
Fig.3 Gradual division of the competition hall

(2)顶升架布设

全场共采用53个顶升架[1]，其中训练馆12个，比赛馆24个，中庭西区9个、东区8个(图4)。训练馆顶升架分3阶段布置到位，其余顶升架均分2阶段布置到位。

(3)训练馆单层顶升

训练馆分两阶段设置12组顶升架，先经过6次顶升4次单向渐扩将网壳全部拼装

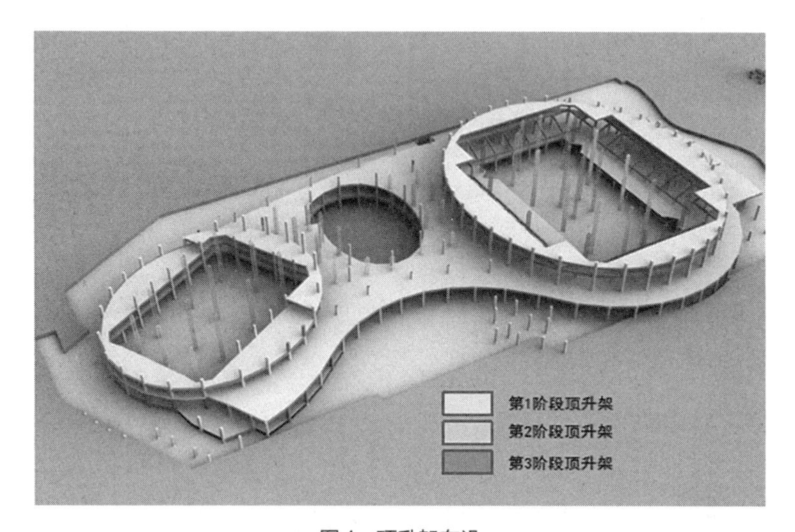

图4　顶升架布设
Fig.4　Lifting frame layout

到位，再通过22次连续顶升至设计标高，顶升重量300余吨，顶升高度25m（图5）。中庭部位分两区、两阶段，共设置17组顶升架，顶升重量200余吨，顶升高度16m（图6、图7）。整体顶升采用计算机同步控制，能将顶升点不同步偏差控制在3mm以内，通过仿真分析，合理设置顶升点，有效克服单层网壳柔性变形大等难题[2]。

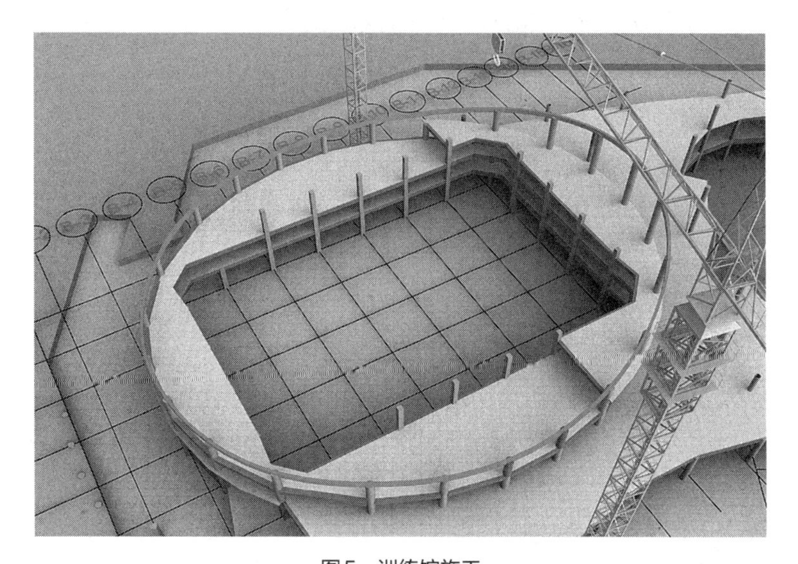

图5　训练馆施工
Fig.5　Construction of the training hall

图6　中庭西侧同步顶升施工

Fig.6　Synchronous jacking construction on the west side of the atrium

图7　中庭东侧同步顶升施工

Fig.7　Synchronous jacking construction on the east side of the atrium

（4）比赛馆双层顶升

比赛馆网壳为双层双曲面造型，现场分3阶段不同标高设置4组临时顶升架及24组固定顶升架，上部通过临时转换层与结构连接，确保有效传力，采用“结构渐扩同步顶升技术”，共经历45次顶升9次渐扩，顺利顶升到位，顶升重量700余吨，顶升高度达36m（图8）。

图8 比赛馆施工
Fig.8 Construction of the competition hall

（5）合龙及整体卸载

网壳共设置3处合龙带，训练馆、比赛馆室内各一处、室外中部一处，用以消除屋盖钢结构因温度变形产生的应力（图9～图11）。取年平均气温15±5℃分区进行合龙，于2019年9月27日顺利完成最终合龙。

图9 合龙带1
Fig.9 Closing belt 1

图10 合龙带2
Fig.10 Closing belt 2

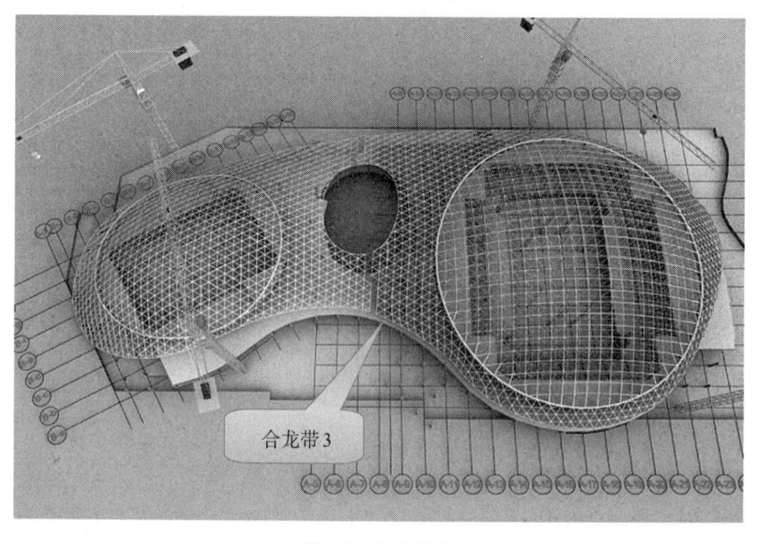

图11 合龙带3
Fig.11 Closing belt 3

整体卸载采用分区、分级、等位移同步卸载技术，通过计算机集中控制，可将卸载的不同步度控制在5mm以内，有效保证了结构的受力稳定，各项偏差满足要求[3]（图12～图14）。

2.2 曲面异形网壳毂型节点空间定位施工技术

2.2.1 毂型节点空间定位技术

曲面异形网壳毂型节点[4]空间定位原理：首先应从模型中提取毂型节点中心点

图12　支架卸载

Fig.12　Uninstalling the bracket

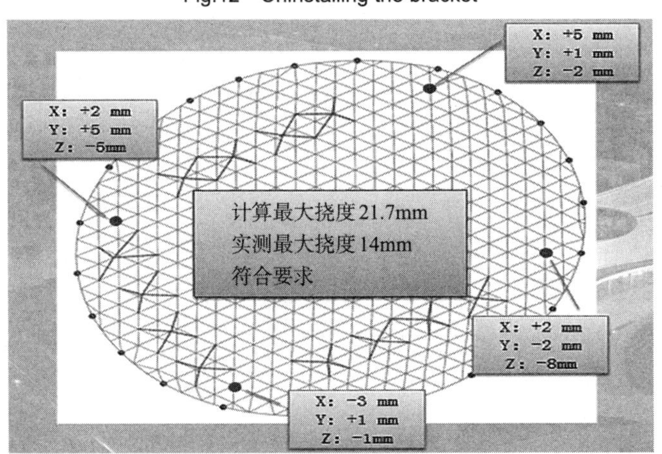

图13　训练馆卸载后主要控制点偏差情况

Fig.13　Deviation of main control points after the training hall is unloaded

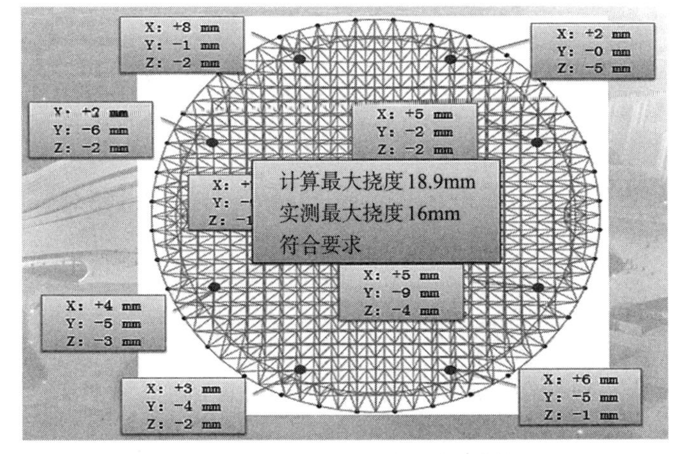

图14　比赛馆卸载后主要控制点偏差情况

Fig.14　Deviation of main control points after unloading of the competition hall

平面坐标，从毂型节点上下口中心点平面坐标提取控制点坐标，通过全站仪将其引至水平地面，做十字标记，用圆管作支撑架，将圆管截面中心点对准十字标记点；毂型节点下口安装半圆形十字支撑板或米字支撑板，十字支撑板、米字支撑板由加工厂制作完成，通过将同尺寸直径的支撑板水平面插入毂型节点下口，实现底面为半圆的毂型节点中心点与支托十字交叉点重合；因毂型节点底面为半圆形，所以360° 旋转不影响毂型节点中心点平面坐标定位数值。毂型节点上口中心点做十字标记，通过全站仪观测毂型节点上口十字中心点坐标，调节毂型节点，使其上口中心坐标达到模型所提取的测量值。毂型节点下口中心点处粘贴反光贴，用于顶升时对毂型节点方向定位控制。

2.2.2 技术特点

（1）本技术避免了毂型节点空间的定位难题，大大提高曲面异形网壳的施工速度，对于加快施工进度及节约成本的效果十分显著。

（2）本技术是在传统的网壳拼装方法基础上改进而来的一种针对曲面异形网壳拼装更简单、更便捷的施工方法，在实际施工应用中操作简单、质量可靠。

2.2.3 关键技术

（1）数据提取

BIM模型深化及控制网数据提取：首先选择控制点，在BIM模型及CAD图纸中进行相应数据的提取，所要提取的数据有毂型节点中心点三维坐标、毂型节点上下口中心点三维坐标（图15）。

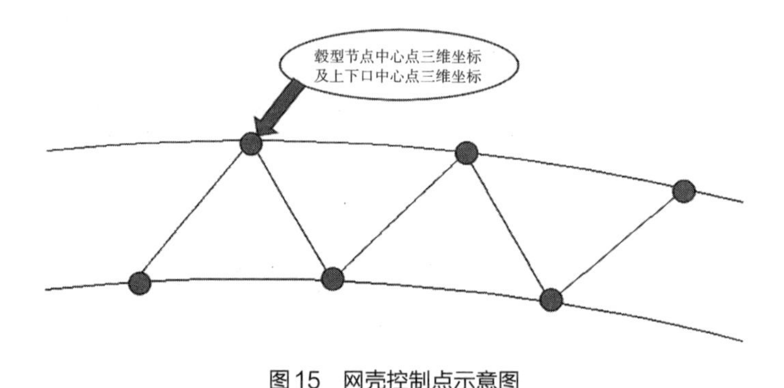

图15　网壳控制点示意图
Fig.15　Schematic diagram of reticulated shell control points

（2）拼装场地放样

采用全站仪对毂型节点中心三维坐标地面投影的中心点进行放样[5]，并用墨斗在地面弹出中心线的十字线，台架区域十字线标记后，全站仪换原始坐标点，进行复测（图16）。

图16 拼装示意
Fig.16 Assembly schematic

（3）台架制作

支撑管的中心线对准放样后的十字线，支撑杆采用钢筋作三角支架固定于水平面，将毂型节点支托放在支撑杆上面，使其能在支撑杆上自由旋转（图17）。

图17 控制点加固
Fig.17 Reinforcement of control points

（4）毂型节点安装

在毂型节点对称两侧焊接吊装环，用12t汽车式起重机将毂型节点安装到已经定位好的支托上，卡接牢固，半圆钢板直径与毂型节点上下圆口直径相等，确保支托水平中心点与毂型节点中心点重合，使其可以360°自由旋转。

（5）毂型节点定位

如图18所示。

（6）安装杆件并焊接

杆件安装时要注意不得硬敲硬打，以免对毂型节点造成偏差，焊接时遵循从中心向周围的顺序，必须由两名焊工对称施焊，采用二氧化碳气体保护焊，防止焊接变形，缩小焊缝收缩时网壳产生的误差（图19）。

图18 毂型节点定位
Fig.18 Hub type node positioning

图19 网壳杆件与毂型节点焊接
Fig.19 Welding of reticulated shell rods and hub nodes

（7）成品检查

每块网壳拼装完成后必须由测量员用全站仪再次复核毂型节点上口坐标。

（8）安装就位

将拼装完成的块体吊装至已经确定点的顶升架体之上，对顶升块体进行测量校正，使毂型节点下口水平坐标与模型所提取的水平绝对坐标一致，校正完成后开始顶升，每顶升3～4m时再次进行测量校正，重复以上操作，直至顶升到设计标高[6]（图20）。

图20 安装就位
Fig.20 Installed in place

3 结语

我公司以第十四届全运会场馆建设为契机，大胆创新，开拓进取，不但形成了一系列科研成果，同时也培养了一批技术过硬的施工管理人员，带动了整个项目管理团队整体素质的提高，推动了项目在文明施工、绿色施工、质量进步等各方面的发展。通过钢结构创新技术在陕西奥体中心体育馆项目的应用，与传统施工工艺相比较，获得较好的经济效益，得到社会各界的高度赞扬，社会意义巨大。

参考文献

[1] 张发证，肖赖发，李小川. 一种大跨距钢结构顶升平台 CN209306881U[P]. 2019.
[2] 杨辉，黄天坤. 钢结构顶升架在预制梁调整中的应用[J]. 港工技术与管理，2017：24.
[3] 腾龙. 浅析钢结构屋架整体顶升工程技术[J]. 城市建设理论研究，2016，6(8)：1699.
[4] 刘博东，王政，张毅毅，等. 局部曲面毂型节点单层网壳块体拼装施工工艺 CN111395763A[P]. 2020.
[5] 李云峰. 一种空间网壳结构毂型节点受力性能研究[D].河北：河北建筑工程学院，2019.
[6] 简鸿福，高雄，吕辉. 毂型节点网壳空间结构施工控制要点分析[J]. 工程建设与设计，2017(21)：48-51.

既有建筑物曲线型轻钢外立面施工技术研究与应用

——以第十四届全运会项目陕西省体育场改造工程为例

李相如　王　宇　郭瑞华　王　瑾

（陕西建工第三建设集团有限公司，西安　710000）

【摘　要】 陕西省体育场改造工程项目是第十四届全运会的足球比赛场，为第十四届全运会的顺利召开提供场地保障，对既有建筑物曲线型轻钢外立面施工改造，使得场馆外形整体美观、大方。本应用技术全面、系统地指出了既有建筑曲线型轻钢外立面的施工方法，提高了曲线型轻钢外立面构件的加工和安装速度，降低了现场拼接质量风险，并节约了施工成本，提高了经济效益。

【关键词】 体育场；曲线型轻钢；外立面；钢结构

Research and Application of Curved Light Steel Facade Construction Technology for Existing Buildings

——Take the Shaanxi Provincial Stadium Reconstruction Project of the 14th National Games as an Example

Xiangru Li　Yu Wang　Ruihua Guo　Jin Wang

（SCEGC NO.3 Construction Engineering Group Co. Ltd.，Xi'an 710000，China）

【Abstract】 The Shaanxi Provincial Stadium Reconstruction Project is the football stadium of the 14th National Games，which provides venue guarantee for the smooth convening of the 14th National Games. The construction of the curved light steel facade of the existing buildings makes the stadiums beautiful and generous. This application technology comprehensively and systematically points out the construction method of the existing building curved light steel facade，speeds up the processing and installation of curved light steel facade components，reduces the quality risk of on-site splicing，and reduces the construction costs improve economic efficiency.

【Keywords】 Stadium；Curved Light Steel；Facade；Steel Structure

1　工程概况

陕西省体育场改造项目总承包工程位于陕西省西安市南二环与长安路十字西北

角，本场馆作为第十四届全运会足球场馆，总建筑面积97273m^2，地下1层，地上5层，建筑高度23.1m，主要为功能改造和外立面效果提升（图1）。项目于2020年6月30日完成竣工验收。

图1　项目效果图
Fig.1　Project renderings

2 项目重难点、亮点

本工程为体育场改造项目，难点主要是外立面的翻新及改造，省体育场作为第十四届全运会比赛场馆，外墙造型的施工质量对外观效果展示较为重要，同时施工中牵涉面广，周边环境复杂，因此，外立面外墙造型的施工质量控制是本工程的重难点，提升后的外立面加上灯光效果，是该改造项目的一大亮点。

3 科技创新技术和关键技术

3.1 既有建筑物曲线型轻钢外立面施工技术

3.1.1 技术背景

随着经济社会的不断发展，大众的建筑审美需求越来越高，大量异形建筑应运而生。一些老旧建筑为了迎合现代人的需求，也开始了外立面改造。对于既有建筑而言，外立面的施工受到了严格的限制。既有建筑外立面不可能进行大量的预留预埋，竖向传力构件的设计应尽可能简洁，减少对外立面影响的同时保证竖向荷载的传递，曲线型轻钢外立面便是一种选择。但是曲线型轻钢外立面的施工存在诸多难题，测量定位、异形轻钢构件加工及安装等，都需要进行研究。

3.1.2 轻钢外立面施工技术原理

在既有建筑物外立面设置预埋件架设结构环梁，结合BIM技术[1]，通过测量手段进行准确定位，对曲线型轻钢构件进行工厂化、数字化预制加工，在现场对构件进行二次加工与校正，在结构环梁上安装曲线型轻钢构件，形成曲线型轻钢外立面[2]（图2～图4）。该技术可以进行轻钢构件的数字化准确下料，通过角度交汇法放线定位，并用长度交汇法进行复测，实现轻钢构件的精准安装，实现设计意图。

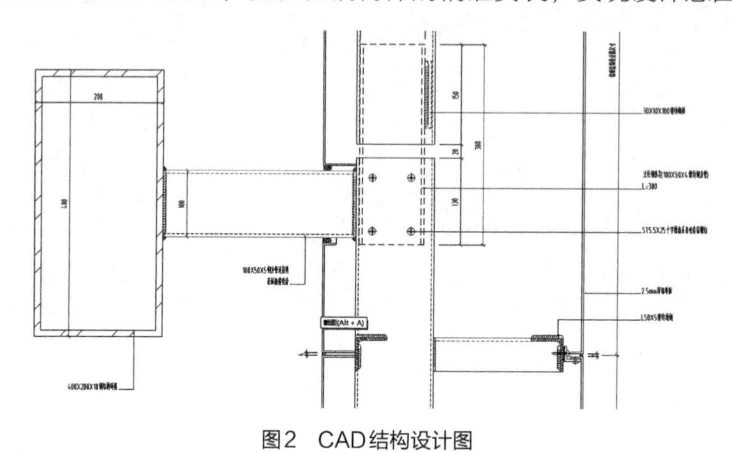

图2　CAD结构设计图

Fig.2　CAD structure design drawing

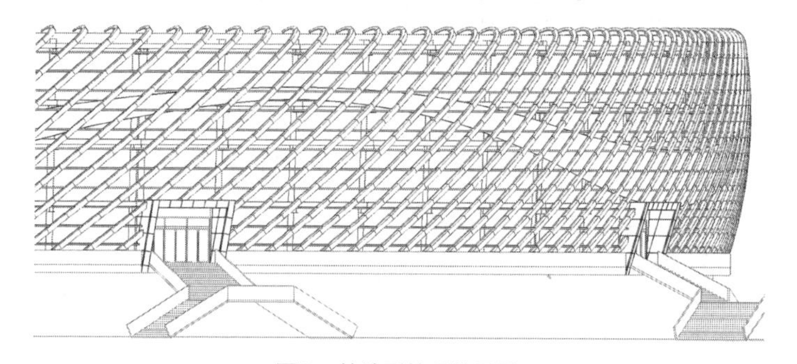

图3　外造型外观效果图

Fig.3　Appearance renderings of exterior modeling

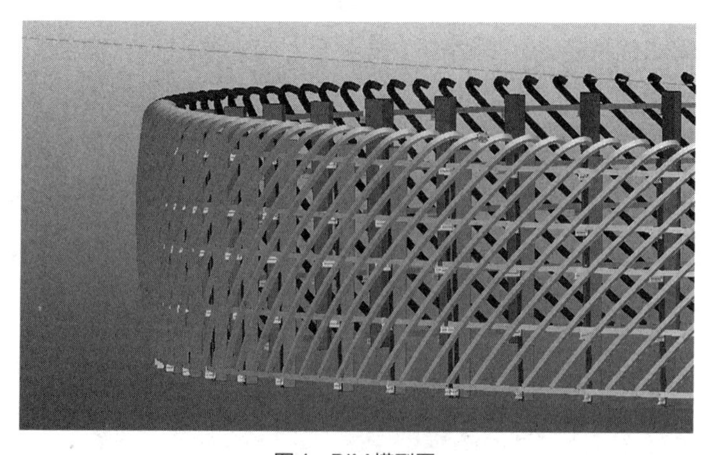

图4　BIM模型图

Fig.4　BIM model diagram

3.1.3 关键技术

（1）材料的选择及加工

预埋钢板定位根据现场实际成孔位置进行翻样，再根据实际翻样的尺寸放样到预埋钢板定位开孔。每块预埋件做好序号标记，预埋钢板和机械锚栓同时固定。

钢支架为轧制H型钢，钢环梁为矩形方管400mm×200mm×10mm，斜钢骨架镀锌角钢、方管120mm×60mm×4/100mm×50mm×5mm。钢材应详细检查钢厂出具的质量证明书或检验报告，其化学成分、力学性能[3]和其他质量要求必须符合国家现行标准的规定，且其质量证明书上的炉批号应与钢材实物上的标记一致。各构件加工前采用BIM模型导出精确的构件加工尺寸图纸，采用数控技术进行工厂化批量加工，确保加工构件准确（图5）。

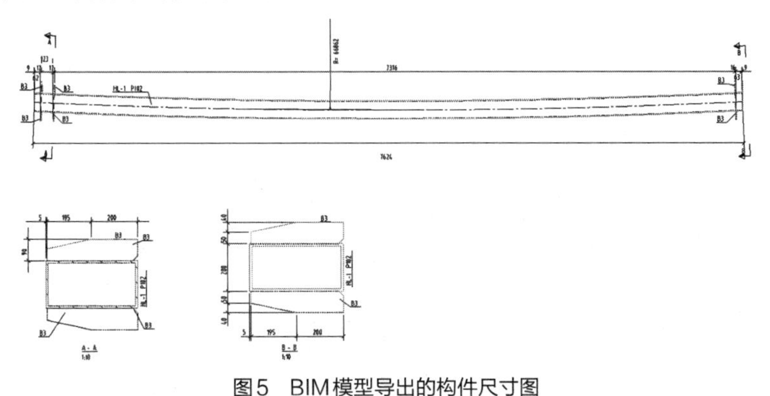

图5　BIM模型导出的构件尺寸图

Fig.5　Component size diagram derived from BIM model

高强螺栓为10.9S级扭剪型高强螺栓，摩擦系数不小于0.5。分布于梁端的高强螺栓孔，采用数控钻床进行钻孔（高强螺栓孔群），也可采用摇臂钻床进行钻孔。

焊接Q345B钢时，采用E5015、E5016型号焊条；焊接Q235B钢时，采用E4303型号焊条。焊接材料的选配必须满足设计图纸的要求与焊接工艺的需求。

钢结构涂装前钢材表面部分除锈等级为St2.5，底漆采用环氧富锌底漆2道，喷涂面漆2道，现场补涂破损部分面漆，现场钢结构涂层干漆膜总厚度不小于125μm（图6、图7）。

（2）施工测量控制

首先，对既有建筑进行实测实量，建立与实际项目相符的三维BIM模型（图8）。

再由BIM模型导出可指导实际放线的坐标体系图（图9）。

按照可指导实际定位放线的坐标体系图，进行精确定位放线。在钢构件安装前，应对建筑物的定位轴线、支座轴线和支承面标高、预埋螺栓（锚栓）位置等进行检查。建筑物的定位轴线（即安装的基准轴线）要求用精确的角度交汇法放线定位，并

图6　曲线型轻钢外立面构件现场二次加工
Fig.6　On-site secondary processing of curved light steel facade components

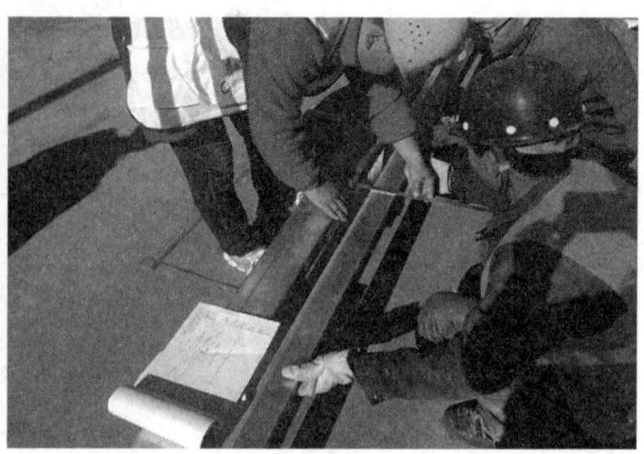

图7　曲线型轻钢外立面构件现场二次加工后校正检查
Fig.7　Correction and inspection of curved light steel facade components after on-site secondary processing

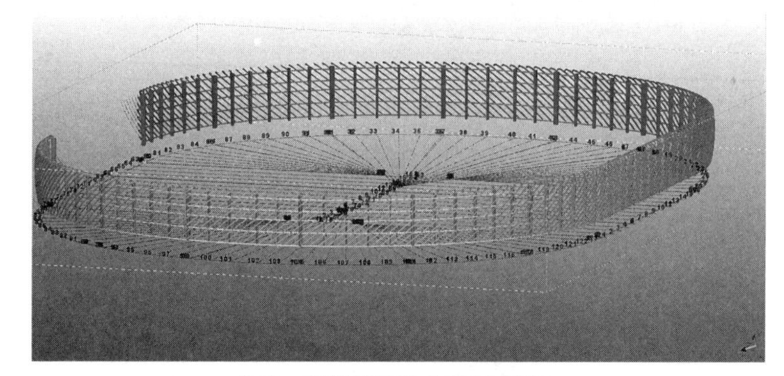

图8　曲线型轻钢外立面BIM模型
Fig.8　BIM model of curved light steel facade

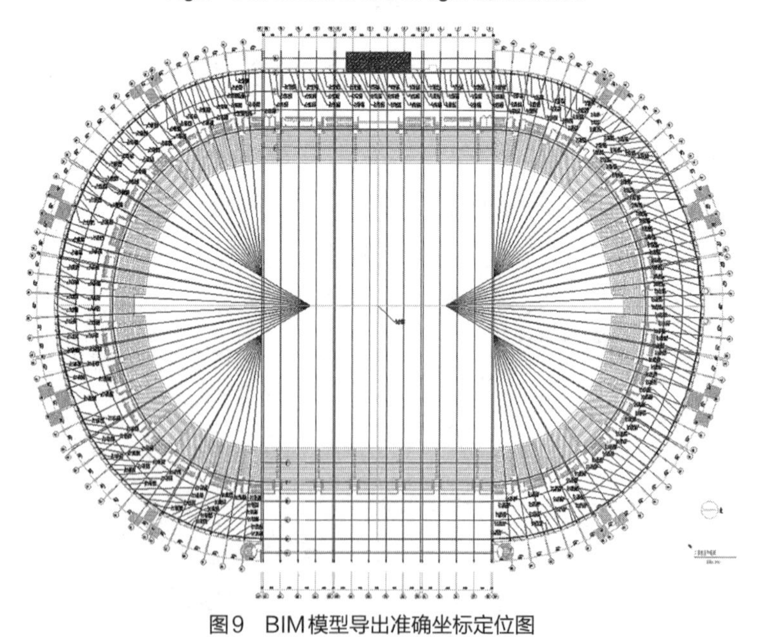

图9　BIM模型导出准确坐标定位图
Fig.9　BIM model export accurate coordinate positioning map

用长度交汇法进行复测，满足工程测量规范的要求精度。安装轴线标志（包括安装辅助轴线标志）和标高基准点标志应准确、齐全、醒目、牢固，并要经常进行复测，以防变动。

结构支承面、预埋螺栓（锚栓）的允许偏差应符合《钢结构工程施工质量验收标准》GB 50205—2020及表1的规定。

支承面、预埋螺栓（锚栓）的允许偏差 表1

Allowable deviation of bearing surface and embedded bolt (anchor bolt) Tab.1

项目		允许偏差（mm）
支承面	标高	0 −0.3
	水平度	L/1000
预埋螺栓（锚栓）	螺栓中心偏移	5.0
	螺栓露出长度	±30.0 0
	螺纹长度	±30.0 0
预留孔中心偏移		10.0

安装过程中，应对钢支座的轴线、标高、檐口线位置进行跟踪控制，发现误差积累，应及时纠偏。纠偏方法可用千斤顶、捯链、钢丝绳、经纬仪、水准仪、钢尺等工具配合进行（图10）。

图10 斜骨架定位焊接图片

Fig.10 Image of positioning welding of oblique skeleton

（3）预埋件安装

选用普通麻花钻头在结构支撑面钻孔，打孔前先用钢筋探测仪进行初步探测，大致确定钢筋位置后再进行打孔。打孔过程中如果遇到钢筋需要避让可以适当移动孔的位置，但要保证预埋钢板螺栓孔的间距及到预埋件边沿距离。

根据现场实际成孔位置进行预埋钢板翻样，再根据实际翻样的尺寸放样到预埋钢板定位开孔。每块预埋件做好序号标记，预埋钢板和机械锚栓同时固定。按照图纸在加工厂进行下料、打孔，现场拼装钢支架牛腿。

根据图纸在预埋钢板上二次放线，定位支架与预埋件之间连接板的位置，保证每块轻钢构件的连接板上下一条线，横向相邻连接板间距符合图纸要求。

（4）钢支架吊装

钢梁在加工场地进行最后核对，以保证现场实测实量尺寸二次复核，确保吊装到位后将误差降到最低，修改后由自卸车或者平板运输车运至吊装作业面。

曲臂车载人到安装位置，电动扳手固定高强螺栓，最后用力矩扳手复测。围栏侧面做踢脚板，防止小的工具跌落。安装工具后部应布置安全绳，防止不慎跌落。

吊至预埋板位置安装高强螺栓，水平尺放到支架梁上控制钢支架的水平，之后用电动扳手固定，扭矩扳手终拧复测（图11）。

图11 钢支架、钢环梁安装
Fig.11 Installation of steel support and steel ring beam

（5）轻钢构件安装

轻钢构件分段制作、分段吊装、高空焊接。厂内分不同规格分段制作，吊装前将各段分别运至吊装作业区域再进行整体拼装。到达作业点后安全带与已焊接环梁固定，确保安装作业人员安全。

钢骨架吊点位置选择：考虑到整体吊装比较长，单吊车吊装吊点比较少，造成构件变形风险比较大，计划采用两台吊车、六个吊点吊装，其中四个吊点选用吊装带固定吊装，在第二第五吊点处增加3t捯链吊点，调节构件的侧面弯度。

吊车将构件送至就位点后，曲臂作业车将安装工人依次送到固定钢环梁处。将构件临时调整后，再进行角度、标高、距离轴线最大位置等相关数据复核，直到调整到图纸要求的范围内（图12）。

图12 曲线型轻钢外立面骨架安装效果
Fig.12 Curved light steel facade frame installation effect

3.2 技术水平

3.2.1 技术创新点

（1）对既有建筑外立面[4、5]进行实测实量，运用BIM技术构建整体外立面坐标系，导出各构件节点坐标，结合外控法测量方法，对曲线型轻钢外立面的预埋件、环梁、曲线型轻钢外立面构件实现精确定位，准确表达设计意图。

（2）依据BIM翻样构件图，运用数字化加工技术，对曲线型轻钢外立面构件进行精准下料，实现深化设计与工厂化加工的深度融合，确保了所有构件的高效生产。

（3）根据放样弧度加工辅助支架，在辅助支架上进行各段曲线型轻钢构件的拼接，实现二次校准。采取固定措施并对称焊接加工，确保骨架整体焊接前临时固定位置及尺寸准确，有效地解决了焊接翘曲问题。

3.2.2 技术创造性、先进性

以上技术创新点是在以往改造工程中未曾全面、系统采用的，能够取得明显的效果。本方法从实测实量既有建筑并采用BIM建模深化设计导出精确测量定位放线图指导施工，采用BIM模型翻样出构件精确尺寸图进行工厂化精确加工，现场采用辅助支架对构件二次拼接进行校核等各环节进行了控制，方法简单有效，易于掌握，适宜在同类工程中广泛推广使用。降低了构件现场二次拼接加工的质量风险，保证了既有建筑物外立面改造效果[6]。符合节能环保、降本增效的原则，因此，可以认定是一项简单实用的先进新型技术。

3.2.3 作用与意义

既有建筑物曲线型轻钢外立面施工技术，是我公司应对新时代出现的新建筑理念及外立面形式，而进行探索、对比和总结出的新技术。就最终效果而言，既有建筑物曲线型轻钢外立面施工技术具有简单、实用、快速等特点，最重要的是，解决了既有建筑物表面测量定位、轻钢构件二次加工及安装等难题。

3.2.4 推广应用范围及前景

既有建筑物曲线型轻钢外立面施工技术为提高外立面曲线型轻钢装饰装修观感质量及降低施工成本探索出一条新的途径，缩短了轻钢构件加工、安装的作业时间和劳动力，提高了曲线型轻钢外立面构件现场二次加工的合格率，有利于施工企业技术水平和竞争实力的增强，是一项值得推广的绿色施工技术。

3.3 经济效益和社会效益

3.3.1 经济效益

本应用技术全面、系统地指出了既有建筑曲线型轻钢外立面的施工方法，加快了曲线型轻钢外立面构件的加工和安装速度，减少了现场拼接质量风险，并降低了施工成本，提高了经济效益。经济效益主要体现在：BIM精确定位后提高了测量放线效率，工厂化准确加工提高了构件加工效率，现场采用辅助支架对构件二次拼接进行校准，节约了返工作业时间和劳动力，本分项施工综合费用能够节约15%以上。

3.3.2 社会效益

本应用技术有效地指导了既有建筑曲线型轻钢外立面构件的加工及安装，为我公司在既有建筑物外立面改造施工工艺研究上提供了新的方向。该技术在施工中简单易行，提高了工程的施工质量，增加了工程施工的科技含量，为业主提供了满意放心的建筑产品，提高了企业的社会信誉，树立了良好的企业形象。

4 结语

我公司以第十四届全运会场馆建设及改造为契机，大胆创新，开拓进取，不但形成了一系列科研成果，同时也培养了一批技术过硬的施工管理人员，带动了整个项目管理团队整体素质的提高，推动了项目在文明施工、绿色施工、质量进步等各方面的发展，省体育场改造项目外墙造型的质量控制主要在于控制斜方通的安装观感质量，斜方通质量提高效果展示对体育场的影响力较为重要，加工符合铝板安装的骨架有利于外观质量提升。通过一步一步的探索，终于完成了建设任务，得到社会各界的高度赞扬，建设单位非常满意。

参考文献

[1] 徐亮. BIM技术在钢结构工程中的应用研究[J]. 城市建设理论研究，2016(9)：4067.

[2] 吴先成. 轻钢龙骨外墙与钢框架新型连接的开发及性能研究[D]. 沈阳：沈阳建筑大学，2014.

[3] 张莉亚. 轻钢龙骨混凝土组合外挂墙板优化设计及力学性能研究[D]. 南京：东南大学，2018.

[4] 陆夏，沈培，陈钢，等. 超高层多曲率变化弧线外立面爬架施工技术[J]. 粉煤灰，2018，2(5)：26-29.

[5] 王路明，刘继周，胡世凯，等. 空间异形外立面钢结构施工技术[J]. 建筑技术开发，2017，44(24)：82-83.

[6] 周荣，刘中奇，胡佑平，等. 建筑外立面悬挑结构改造施工技术[J]. 新材料·新装饰，2020，2(18)：122-123.

铜川市体育馆项目建设科技创新技术

王永冬　李宗逸
（陕西建工集团有限公司，西安　710003）

【摘　要】 铜川市体育馆是展示体育文化，展示铜川时代精神的重要媒介。体育馆采用高效的椭圆形平面，通过简洁的形体、强烈的线条与周围的环境形成强烈对比来体现体育建筑的张力，通过对当地传统建筑元素的提炼和演化，塑造富有铜川特色的建筑形象。

【关键词】 体育馆；大跨度曲面网架；折线造型幕墙

Technological Innovation Technology of Tongchuan Gymnasium Project Construction

Yongdong Wang　Zongyi Li
（Shaanxi Construction Engineering Group Co. Ltd.，Xi'an 710003，China）

【Abstract】 Tongchuan Gymnasium is an important medium to show sports culture and the spirit of Tongchuan times. The gymnasium adopts an efficient oval plane，which reflects the tension of sports buildings through its concise shape and strong lines contrasting with the surrounding environment. By refining and evolving the local traditional architectural elements，it shapes the architectural image with Tongchuan characteristics.

【Keywords】 Gymnasium；Large-span Curved Grid；Broken Line Modeling Curtain Wall

1 引言

铜川市体育馆项目是铜川市提升城市功能，改善全民健身条件，活跃广大群众体育文化生活建设的市级重点项目。

2 工程概况

项目位于铜川新区国家级关中高新技术产业开发带文化体育基地内，建筑造型宛如一颗钻石般晶莹剔透，象征公平竞争的奥林匹克精神（图1）。作为体现铜川新区全民健身理念的标志性体育建筑，是铜川市唯一可以承办国家级单项赛事的中型体育馆，也是2021年第十四届全运会篮球比赛场馆。全运会比赛后成为铜川市民健身的好去处，让当地群众共享体育发展成果。

图1　铜川市体育馆
Fig.1　Tongchuan Gymnasium

工程总建筑面积22777.69m²，长152m、宽112m、高24m，主体结构形式为框架结构，地上1层，局部4层，设置5318个席位。建筑结构安全等级一级，抗震设防烈度7度，耐火等级二级，建筑设计使用年限为50年。工程总造价1.95亿元。

地基处理采用1∶6水泥土挤密桩，现浇混凝土条形基础；主体结构采用HPB300、HRB400钢筋，混凝土强度等级为C30；室内填充墙采用加气混凝土砌块，外墙保温采用90mm厚岩棉保温层，屋面保温采用70mm厚XPS保温板；上人屋面为交叉压膜自粘卷材防水，防水设计等级二级。

外墙面装饰为玻璃幕墙和石材铝板干挂幕墙；外门窗采用断桥铝合金框，中空双层玻璃。室内比赛场馆和训练场馆采用固定运动木地板，墙面采用穿孔铝板吸声墙面；观众看台地面采用彩色聚氨酯；内墙面采用干挂石材、乳胶漆装饰；顶棚采用铝方通、石膏板吊顶。

安装工程包括建筑给水排水及采暖、建筑电气、通风与空调、智能建筑及电梯工程。设有暖通水泵房、生活水泵房、空调机房、排烟机房、高低压配电室、网络监控室等。

3 工程难点、亮点

3.1 工程难点

3.1.1 网架高空施工难度大

屋盖结构为正放四角锥圆弧形空间网格结构，网架跨度尺寸为111.75m×102.8m，最大结构标高25.3m，属于多次超静定空间结构体系，螺栓球节点空中拼装精度要求高，整体提升施工难度大。

通过深化设计、安全计算、模拟施工并组织专家对方案进行论证，采用可调节拼装胎架及“累积提升+高空散装”技术，确保了整体稳定性（图2～图8）。

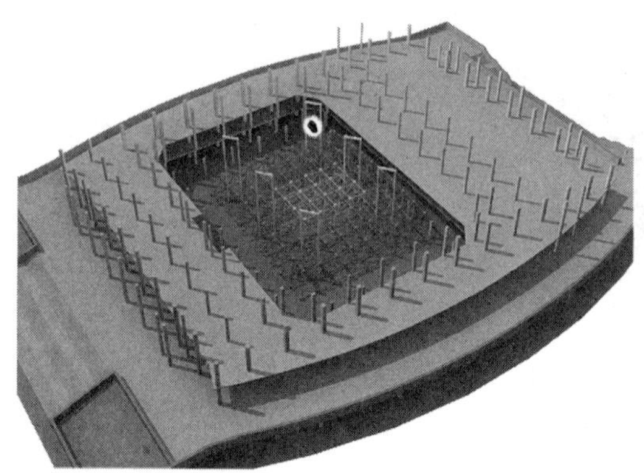

图2 地面拼装及安装提升架
Fig.2 Ground assembly and installation lifting frame

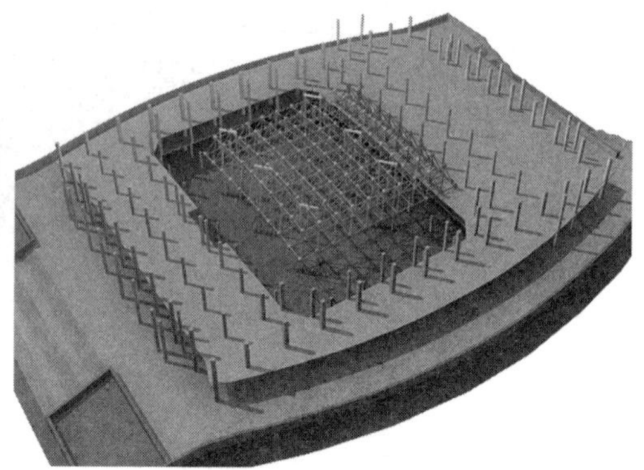

图3 首次提升及二层看台拼装
Fig.3 First lifting and second floor grandstand assembly

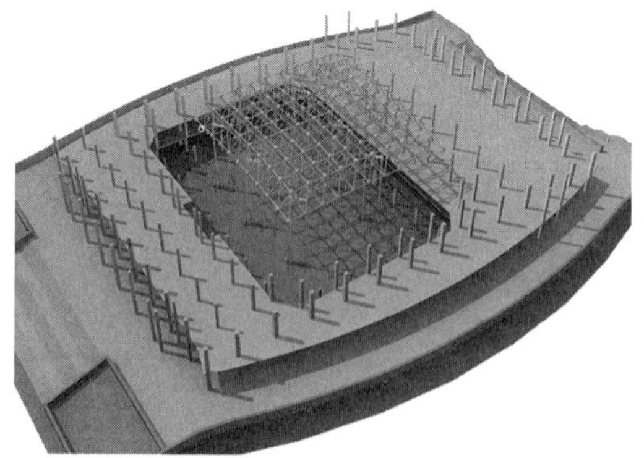

图4 二次提升
Fig.4 Secondary promotion

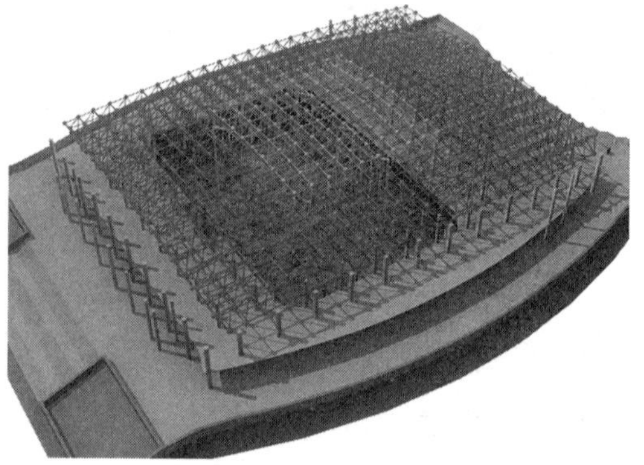

图5 后续拼装及提升至支座处
Fig.5 Subsequent assembly and lifting to the support

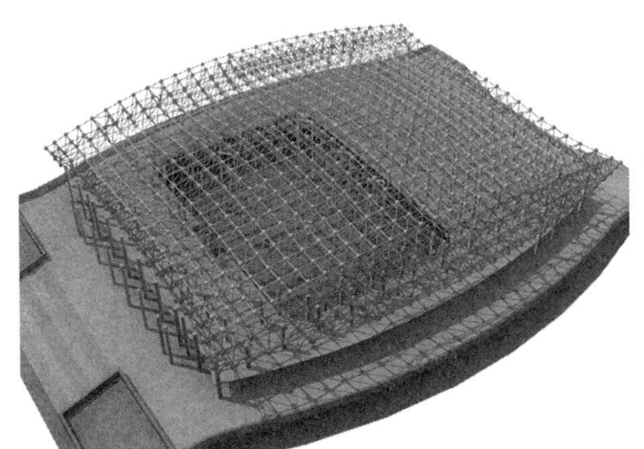

图6 完成悬挑端高空散装
Fig.6 Complete high-altitude bulk at cantilever end

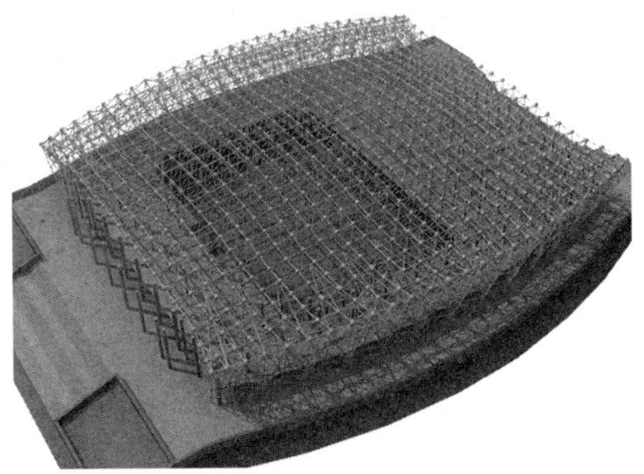

图7 完成安装
Fig.7 Complete installation

图8 网架实物照片
Fig.8 Physical photos of grid

3.1.2 建筑“钻石”造型复杂多变

本工程南北面屋顶“钻石”装饰桁架与幕墙整体连接，装饰桁架向外延伸最大处8.9m，其龙骨加工难度大，安装精度高，外立面幕墙折线波浪造型层叠突出，空间定位及施工难度大。

利用犀牛（Rhino）软件深化设计，通过模型指导钢构件加工尺寸，实现地面加工、分片吊装的目标。建立“建筑柱网坐标”和“幕墙平面分格坐标”两套测量体系，采用犀牛模型与现场空间定位相结合，保证了构件空间位置关系的准确性，达到设计要求（图9）。

3.1.3 机电工程安装设备多，管线复杂

体育馆机电安装工程系统复杂，比赛专用设备多，智能化程度高，大空间及异形结构部位多变。机电安装综合布设技术复杂、要求高，安装难度大。

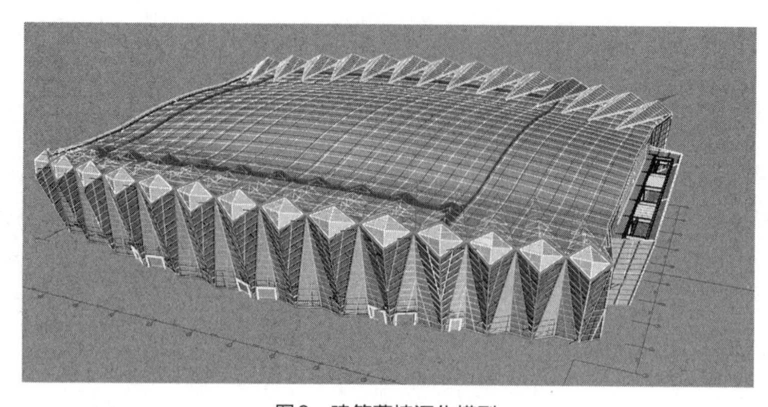

图9 建筑幕墙深化模型
Fig.9 Deepening model of building curtain wall

通过采用全过程BIM技术进行管线综合排布，预先定位，消除碰撞，使各专业设备布局合理，管线层次分明，最大程度提高和满足建筑使用空间（图10、图11）。

图10 水泵房BIM模型
Fig.10 BIM model of pump house

图11 水泵房实物图
Fig.11 Physical drawing of pump house

3.2 工程亮点

（1）高效的椭圆形屋面造型彰显现代体育建筑的魅力；圆弧形倾斜折线铝板－玻璃幕墙，最大倾角32°，内夹角多变，折角对缝精准（图12、图13）。

（2）40根直径0.7～0.8m、高8m的通高圆柱，铝板分块合理、拼接平顺、圆滑流畅、胶缝饱满（图14、图15）。

（3）运动木地板采用国际篮联（FIBA）认证品牌，面板为进口北美松木，龙骨采用双层复合型龙骨，使用了专利技术“V”形橡胶软垫（图16、图17）。

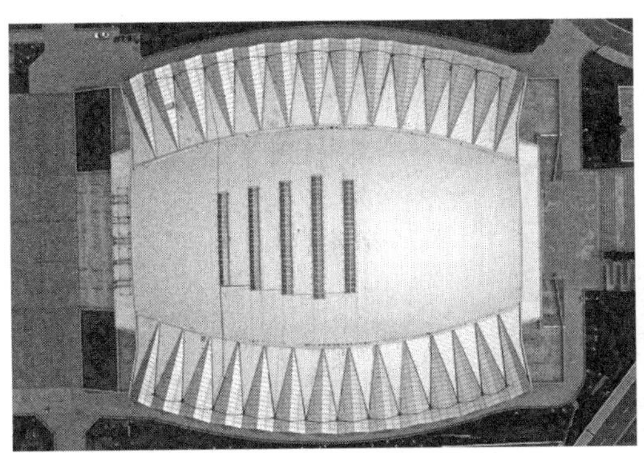

图12　椭圆形屋面设计彰显现代建筑活力
Fig.12　Oval roof design shows the vitality of modern architecture

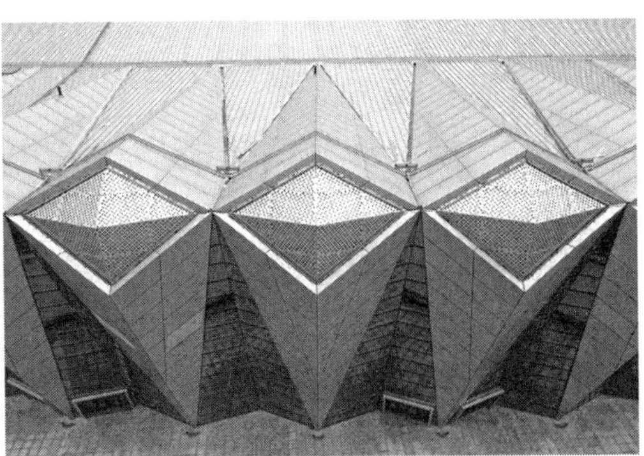

图13　幕墙钻石角切割精准
Fig.13　Accurate diamond corner cutting of curtain wall

图14　通高圆柱观感圆滑流畅
Fig.14　The high cylinder looks smooth

图15　铝板拼接平顺、胶缝饱满
Fig.15　The aluminum plate splicing is smooth and the glue joint is full

图16　木地板
Fig.16　Floorboard

图17　木质透气式踢脚线
Fig.17　Wooden breathable skirting

4 技术创新

本工程建设过程中，通过技术创新先后总结形成了1项省级建设工程科学技术进步二等奖，达到国内先进水平，3项省级工法，取得2项省级优秀质量管理小组奖，被授权3项实用新型专利（表1、图18）。

技术创新成果 表1
Technological innovations Tab.1

序号	获奖名称	成果名称
1	陕西省建设工程科学技术进步二等奖	建筑电气箱盒管线新型施工技术的系统研发
2	国家实用新型专利	一种简易拆装式直条钢筋堆放支架
3	国家实用新型专利	新型圈梁模板
4	国家实用新型专利	构造柱上口混凝土浇筑及封堵模具
5	陕西省工法	新型圈梁模板体系施工工法
6	陕西省工法	后浇带预封闭构造做法施工工法
7	陕西省工法	建筑组合升降式多功能电气支架系统施工工法
8	陕西省工程建设优秀质量管理小组Ⅱ类成果	复杂空间网架结构施工进度方案
9	陕西省工程建设优秀质量管理小组Ⅱ类成果	BIM技术在卫生间排砖深化设计的运用

实用新型专利证书

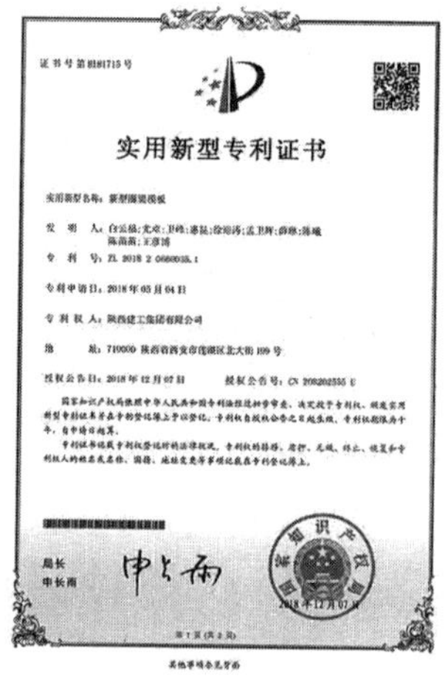
实用新型专利证书

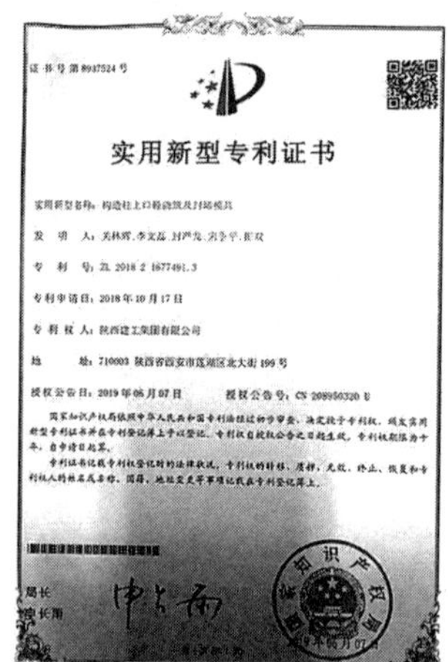
实用新型专利证书

图18 技术创新成果1
Fig.18 Technological innovations 1

图18 技术创新成果2
Fig.18 Technological innovations 2

5 结语

借助本工程新技术应用的技术难点攻克机会，培养了一批可以独立思考、团结协作的科技研发人才。与此同时，也发现了有待创新和提高的不足之处：深化设计专业性方面有待提高、BIM应用成果指导实际施工的应用领域有待拓展、施工总承包管理模式的高效性有待优化。通过总结和反思，我们将继续学习、不断创新、及时总结、认真反思，在各个方面继续研究，以新技术应用为动力推进更加科学、节能、环保的施工管理水平。

参考文献

[1] 侯凯，张铁宏，陶涛.混凝土养护是混凝土质量控制的关键[J].科技信息，2011(10)：29.

[2] 东波.探讨建筑工程中网架结构施工工艺.科学技术创新，2013.

[3] 王健，郑中平.螺栓球钢网架结构施工质量控制的探讨.工程质量，2003(5)：11-12.

[4] 杜道倾，冯加州.建筑工程中网架结构施工工艺探讨.居业，2019(3)：125.

[5] 张建平，李丁，林佳瑞，等.BIM在工程施工中的应用[J].施工技术，2012(16)：10-17.

[6] 李恒，郭红领，黄霆，等.BIM在建设项目中应用模式研究[J].工程管理学报，2010(5)：525-529.

延安新区全民健身运动中心科技创新技术

王永冬　杨一群
（陕西建工集团有限公司，西安　710003）

【摘　要】 延安新区全民健身运动中心项目是延安市目前最大的体育场馆项目，担任着承办第十四届全运会“国际式摔跤”比赛的光荣任务，是延安市文旅产业体育板块的重要组成部分，是延安人民休闲、娱乐、健身的重要地点，更是为了响应全民健身、运动的号召。在场馆建设过程中遭遇高大跨度拱形架体搭设以及钢结构大跨度吊装等难点，为解决工程难点，项目部组建专业团队，采用了软件排版等方法。

【关键词】 清水混凝土；钢结构；模板支撑；建筑信息模型

Yan’an New Area National Fitness Sports Center Technology Innovation Technology

Yongdong Wang　Yiqun Yang
(Shaanxi Construction Engineering Group Co. Ltd., Xi’an 710003, China)

【Abstract】 The National Fitness Sports Center project in Yan’an New District is the largest stadium project in Yan’an City. It is the glorious task of hosting the “International Wrestling” competition of the 14th National Games. It is an important part of the sports sector of Yan’an City’s cultural tourism industry. It is an important place for people’s leisure, entertainment and fitness, but also to respond to the call of national fitness and sports. During the construction of the venue, it encountered difficulties such as the erection of tall and long-span arched frames and the large-span hoisting of steel structures. In order to solve the engineering difficulties, the project department set up a professional team and adopted methods such as software typesetting.

【Keywords】 Fair-faced Concrete; The Steel Structure; Template Support; Building Information Model

1 引言

近年来，为保证第十四届全运会的顺利举办，陕西省各个城市开始进行体育比赛场馆的建设。在建设过程中为保证场馆的外观以及经济效益，各类新型施工技术涌现，尤其是为保证混凝土施工质量及外形观感，清水混凝土技术及高大跨度模板支撑等技术应用越来越频繁，这些创新技术的应用保证了场馆的观感质量及经济效益。

2 工程概况

延安新区全民健身运动中心项目位于延安新区中轴线上序列的南终点，是延安新区文旅产业园体育板块的重要组成部分。作为陕西省重点项目，全民健身运动中心承担着举办第十四届全运会“国际式摔跤”比赛的光荣任务。其中，综合馆建筑总面积约70554m^2，地下1层，地上4层，地下建筑面积6850m^2，地上建筑面积63704m^2，总坐席数7514个，建筑高度40.4m（体育馆南侧室外至建筑中间拱顶屋面距离）。

本工程基础形式为桩基础+防水板，主体结构为框架结构+钢屋面，设计使用年限50年，建筑结构的安全等级为一级，地下室防水等级为一级，建筑物耐火等级为一级，抗震设防烈度为6度。

馆内包括一座甲级体育馆、乙级游泳馆，其中，东侧为体育馆比赛区，中部为体育馆热身区，西侧为游泳馆。整体造型沿城市中轴线对称布局，屋面为直立锁边铝镁锰屋面，中间开放的大平台屋顶设置梭形采光洞，光可以直接照射到中间观众大平台上，形成艺术美感。立面的退台及拱形结构设计灵感取自延安本土建筑窑洞的造型，立面由土黄色装饰混凝土挂板和玻璃幕墙组成。整体渐变竖向线条造型简洁大气、充满韵律，同时，营造出自然采光环境下的体育健身环境。

3 工程难点及特点

3.1 工程难点

（1）本工程清水混凝土工程量大，观感质量要求高，模板支设、蝉缝留设、混凝土配比及成品保护难度大，现场制作1:1的样板，并经设计单位确认后进行大面积施工，目前已施工的清水混凝土构件观感效果良好（图1、图2）。

图1　制作1∶1清水混凝土样板
Fig.1　Making 1∶1 fair-faced concrete sample

图2　清水混凝土实体成型效果
Fig.2　Solid forming effect of fair-faced concrete

（2）钢结构吊装：

1）管桁架跨度256m，最高点标高56.6m，采用传统的原位安装，技术措施及安全措施量大且安全风险极高（图3）。

图3　综合馆钢结构大跨度吊装
Fig.3　Long-span lifting of steel structure of the comprehensive pavilion

2）箱形构件（窄翼缘）拼装量较大，拼装速度、精度直接影响安装速度及精度，对于拼装要求较高。

3）本项目管桁架弦杆采用1500mm×50mm和1200mm×40mm圆钢管，圆管对接焊缝全部为全方位焊接，对于低温期间厚壁全方位焊接质量控制难度高。

（3）非常规高支模架：

综合体育馆二层结构有两个清水混凝土大拱，大拱宽64.2m，高31.43m，双拱间距9m且有横梁连接，属于非常规高支模体系。项目部在正式施工前利用有限元软件对架体进行受力分析，同时，编制专项施工方案并进行专家论证，架体采用承插型盘扣架进行搭设，对架体采用CAD进行排版施工（图4、图5）。

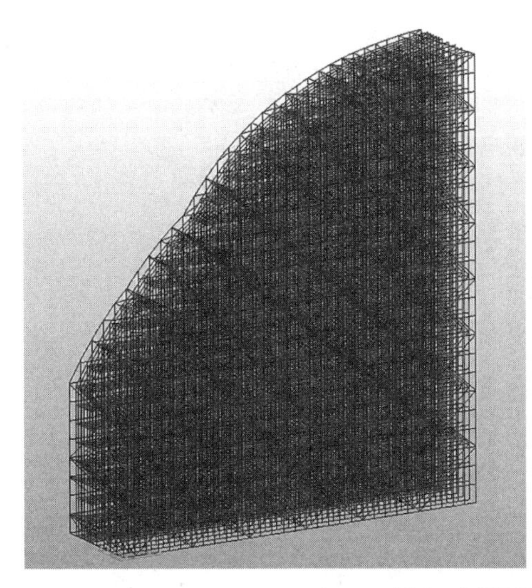
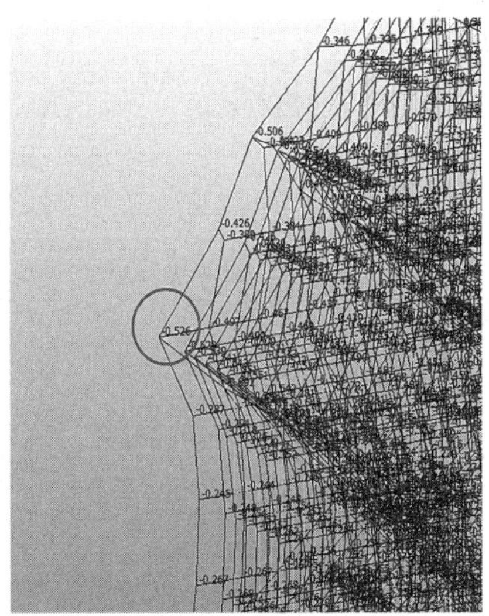

图4　有限元受力分析

Fig.4　Finite element force analysis

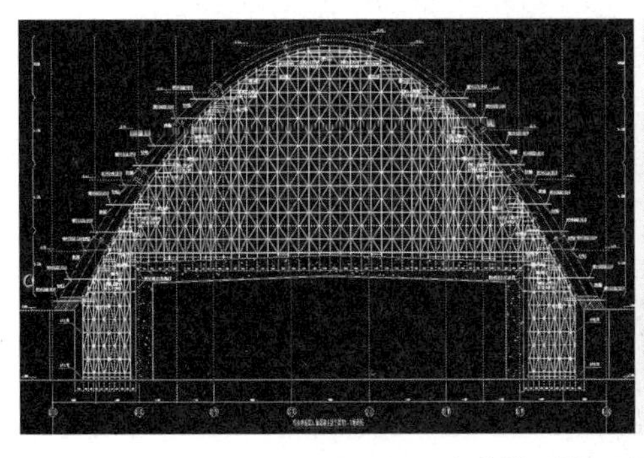

图5　架体搭设排版图及实体搭设效果

Fig.5　Layout drawing and effect of frame erection

3.2 工程亮点

3.2.1 主体结构

主体结构类型为框架结构，模板采用多层镜面板模板施工工艺，严格执行模板施工方案。多种钢筋定位措施以及混凝土二次振捣抹面等工艺满足质量要求，成型混凝土尺寸准确、内实外光、表面平整，观感质量达到清水混凝土效果，结构质量安全可靠（图6、图7）。

图6　看台混凝土成型效果
Fig.6　Forming effect of concrete in grandstand

图7　梁柱节点及结构混凝土成型效果
Fig.7　Beam-column joints and forming effect of structural concrete

3.2.2 钢筋混凝土工程

大型体育场馆在建设过程中，混凝土的应用较为广泛，也承担着主体结构的承载作用，在延安新区全民健身运动中心——综合馆建设过程中，在混凝土应用方面有大体积混凝土、预应力空心板、超高清水混凝土拱等。

（1）大体积混凝土：

大体积混凝土制作应用于体育场钢屋架的连接支撑，在大体积混凝土施工时，夏季的高温环境带来了施工成本的增加、施工质量风险的增加。为了有效控制大体积混凝土降温以及有害裂缝的产生，项目在施工过程中采用蓄热法进行降温，并使用测温仪24h进行大体积混凝土温度监控（图8）。

图8　大体积混凝土柱墩
Fig.8　Mass concrete column pier

（2）预应力空心板：

为了降低综合馆结构层的整体重量，减少建筑单体对地基基础的静荷载，同时缩短施工工期，部分结构层采用预应力空心板施工方法（图9）。

图9　预应力空心板钢筋绑扎
Fig.9　Binding of prestressed hollow slab

（3）超高清水混凝土拱：

综合馆作为延安市新区南北中轴线上的重点项目，必须突出建筑外形形象，后期将会是新区的标志性建筑。超高清水混凝土拱的施工可以有效提升建筑物的整体形象，在超高清水混凝土拱施工过程中，混凝土浇筑是施工的一大难点，项目采用地泵的方式进行混凝土浇筑（图10）。

图10 超高清水混凝土拱
Fig.10 Ultra high definition underwater concrete arch

3.2.3 钢结构工程

由于体育场馆大跨度钢结构体量较大，结构体系种类少，大型异形铸钢件造型复杂，均需采用空间尺寸验证数据准确性，验收难度较大。因此，在钢结构施工过程中通过CAD放样建立简易模型，通过与设计放样的各关键点间距对比分析，确定进场构件是否满足设计规范要求，大跨度重型钢结构起重设备根据场地条件、构件长度、重量等综合分析后选出最合适的吊装设备（图11）。

图11 大跨度钢结构吊装施工
Fig.11 Hoisting construction of long-span steel structure

3.2.4 金属屋面工程

（1）采用多种不同的构造形式，满足不同功能分区和防水、保温要求。

（2）铝镁锰合金屋面板长度在80m以上，屋面长度方向为一张整板，相比屋面短板搭接，减少了漏水隐患。

（3）铝镁锰合金屋面板相比镀锌铝锌板，自重轻，延展性、可塑性好，具有更好的防腐性能，能实现弧形及曲面多种造型。

（4）铝镁锰屋面板通过与固定支座进行可靠连接，屋面看不到固定钉，相比压型板整体性能好，防水性能提升，整体外观质量完整。

（5）通过屋面板相互咬合固定，相比传统板型，抗风性能更好，尤其适用于暴风雨较多的地区。

屋面采用铝镁锰合金板材作为屋面板，屋面整体防水效果好，造型复杂，构造层次多，保温隔声效果好。近3万m^2金属屋面，整体造型顺滑，过渡圆润，排水顺畅，防尘耐污（图12～图14）。

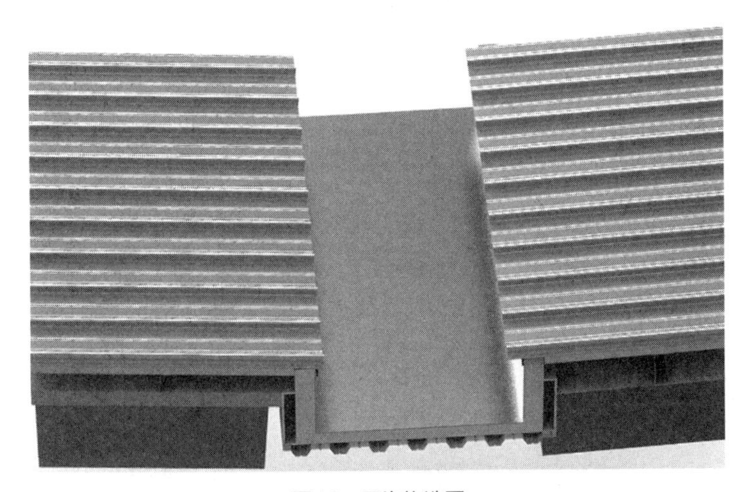

图12 天沟构造图
Fig.12 Gutter structure

图13 屋面檩托安装
Fig.13 Installation of roof purlin bracket

图14 屋面檐口平直顺滑
Fig.14 Roof eaves flat and smooth

3.2.5 建筑给水排水及供暖

给水系统由市政管网及生活水泵房进行供给（图15），设备、管线整体布局合理、安装规范，管道、阀门等接口严密、无渗漏，承压管道水压试验合格，非承压管道排水通畅，灌水、通球试验合格。消火栓试射达到设计要求。

图15 生活水泵房
Fig.15 Domestic water pump room

3.2.6 通风与空调

空调系统冷源集中设置，采用水冷式冷水机组，主导热源采用市政热力，热源侧设置五套换热系统，均采用板式换热机组，设备运行平稳（图16）。设备、管道采用橡塑保温，无冷桥和结露现象，保温材料导热系数、防火性能均满足设计要求。空调水管道焊缝平滑，水压试验合格；镀锌风管连接严密，严密性试验合格。

3.2.7 无人机进度巡视

利用无人机航拍施工进展情况，收集项目周进度照片库，并与计划进度进行分区对比，减少生产进度会议1/4时间，同时预测进度走向，辅助工程进度管理（图17）。

图16 冷却机房及热力机房
Fig.16 Cooling room and heating room

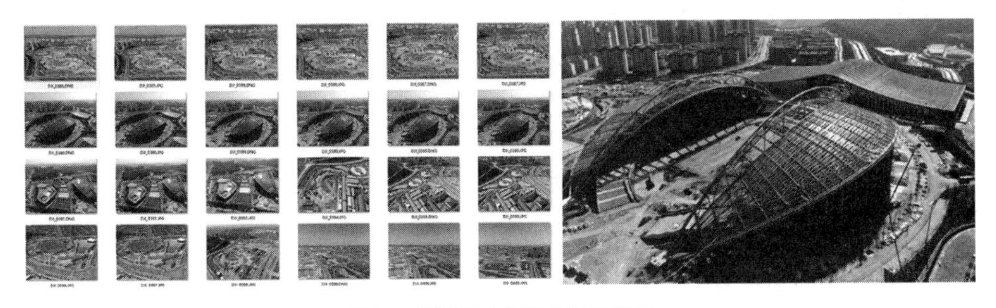

图17 采用无人机进行进度巡视
Fig.17 UAVs are used for progress inspection

3.2.8 管综碰撞检测

把建筑、结构等影响到机电专业的模型，整合到一个模型当中，利用软件检测碰撞功能，分别检测机电各专业间碰撞、机电与建筑和结构碰撞等，输出碰撞检查报告，把问题提前优化，把影响较大的问题反馈给相关专业协调修改（图18）。

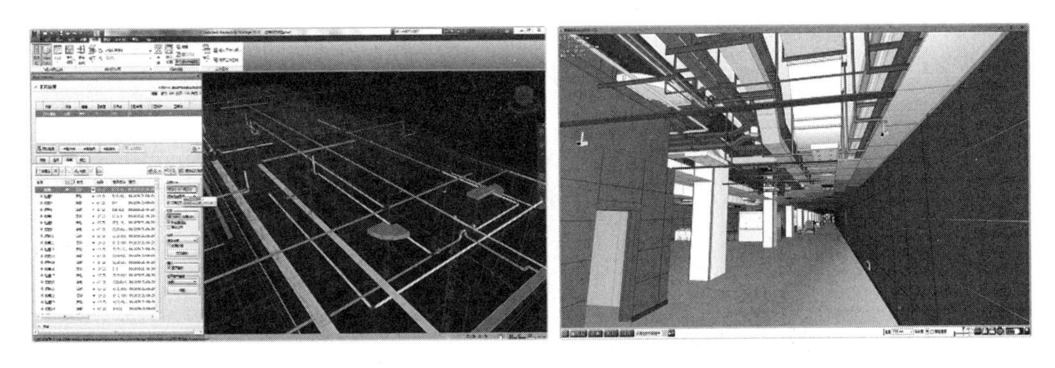

图18 管综碰撞检测及调整
Fig.18 Collision detection and adjustment of pipe heddle

4 科技创新技术及关键技术

4.1 新技术应用

为保证场馆建筑工程施工过程中的施工质量及进行成本控制，同时为了提高建筑工程的绿色施工效率，本工程在建设过程中采用了大量新技术，详见表1。

新技术应用 表1

New technology applications Tab.1

序号	10项新技术	子项	应用部位
1	钢筋与混凝土技术	高耐久性混凝土技术	预应力结构
		混凝土裂缝控制技术	主体结构
		高强钢筋应用技术	主体结构
		高强钢筋直螺纹连接技术	主体结构
		预应力技术	预应力结构
2	模板脚手架技术	清水混凝土模板技术	主体结构
		销键型脚手架及支撑架	主体结构
3	钢结构技术	钢结构深化设计与物联网应用技术	钢结构
		钢结构智能测量技术	钢结构
		钢结构虚拟拼装技术	钢结构
		钢结构高效焊接技术	钢结构
		钢结构滑移、顶（提）升施工技术	钢结构
		钢结构防腐防火技术	钢结构
		钢与混凝土组合结构应用技术	钢结构
4	机电安装工程	基于BIM的管线综合技术	管线安装
		导线连接器应用技术	电气工程
		可弯曲金属导管安装技术	主体配管
		机电管线及设备工厂化定制技术	主体配管
		薄壁金属管道新型连接安装施工技术	主体配管
		金属风管预制安装施工技术	主体配管
		机电消声减振综合施工技术	设备基础
		建筑机电系统全过程调试技术	设备安装
5	绿色施工	建筑垃圾减量化与资源化利用技术	生产区及生活区
		施工现场太阳能、空气能利用技术	太阳能热水器及路灯
		施工扬尘控制技术	土方作业

续表

序号	10项新技术	子项	应用部位
5	绿色施工	施工噪声控制技术	钢筋降噪棚、木工降噪棚、安装加工棚
		工具式定型化临时设施技术	生活区及生产区
		建筑物墙体免抹灰技术	主体结构
6	防水技术与围护结构节能	高性能门窗技术	装饰装修
		高性能外墙保温技术	装饰装修
7	信息化技术	基于BIM的现场施工管理信息技术	临建、主体结构、屋面网架
		基于大数据的项目成本分析与控制信息技术	广联达项目管理信息化平台
		基于物联网的项目多方协同管理技术	云建造施工安全、质量管理系统

4.2 新材料、新工艺

（1）本工程采用带加强层与漏浆孔的发泡材料填充箱（ZL201010554837.2），应用于体育馆二层空心预应力板施工，应用数量405m^2，获得了甲方和监理的好评，降低混凝土的使用量643m^3，且满足板承载力，施工更加方便。

（2）综合体育馆二层结构13–20轴/B–C轴（L–M轴）处有两个清水混凝土大拱，大拱宽64.2m，高31.43m，双拱间距9m且中间有横梁连接，属于非常规高支模体系，项目部通过与公司相关部门积极沟通探讨，考虑到架体的稳固性和安全性，决定采用新型架体——安德固架体搭设。安德固模块脚手架支撑系统的架体杆件承载力高于一般普通钢管。对同一高大支模体系中，采用两种不同的搭设方案进行技术、经济分析，得出安德固模块脚手架与普通钢管脚手架相比，具有使用材料少、质量轻、安全性高、搭设和拆除工效高、综合效益高的特点。

（3）幕墙南北面混凝土结构跨度太大（18m），幕墙龙骨连接点及龙骨要求高，施工难度极大，幕墙龙骨处施工质量实测实量合格率达到96%。

施工要点：

1）使用SAP2000软件，对结构受力进行验算，优化后的方案的各项力学性能满足设计要求；

2）桁架龙骨顶部采用螺栓连接，降低安装难度；

3）通过BIM建模可视化技术对比节点变化，细分到各柱。

（4）外包覆防火板风管系统工艺较为复杂，需要进行铁皮风管制作和安装，风管吊装后，绕风管一周安装轻钢龙骨，然后在龙骨四周填充安装绝热层，最后将防火板按风管规格裁剪安装在绝热层外部，形成镀锌钢板外包覆防火板风管。防火风管系统所用风阀、防火阀等通风部件的操作机构均需要外置安装，不得包覆在防火板风管内部，操作机构及其固定件均需要加长70mm。

5 结语

场馆建设过程中，项目采用多种创新技术，保证了场馆的工期进度以及成本控制等，例如，清水混凝土技术的应用保证了场馆形成的观感效果，盘扣架的应用保证了施工工期进度以及施工难易程度。同时，创新技术的应用也形成了各种社会效益和经济效益。

参考文献

[1] 张涛. 土建工程混凝土施工技术分析[J]. 科技创新与应用，2018(6)：63-64.
[2] 高殿民. 清水混凝土施工技术在建筑工程中的应用[J]. 工程技术研究，2018(2)：49-50.
[3] 张滨. 建筑工程模板工程施工技术[J]. 居舍，2018(6)：30.
[4] 丁圣发.建筑工程高大支模施工技术分析[J].建材与装饰，2018(5)：46-47.
[5] 陈浩.建筑钢结构施工技术与质量控制的措施分析[J].建材与装饰，2018(3)：57.
[6] 曾祥稳，贺勃涛.现代大跨度钢结构施工技术[J].低碳世界，2018(2)：208-209.
[7] 李彦霖.预应力混凝土结构关键技术及施工管理[D].西安：长安大学，2012.
[8] 吕志涛.现代预应力[M].北京：中国建筑工业出版社，1998.

长安常宁生态体育训练比赛基地项目建设科技创新成果

王田田　穆建勃　虢文刚
（陕西建工集团有限公司，西安　710003）

【摘　要】 为庆祝建党100周年，喜迎第十四届全运会，本工程作为第十四届全运会射击射箭主场馆。场馆的设计、施工、试运营等阶段的难点、重点及关键技术、组织措施的运用都有所突破。本项目大量运用新技术和创新性工艺方法，取得了令人满意的结果。

【关键词】 信息化；建筑信息模型；一种网架下弦螺栓球与管道支吊架的连接结构；网架下弦螺栓球与管道支架连接施工工法；吊篮新型定型化支架安装施工工法；智慧场馆

Chang'an Changning Ecological Sports Training and Competition Base Project Building Scientific and Technological Innovation Achievements

Tiantian Wang　Jianbo Mu　Wengang Guo
（Shaanxi Construction Engineering Group Co. Ltd.，Xi'an 710003，China）

【Abstract】 To celebrate the 100th anniversary of the founding of the Party, welcome the 14th National Games, as the home hall of shooting and archery.Breakthroughs have been made in the difficulties, key points and the application of technology and organizational measures in key technologies in the design, construction and trial operation of the venue.The project makes extensive use of new technology and innovative process methods, and achieves satisfactory results.

【Keywords】 Information; Building Information Model; A Connection Structure of Lower String Bolt Ball and Pipe Hanger; Lower String Bolt Ball Connecting with Pipe Support; Installation Construction Method; Intelligent Venue

1 引言

在本工程中，利用BIM技术进行模型搭建，可以更加方便、准确地进行作业施工。外墙作业使用吊篮技术已经比较成熟，而在复杂的屋面环境中的吊篮安装却是一直无法有效解决的问题，传统做法是在无法正常安装的屋面搭设操作平台，但费时费工。

我公司经过长期探索，总结出“吊篮新型定型化支架安装施工工法”。不但降低吊篮对安装环境的要求，同时提高吊篮在多种环境中的安全性、可靠性。本工法已申报国家实用新型专利。

2 项目概况

本工程位于西安市长安区常宁新城长安路以东滈河北岸，由综合射击馆、枪弹库、通用配套用房、射箭场靶及看台、飞碟靶场及看台、400m田径场及看台等6个单体工程组成，建筑面积约81545m^2（图1）。综合射击馆与训练馆“一字形”布置，与枪弹库相连，形成一个整体；通用配套用房临城市道路布置，公寓、办公、运动员教学用房联系紧密，包含地下停车场及相应设备用房；射箭场地及室外田径场位于场地西侧，其中射箭场地东西150m，南北130m，单项国际比赛必要时可与西侧田径场连通使用。飞碟靶场位于场地北侧，东西向404m，南北向123m。各竞赛功能单元通过绿地、庭院、景观道路及连廊连接，联系便捷，满足赛事功能要求。

长安常宁生态体育训练比赛基地建成后可举办全国性和单项国际比赛；同时作为国家级体育训练基地，可承担国家队及我省专业队的日常训练，进一步提高我省射击射箭运动的竞技水平。整个建筑群的核心建筑是350余米的甲级综合射击馆，馆内

图1 项目效果图
Fig.1 Project effect chart

分为10m、25m、50m靶场，决赛馆和体能训练用房5个部分，从东往西一字排开，建成后拥有10m靶位100个、50m靶位80个、25m靶位16组，靶位规模超过国内现有的所有射击馆；结构形式为钢筋混凝土框架–剪力墙结构，设计使用年限50年，建筑结构安全等级二级。工程总造价为3.72亿元。合同计划开工日期2018年6月30日，竣工日期2020年11月17日。

3 项目难点、亮点

3.1 网架施工

项目共有2个区网架工程为螺栓球节点正放四角锥结构（图2），采用网架结构找坡，支承形式为周边下弦柱点支承，本网架工程投影平面为矩形，综合射击馆A区网架安装总工期40d，最大跨度30.3m。具有施工难度大，参与工种多，工期短等问题。

图2 A区网架
Fig.2 A area grid

应对措施：

（1）编制专项施工方案，网架施工重点难点严格按照专项方案进行施工。

（2）对网架的材料进场进行检验、复验。

（3）对项目管理人员和工人进行安全、技术交底。

（4）对焊接处、防火、防腐作业按照要求进行检查，各特殊作业工种进行岗前培训并要持证上岗。

（5）组织建设单位、监理单位、分包单位对网架进行验收，确保架体按照方案施工。

（6）做好应急预案措施工作，确保施工的安全性。

3.2 场馆结构

综合射击馆B段决赛馆最大跨度25.2m，最大支模高度为20.65m，可以进行10m、25m、50m射击决赛，同时可以容纳500名观众以及媒体转播工作（图3～图6）。二层10m馆东西长130m、跨度28m，面积3640m²，可以满足100人同时进行比赛，是中国靶位规模最多的场馆。规模大、设施完整的场馆伴随的是施工工艺要求高，施工难度大，对设计、施工、管理都有较高的要求。采用型钢混凝土结构，增强了建筑的承载能力，提高了稳定性，加快了施工进度。

图3 决赛馆结构

Fig.3 Final hall structure

图4 决赛射击馆

Fig.4 Final shooting hall

图5 10m射击馆
Fig.5 The 10m shooting hall

图6 50m射击馆
Fig.6 The 50m shooting hall

C段最大跨度30.3m，最大支模高度为18.6m；局部高度为6.9m；搭设跨度10m及以上、施工总荷载10kN/m^{2}及以上、集中线荷载15kN/m及以上为危险性较大的分部分项工程，搭设高度8m及以上、搭设跨度18m及以上、施工总荷载15kN/m^{2}及以上、集中线荷载20kN/m及以上为超过一定规模的危险性较大的分部分项工程。

应对措施：

（1）编制专项施工方案，绘制架体排布图，组织专家论证，并完善签字盖章手续。

（2）对项目管理人员和工人进行安全、技术交底。

（3）组织建设单位、监理单位、分包单位对架体进行验收，确保架体按照方案搭设。

（4）对综合射击馆集中荷载大、搭设高度高的位置，采用搭设方便快捷、安全性更高的盘扣架体，保证施工安全。

（5）利用BIM模型对场馆进行可视化模拟，避免施工管道的干扰，并优化场馆内部排版。

（6）做好应急预案措施工作，确保施工的安全性，场馆配备了7名综合安全员做好安全教育，监督施工作业。

3.3 智慧场馆

长安常宁生态体育训练比赛基地在建设中很好地体现了“智慧全运”的理念，从比赛中央集成管理系统到智能照明系统、能耗监测系统、报警系统、监控系统、门禁系统以及楼宇自动控制系统等20余个智能控制子系统，均按照国际先进的智慧型场馆标准设计。其中，电视转播系统能够满足国内外各种大赛电视转播需求，以及未来8K、16K高清晰度转播要求。适应未来电视转播的高清晰度、高数据流、低转播延迟的要求。比赛中央集成管理系统完全满足国内各级比赛要求，同时具有承办国际赛事的条件。电子靶机和东京奥运会时使用的是同一型号的设备，是国际唯一三级认证的设备。场馆的智能化水平很高。在智能安防方面，更是具有高要求。配有枪支定位系统，若枪支被带离安全范围，报警系统会自动响起。每位运动员的枪柜都采用智能人脸识别开柜系统，安全保障度极高。为配合专业设备和器材，项目组织专业技术人员进行学习和培训，积极与各专业分包进行对接，在保质保量的基础上，做到精益求精，使比赛功能与施工工艺得到完美结合。

场馆将绿色环保理念贯穿于每个环节。冬季取暖采用无干扰地热供热系统，利用丰富的2500m以下地热资源为场馆的供暖提供保障（图7）。避免传统供暖方式的环境污染和资源浪费，达到节能、环保、高效。这在国内目前的场馆建设中是罕见的。

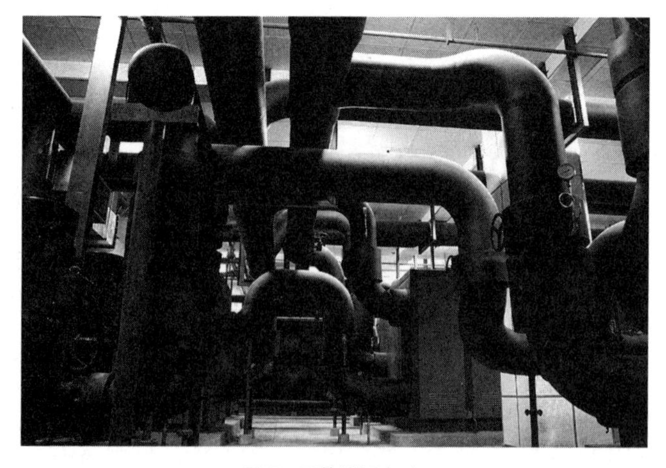

图7 干热岩设备房
Fig.7 Dry hot rock equipment room

4 关键技术

4.1 一种网架下弦螺栓球与管道支吊架的连接结构

4.1.1 技术领域

本实用新型技术属于管道安装施工技术领域，具体涉及一种网架下弦螺栓球与管道支吊架的连接结构。

4.1.2 实用新型技术内容

本实用新型技术所要解决的问题在于针对上述现有技术中的不足，提供一种网架下弦螺栓球与管道支吊架的连接结构，其结构设计合理，能在工厂定型化、批量化加工，便于安装，通过圆形盘连接件将管道支吊架安装在网架下弦螺栓球上，能够使网架下部管道的载荷通过管道支吊架和圆形盘连接件传递至网架下弦螺栓球，使得网架下弦螺栓球成为管道受力点，保证管道安装稳固，同时避免对网架的弦杆造成损坏。

为解决上述技术问题，本实用新型技术采用的方案是：一种网架下弦螺栓球与管道支吊架的连接结构，包括用于承受下部管道载荷的网架下弦螺栓球，以及用于将管道支吊架连接在网架下弦螺栓球上的圆形盘连接件，所述管道支吊架为上部开口的U形支吊架，所述管道支吊架与圆形盘连接件通过螺栓连接。所述圆形盘连接件包括连接螺杆、套设在连接螺杆外部的连接套筒，以及固定在连接套筒底部供螺栓安装的第一圆形盘，所述连接套筒内设置有供连接螺杆安装的支撑板，所述连接螺杆的下端固定在支撑板上，所述连接螺杆的上端伸出至连接套筒的上端后与网架下弦螺栓球螺纹连接，所述网架下弦螺栓球上开设有与连接螺杆相互配合的螺纹孔。

4.1.3 本实用新型技术与现有技术相比具有的优点

（1）本实用新型技术通过圆形盘连接件将管道支吊架安装在网架下弦螺栓球上，能够使网架下部管道的载荷通过管道支吊架和圆形盘连接件传递至网架下弦螺栓球，使得网架下弦螺栓球成为管道受力点，保证管道安装稳固，同时避免对网架的弦杆造成损坏。

（2）本实用新型技术通过将圆形盘连接件与网架下弦螺栓球之间设置为螺纹连接，将圆形盘连接件与管道支吊架之间设置为螺栓连接，可方便安装，有效提高施工效率。

（3）本实用新型技术通过在连接螺杆的外部设置连接套筒，当进行圆形盘连接件与网架下弦螺栓球的连接时，连接螺杆与网架下弦螺栓球螺纹连接后，连接套筒的上端与网架下弦螺栓球紧贴，能有效提高圆形盘连接件与网架下弦螺栓球之间的连接稳定性。

（4）本实用新型技术中的圆形盘连接件可在工厂定型化、批量化加工，网架下弦螺栓球成孔精确度高，圆形盘连接件性能可靠，圆形盘连接件所用材料普遍、价格低廉，能有效缩减施工成本。

4.1.4 附图说明

下面通过附图，对本实用新型技术方案做进一步的详细描述。

图8为本实用新型的结构示意图。

图9为图8的A处放大图。

图10为本实用新型圆形盘连接件的结构示意图。

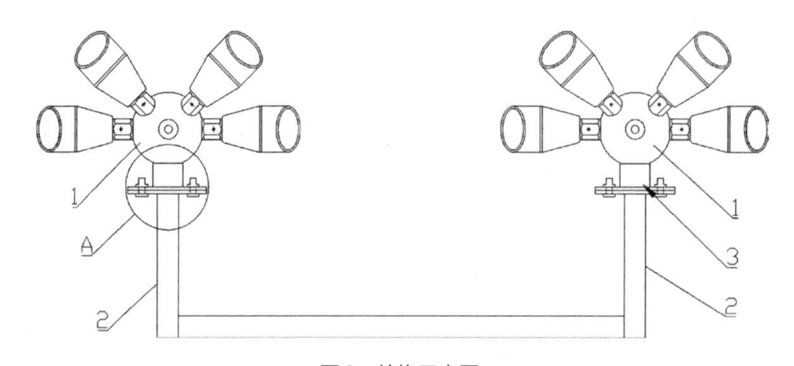

图8 结构示意图

Fig.8 Structure diagram

1—网架下弦螺栓球；2—管道支吊架；3—圆形盘连接件

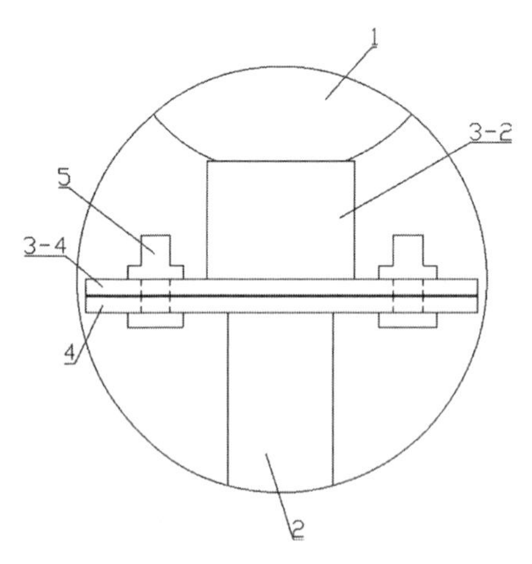

图9 图8的A处放大图

Fig.9 A larger view of Fig.8

1—网架下弦螺栓球；2—管道支吊架；3-2—连接套筒；3-4—第一圆形盘；4—第二圆形盘；5—螺栓

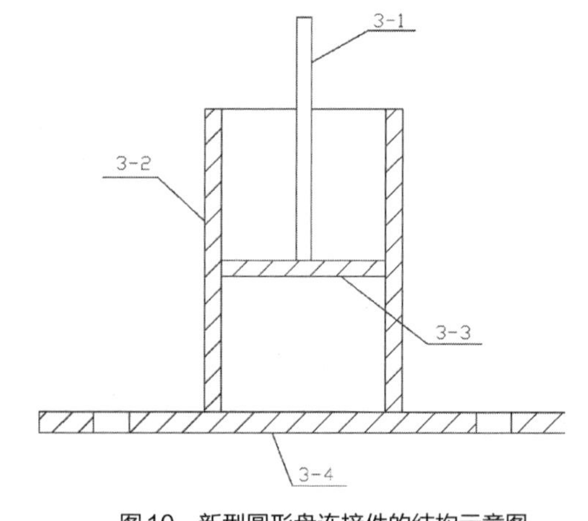

图10 新型圆形盘连接件的结构示意图

Fig.10 Structural schematic diagram of the new round disc connector

3-1—连接螺杆；3-2—连接套筒；3-3—支撑板；3-4—第一圆形盘

4.2 一种吊篮安装用定型化支架

4.2.1 技术领域

本实用新型技术属于建筑施工辅助工具技术领域，具体涉及一种吊篮安装用定型化支架。

4.2.2 实用新型内容

本实用新型技术所要解决的问题在于针对上述现有技术中的不足，提供一种吊篮安装用定型化支架，其结构设计合理，可在工厂批量化加工，通过支撑柱的下端设置用于与结构梁固定的底座，在支撑柱的上端设置用于支撑吊篮前梁的槽型托架，能够有效地对吊篮进行支撑，可抵抗吊篮的侧向倾倒和位移，便于安装和拆卸，同时有效提高吊篮的安全性和可靠性。

为解决上述技术问题，本实用新型技术采用的方案是：一种吊篮安装用定型化支架，包括底座和用于支撑吊篮前梁的吊篮托架，所述吊篮托架为开口朝上的槽型托架，所述吊篮托架通过支撑柱安装在底座上，所述支撑柱与底座呈垂直布设，所述吊篮托架的底板与底座相平行，所述底座安装在结构梁上，所述底座和支撑柱之间设置多个加劲肋。

4.2.3 本实用新型技术与现有技术相比具有的优点

（1）本实用新型技术通过在结构梁上安装定型化支架对吊篮前梁进行支撑，能有效提高吊篮的安全性和可靠性，同时该定型化支架拆装方便，可在工厂进行批量化生产，适用范围广泛。

（2）本实用新型技术通过将吊篮托架设置为槽型托架，能够使吊篮托架支设在吊篮前梁的下部，同时，吊篮托架的两侧能够对吊篮前梁进行限位，保证吊篮托架与吊篮前梁之间的支撑稳定性，保证施工安全；同时，便于拆装，能有效提高施工效率。

（3）本实用新型底座的设置能够提高该定型化支架与结构梁的接触面积，同时底座四角采用碰撞螺栓与结构梁进行固定；进而提高定型化支架的安装牢固性，可抵抗吊篮的侧向倾倒和位移。

（4）本实用新型技术通过在底座和支撑柱之间设置多个加劲肋，能够有效提高该定型化支架的结构强度，进而保证吊篮的安全性。

（5）本实用新型技术对比传统吊篮支架体积小、安装方便，可降低吊篮安装对空间的要求，从而适用各种复杂环境的吊篮安装；进而降低吊篮在复杂环境安装带来的设施和人工投入。

4.2.4 附图说明

此处所说明的附图用来提供对本发明实例的进一步理解，图11为本实用新型的结构示意图。

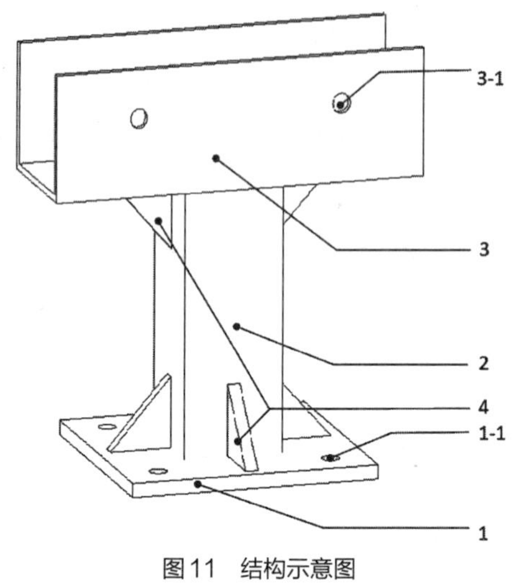

图11 结构示意图
Fig.11 Structure diagram

1—底座；1-1—圆形通孔；2—支撑柱；3—吊篮托架；3-1—螺栓安装孔；4—加劲肋

4.3 吊篮新型定型化支架安装施工工法

4.3.1 本工法关键技术内容

该工法的关键技术是“加工制作一种定型化新型支架，采用膨胀螺栓与混凝土结构连接，改变吊篮前支架传统固定方式，解决吊篮在异形结构、复杂节点等特殊环境中安装应用的施工工法”。

（1）该工法的关键技术是根据工程实际情况，通过深化设计，在工厂定型化批量加工新型支架，提高吊篮在多种环境中安装应用的适应性，辅助、配合吊篮在多种环境中的安装，从而解决吊篮在多种环境中的安装问题并提高吊篮的安全性、可靠性。

（2）该技术根据吊篮的结构特点和安装工艺，重点突出了新型支架，在工厂定型化批量加工，技术成熟，工艺先进，制作性能可靠。支架与吊篮组装方便，节约人力，提高工效，且所用材料来源广泛、价格低廉，可多次周转使用，特别适合吊篮在多种环境中的安装与应用。

（3）该技术已在两个工程施工中取得了良好的经济效益及社会效益，证明该技术可靠实用，能够满足吊篮在多种环境中安装的安全技术要求，具有推广价值。

4.3.2 技术水平和技术难度（与省内外同类技术水平比较）

本工法综合了多种优点，包括施工工艺简单、材料来源广、安装操作工人容易掌握等。此外，由于吊篮在多种环境中的安装无成熟经验可借鉴，我公司经过长期探索，总结出“吊篮新型定型化支架安装施工工法”，为提高吊篮在多种环境中安装的安全性、可靠性提供了参考依据。其施工工艺与省内外同类技术水平比较达到了先进水平。

4.3.3 本工法具有的主要特点和技术

（1）可进行工厂定型化批量加工，技术成熟，工艺先进，性能可靠。

（2）新型支架的固定方式及与吊篮的组装方式简单方便。

（3）降低吊篮在复杂环境中安装所带来的设施及人工投入。

（4）新型支架加工技术。

（5）新型支架的固定方式及与吊篮的组装方式。

4.3.4 施工工艺、工序

如图12～图19所示。

图12　支架焊接
Fig.12　Stents welding

图13　技术交底
Fig.13　Confide a technological secret to somebody

图14　定位放线
Fig.14　Locate the feeding

图15　支架固定
Fig.15　Support acket bracket

图16 支架与吊篮前梁安装固定
Fig.16 The bracket and the front beam of the hanging basket are installed and fixed

图17 安装完成效果1
Fig.17 Installation completion effect 1

图18 安装完成效果2
Fig.18 Installation completion effect 2

图19 采用新型支架吊篮在外墙作业
Fig.19 Adopt the new bracket hanging basket to work in the outer wall

4.4 网架下弦螺栓球与管道支架连接施工工法

4.4.1 内容简介

以网架下弦螺栓球为受力点，在螺栓球上开孔；加工制作圆盘连接件，圆盘连接件由$\phi 76\times 4$的圆钢管与$\phi 180\times 8$的圆盘进行焊接制作而成，圆盘上开四个$\phi 16$圆孔，网架下弦螺栓球与连接件采用螺栓连接的形式进行固定；下部管道支架上端采用同规格圆盘（圆盘上开四个$\phi 16$圆孔）与支吊架进行焊接，连接件圆盘与支吊架圆盘采用高强螺栓进行固定。下部管道荷载通过管道支吊架和连接件，将荷载传至网架螺栓球，使螺栓球成为管道受力点。同时，网架在设计之初考虑管道荷载，通过网架内部杆件约束将整体荷载传至网架支座，由主体结构受力。

4.4.2 关键技术

（1）该工法的关键技术是网架下机电安装施工，通过制作连接件，将螺栓球与管道支架进行连接，从而使管道或者吊顶的荷载传至螺栓球的施工方法。

（2）该技术根据网架及管道支架的特点，重点突出了网架螺栓球上成孔、连接件及管道支架，且均可在工厂定型化、批量化加工，技术成熟，工艺先进，螺栓球成孔精确度高，连接件制作性能可靠。支吊架与连接件组装方便，且所用材料普遍、价格低廉，特别适合网架下的机电安装的施工。

（3）该技术已在两个工程施工中取得了良好的经济效果，说明该技术可靠实用，能够满足网架下的机电安装施工的安全技术要求，具有推广价值。

4.4.3 技术水平和技术难度（与省内外同类技术水平比较）

本工法综合了许多优点，包括施工工艺简单、材料来源广、安装操作工人容易掌握等，此外，由于网架下机电安装施工无成熟经验可借鉴，我公司经过长期探索，总结出“网架下弦螺栓球与管道支架连接施工工法”，为提高网架下机电安装施工的安全性、可靠性及美观提供了参考依据（图20～图31）。其施工工艺与省内外同类技术水平比较达到了先进水平。

图20　螺栓球开孔1
Fig.20　Bolt ball opening 1

图21　螺栓球开孔2
Fig.21　Bolt ball opening 2

图22　钢板打磨
Fig.22　Steel grinding

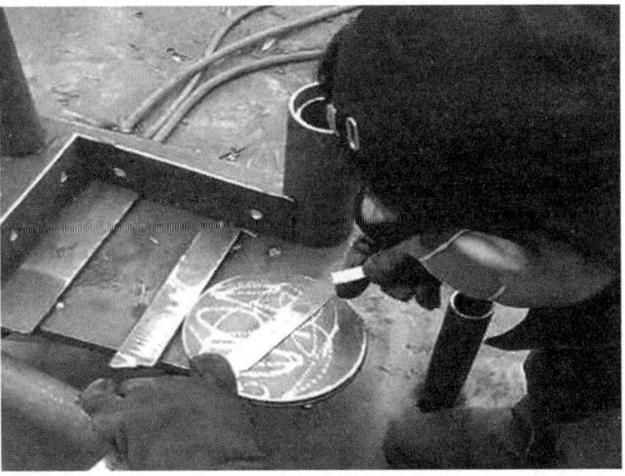

图23　在钢板上定位放线
Fig.23　Position the wire on the steel plate

图24　高强螺杆与支撑钢板焊接
Fig.24　Welding of high strength screw to supporting steel plate

图25　圆形钢管与圆形钢板进行点焊
Fig.25　Spot welding of circular steel tube to circular steel plate

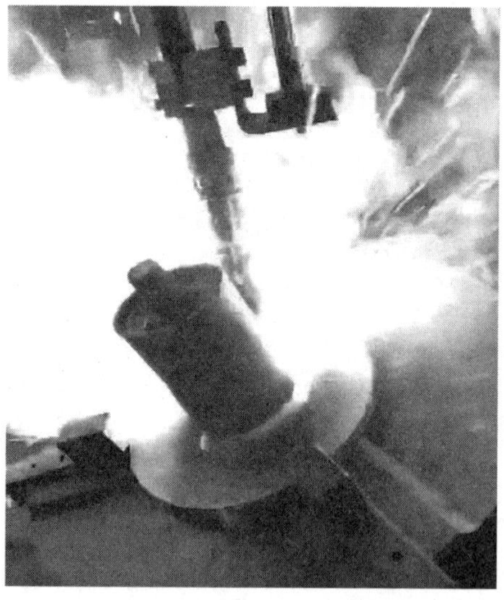

图26　在机床上对圆形钢管与圆形钢板进行焊接
Fig.26　The circular steel pipe is welded to the circular steel plate on the machine

图27　螺栓球与圆形盘连接件进行组装
Fig.27　The bolt ball is assembled tool with the circular disc connector

图28　圆形盘连接件随网架一同安装
Fig.28　The circular disc connectors are installed with the grid frame

图29　圆形盘连接件安装完成效果
Fig.29　Complete installation effect of circular disc connectors

图30 管道支架与圆形盘连接件进行组装
Fig.30 The pipe bracket is assembled with the circular disc connector

图31 机电管道施工
Fig.31 Electromechanical pipeline construction

5 结语

吊篮在工程项目中的应用已经比较成熟，而在多种环境中吊篮的安装却是我们一直在面对却无法有效解决的问题，本工法的关键技术是对吊篮在多种环境中安装工艺的革新，从而降低吊篮对安装环境的要求以及提高吊篮在多种环境中的安全性、可靠性。本工法施工工艺简单、材料来源广、工厂定型化批量加工、安装操作工人容易掌握，能有效解决现阶段吊篮在多种环境中无法安装或者难以安装的问题，为多种环境中吊篮安装提供参考依据，值得推广；网架在结构场馆类项目中的应用已经比较成熟，而网架下的机电安装是对现有施工技术的一个新考验，本工法的关键技术是对网架下机电安装施工工艺的革新，不仅满足其安全耐久的要求，同时满足其美观经济的要求。

参考文献

[1] 孟晓宁.化工储煤场螺栓球网架安装施工案例探索[J].建材与装饰，2017(3)：8-9.

[2] 曾渝硖，邱军锋.现场空间受限的大跨度螺栓球网架结构的安装[J].建筑施工，2016，38(8)：1058-1060.

[3] 王昌威.大跨度变截面螺栓球节点网架安装技术[J].施工技术，2014(20)：80-82.

[4] 黄瑛鹏，陈一乔.航站楼屋面檐口反吊铝板移动式吊篮施工技术[J].广东土木与建筑，2015(7).

[5] 嵇亮亮.螺栓球球形网架施工质量控制浅谈[J].建材与装饰，2018(46)：133-134.

[6] 鲁兵，曹太然.大跨度螺栓球型网架结构高空吊装的关键技术研究[J].科技创新与应用，2014(1)：229.

榆林职业技术学院体育馆项目创新关键技术

牛　锋　姚勇龙　王乾竹　刘国强
（陕西建工第六建设集团有限公司，咸阳　712000）

【摘　要】 榆林职业技术学院体育馆项目，其屋盖为双曲面斜交网格结构，整个屋盖跨度大、高差大、构件多且复杂。本工程创新采用“标准直杆件＋折板弯扭节点”的结构形式以实现双曲弯扭，在机电安装、钢结构吊装、胎架拆除等过程中，采用Revit、Tekla等计算机软件模拟施工，形成管线预排样板、实体构件的轮廓模型、胎架定位，并检测各控制点的坐标值，在确保安全性的前提下高质量快速完成整体屋盖的施工。

【关键词】 双曲斜交网壳；以折代弯；虚拟建造

The Key Technology of Innovation in the Gymnasium Project of Yulin Polytechnic

Feng Niu　Yonglong Yao　Qianzhu Wang　Guoqiang Liu
（SCEGC NO.6 Construction Engineering Group Co. Ltd., Xianyang 712000, China）

【Abstract】 The roof of the gymnasium project of Yulin vocational and technical college is a hyperboloid skew grid structure, with large span, large height difference, many and complex components. In this project, the structural form of “standard straight member + folded plate bending and torsion joint” is adopted to realize hyperbolic bending and torsion, and virtual construction technology is used. In the process of mechanical and electrical installation, steel structure hoisting and jig removal, the construction is simulated with computer software such as Revit and Tekla to form pipeline pre layout template, contour model of solid components, jig positioning, and detect the coordinate value of each control point, so as to quickly complete the construction of the whole roof with high quality on the premise of ensuring safety.

【Keywords】 Hyperbolic Skew Reticulated Shell; Replace Bending with Folding; Virtual Construction

1　引言

网壳结构是指按一定规律布置的空间杆件，通过特定的连接节点连接而成的曲面空间结构体系，兼有杆系结构和薄壳结构的特点[1]。其中，单层网壳结构受力合理，整体跨度大、刚度大、自重轻、综合技术经济指标好，并能很好地构建各种丰富优美的建筑造型，在工程项目中得到了广泛的应用[2]。但在其施工过程中，复杂的节点，特定曲率的弯杆，无论是在工厂加工还是在施工现场安装都有着不小的困难。

2 工程概况

榆林职业技术学院体育馆项目位于陕西省榆林市高新技术产业园西环路1号，榆林职业技术学院西南角，作为第十四届全运会拳击、男子排球比赛主场馆。

本项目分为三个场馆，总建筑面积为29188m^2（地下建筑面积为3602m^2）。其中，竞赛馆为12605m^2，游泳训练馆为7302m^2，热身训练馆为2500m^2。建筑高度：竞赛馆26.6m，游泳训练馆19.2m，热身训练馆19.8m。该工程为钢–框架结构，设计使用年限为50年，耐火等级地下为一级，地上为二级。抗震设防等级为二级，抗震设防烈度为6度。

建筑物设计为钢结构高层建筑，建筑耐火等级为地下一级，地上二级，建筑屋面防水等级为二级，地下室防水等级为一级。外围护结构为玻璃幕墙与铝单板背衬保温棉，地下室外墙面防水为丙纶卷材。地下室设备用房地面与竞赛馆二层地面为环氧树脂地面，竞赛馆大厅地面为运动木地板地面，其余地面均为砖面层地面。设备用房、楼梯间及走道内墙面均为白色环保乳胶漆。屋面为非上人屋面，屋面防水采用单层0.8mm厚PVC柔性防水卷材，保温层采用100mm厚硬质岩棉板，保护层为8mm厚的水泥压力板铺面。

3 工程特点

3.1 造型奇特，结构复杂

竞赛馆、热身训练馆屋盖造型奇特，以榆林毛乌素沙漠为设计构想，呈草帽型，展示榆林靖边拨浪谷的特征纹理，结构形式极其复杂，为双曲面斜交网格结构，整个屋盖跨度大、高差大、构件多且复杂（图1）。

3.2 屋面防排水系统综合可靠

屋面采用单层PVC柔性防水卷材，防水更可靠，荷载更轻，保温连续无冷桥（图2）；屋面雨水采用虹吸排水，速度更快；天沟内布置电伴热融雪系统，对天沟内的冰雪有效地进行溶解，保证排水通畅（图3）。

图1　屋盖造型奇特
Fig.1　The roof with peculiar shape

图2　PVC柔性防水卷材
Fig.2　PVC flexible waterproof of coiled material

图3　整体屋面效果美观
Fig.3　Beautiful overall roof effect

3.3 屋盖结构深化，“以折代弯”

竞赛馆和热身训练馆屋盖结构均为单层空间变曲面斜交网壳结构，其构件截面为箱形，且均有不同程度的弯扭。经深化设计，采用“以折代弯”的理念，通过“非标准节点+标准直杆件”实现屋面双曲斜交的网壳形式，其中非标准节点为折弯箱形节点。提高了构件加工效率，节约成本，整体观感效果好（图4、图5）。

图4　钢结构外观效果
Fig.4　Appearance effect of steel structure

图5　钢结构弧线顺滑
Fig.5　Smooth arc of steel structure

4　工程难点与解决措施

4.1　屋盖复杂，测量定位难度大

本工程空间节点坐标多变，单层双曲斜交网壳屋盖复杂，测量定位难度大，安装精度高。

采取措施：（1）BIM模拟施工技术，精确计算杆件坐标，采用工厂加工单元构件（图6）。（2）使用智能型全站仪及配套测量设备，建立轴线控制网，利用具有无线传输功能的自动测量系统，实现空间复杂钢构件的实时、同步、快速地进行拼装定位（图7）。

图6　BIM模拟施工
Fig.6　BIM simulation construction

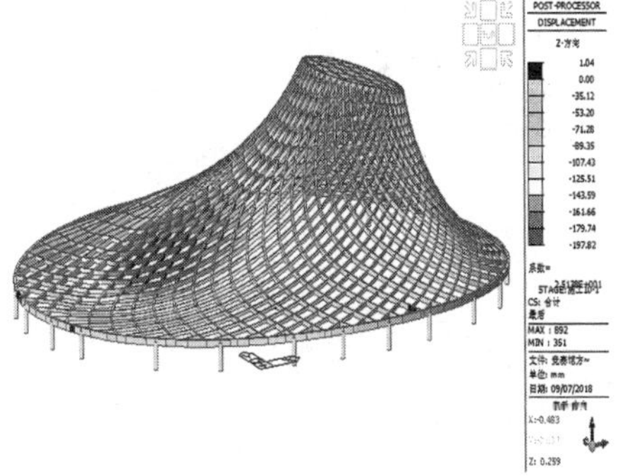

图7　仿真模拟
Fig.7　Analogue simulation

4.2　结构跨度高差大，胎架卸载难度大

钢结构安装后，结构空间跨度大，存在较大的高差，且主体结构和支撑结构的内力重新分布，结构几何非线性强，使得胎架卸载难度极大。

采取措施：经过对胎架卸载过程进行仿真模拟，构件最大变形为198mm，最终确认卸载方案采用分区分级同步卸载。分区即根据胎架布置情况分为第一环区、第二环区、第三环区、第四环区、悬挑环区；分级即为每一级支撑点卸载量为2cm；同步即为每一区支撑点同步卸载（图8）。

图8　胎架分级卸载
Fig.8　Stage unloading of jig

4.3 曲面结构管线布置难度大

158200m管线交织，错综复杂，弧形平面布置难度大。

采取措施：利用BIM技术进行二次优化设计和综合平衡，达到管线与弧形空间的完美结合（图9、图10）。

图9　BIM技术优化管线（模型）
Fig.9　BIM optimized pipeline layout（model）

图10　BIM技术优化管线（实体）
Fig.10　BIM optimized pipeline layout（entity）

5 创新关键技术

5.1 钢结构深化

本项目为钢结构大型公共建筑，用钢量大，达8700t，空间关系复杂，深化设计面大量广。深化设计的主要内容有BIM模型、专业深化设计图、加工图、节点大样图、钢材材质及规格尺寸的详细说明、具体部位的焊缝形式详图等。本工程主体钢结构采用二次深化设计、材料统计计算，采用Tekla软件结合AutoCAD技术进行控制。主体钢结构通过采用专业软件创建三维模型并自动生成钢结构详图和各种报表，保证了钢结构详图深化设计中构件的正确性（图11）。

图11　整体结构美观、线条流畅
Fig.11　The overall structure is beautiful and the lines are smooth

5.2　钢结构虚拟建造技术

本项目竞赛馆与热身馆屋面为钢结构单层双曲网壳结构，游泳馆屋盖为管桁架结构，加工精度高、施工难度大。为确保加工精度和安装质量，在钢结构加工前，用钢结构深化设计软件Tekla进行虚拟建造，把拼装工艺三维几何模型全部整合形成一致的输入文件，通过模型导出分段构件和相关零件的加工制作详图；构件制作验收后，利用全站仪实测外轮廓控制点三维坐标；计算机模拟拼装，形成实体构件的轮廓模型；胎架定位，检测各控制点的坐标值。

5.3　型钢混凝土技术

本项目的三个单体工程的组合楼板、±0.00以下的钢柱均为钢与混凝土组合的实腹式型钢混凝土短柱、外围圆钢管灌芯混凝土，型钢为Q345B钢板制作的箱形或圆形型钢，混凝土用量352m^3。钢与混凝土组合结构技术，同时具备钢结构及混凝土结构的优点，与传统的钢筋混凝土结构相比，可减小支座的截面尺寸50%，节约了材料，缩短了施工工期（图12、图13）。同时，钢骨混凝土结构和组合楼板的延性比也得到明显提高，具有优良的抗震性能及耐火性能。

5.4　BIM管线预排技术

本项目给水排水、暖通空调、消防、电气工程采用BIM管线综合布置技术

（图14、图15）。本工程各类管线交织，错综复杂，稍有不慎就可能造成管线高度、位置打架或不能满足后期使用要求及不符合规范的情况发生。为此，项目部在施工前对机电管线布置利用BIM技术进行了二次优化设计和综合平衡，达到标高、位置不冲突；满足了装修和后期使用要求，方便维修和二次施工。

图12 组合楼板施工
Fig.12 Construction of composite floor

图13 型钢混凝土柱
Fig.13 Steel reinforced concrete column

图14 BIM管线综合布置1
Fig.14 BIM pipeline comprehensive layout 1

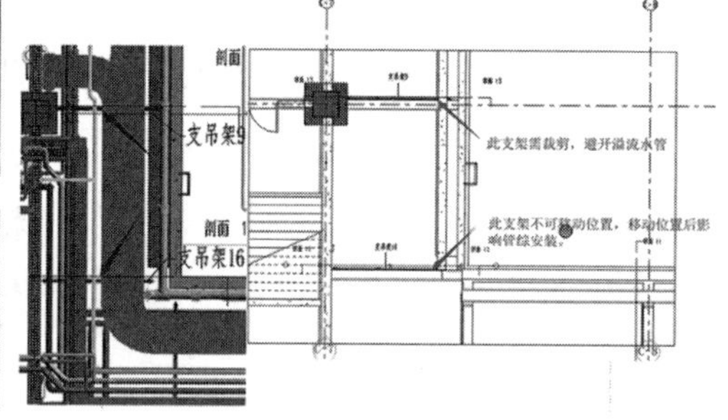

图15 BIM管线综合布置2
Fig.15 BIM pipeline comprehensive layout 2

5.5 “以折代弯”实现双曲弯扭技术

本工程屋盖采用“标准直杆件+折板弯扭节点”的结构形式实现双曲弯扭，构件数量多达4300件，折弯节点由四块折弯面板组合而成。为了满足本工程对弯扭构件外表面线性顺滑的要求，必须精确控制每一个折弯节点的折弯角度。因此，所有关联因素，包括不同扭曲角度的折弯节点成形方法、折弯面板加工过程中的折弯控制方法和标准、折弯成型中回弹对成型的影响及控制方法、螺旋体构件的整体拼装及焊接变形控制方法等都必须在加工过程中得到整体考虑并逐一落实解决措施（图16）。

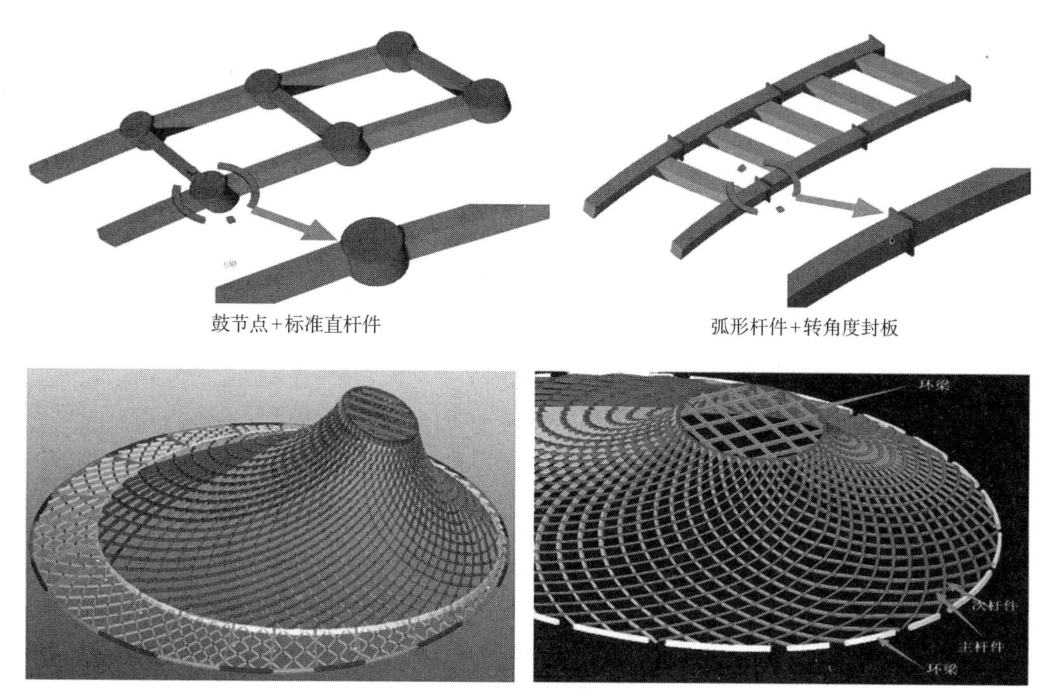

鼓节点+标准直杆件　　弧形杆件+转角度封板

非标准节点+标准直杆件

图16　钢结构节点深化效果图

Fig.16　Detailed effect drawing of steel structure joint

6 结语

通过在本工程中的实践应用，“以折代弯”巧妙实现双曲斜交网壳结构，不仅降低了钢构件工厂加工的难度，也使得现场安装更为简便。此技术总结形成省级工法《空间非对称Nurbs双曲斜交箱形截面单层网壳屋盖结构施工工法》，并获得陕西省建设工程科学技术进步奖；通过利用虚拟建造技术，在工程安装管线预排、钢构件模拟拼装、胎架卸载仿真分析等过程中均取得了不错的效果，为工程高效高质量地完成打下了坚实的基础。本工程最终荣获中国钢结构最高质量奖“钢结构金奖”；金属围护系统工程荣获“金禹奖（银奖）”。

参考文献

[1]　张毅刚. 大跨空间结构[M]. 北京：机械工业出版社，2014.

[2]　王帝. 新型鼓形节点在复杂方管单层双曲网壳结构中的应用与研究[D]. 西安：西安建筑科技大学，2015.

渭南师范学院大学生活动中心项目创新关键技术

李　康　杨海博　朱　斌　李逢博
（陕西建工第六建设集团有限公司，咸阳　712000）

【摘　要】 渭南师范学院大学生活动中心项目，工程主体结构形式为钢筋混凝土框架＋钢结构桁架屋顶。项目机电管线密集，屋顶结构及机电安装施工难度大。针对这些难点，将BIM技术应用于本项目的全过程管理，包括管线预设与碰撞检测、高架支模模拟施工、桁架模拟吊装等，并在屋面桁架施工中进行钢结构应力应变监测，保证钢结构在安装焊接过程中高质量快速完成。

【关键词】 BIM全过程管理；钢结构桁架；应力监测

The Key Technology of Innovation in the Student Activity Center Project of Weinan Normal University

Kang Li　Haibo Yang　Bin Zhu　Fengbo Li
（SCEGC NO.6 Construction Engineering Group Co. Ltd., Xianyang 712000, China）

【Abstract】 Weinan Normal University student activity center project, the main structure of the project is reinforced concrete frame + steel truss roof. The project has dense mechanical and electrical pipelines. The roof structure construction and mechanical and electrical installation construction is also difficult. In view of these difficulties, BIM technology participates in the whole process management of the project, including pipeline pre layout and collision detection, elevated formwork simulation construction, truss simulation hoisting, etc.It carries out stress and strain monitoring of steel structure in roof truss construction, so as to ensure high quality and rapid completion of steel structure in the process of installation and welding.

【Keywords】 BIM Whole Process Management; Steel Truss; Intersecting Cutting; Stress Monitoring

1 引言

随着我国经济的不断发展，大跨度钢结构屋架近年来迅猛发展，在各大型体育馆、展览馆中均有广泛应用。其中，钢管桁架结构是指由钢管制成的桁架结构体系，主要利用钢管的优越受力性能和美观的外部造型构成独特的结构体系[1]。但此种空间结构体系复杂，施工中受干扰因素多，施工精度要求高，施工难度大。利用BIM技术，采用Tekla、Revit等软件，对工程施工全过程进行管控，可有效解决空间节点碰撞等问题，大大提高构件安装精度，提高施工效率。结合应力应变监测技术，保证钢结构安装及后期支架拆除过程中结构的安全性[2]。

2 工程概况

本工程位于渭南市朝阳大街中段渭南师范学院内，其主要功能是比赛馆和大学生体育教学训练馆，该项目将承担第十四届全运会女子篮球比赛，工程主体结构形式为钢筋混凝土框架+屋顶管式桁架，建筑地下1层，地上3层，占地面积约32.8亩，建筑面积为23890m^2，建筑高度为23.8m，抗震设防烈度为8度（图1）。人防工程土方开挖深度为5.7m，主体钢筋混凝土结构复杂，在训练场地上方有跨度为33.6m、高度最大为2.5m的钢筋混凝土梁。本项目屋盖为空间大跨度管桁架结构，屋盖在10轴和11轴处设置伸缩缝，屋盖整体呈现曲面状，屋盖最大结构标高为23.765m。屋盖投影平面尺寸为145.5m×72.8m，由主次桁架、支撑和系杆构成。桁架杆件均采用圆钢管制作而成，节点均为相贯焊接。桁架与混凝土柱采用滑动支座固定。分为A区、B区两部分。A区为教学训练馆，分为地下1层、地上3层。一层为乒乓球训练中心和篮球比赛热身场馆，二层为体能测试馆，三层为综合训练馆；B区为竞赛馆，有3264个座位及50余间各类辅助用房，可用于篮球、排球等项目的比赛。设计使用年限为50年，抗震设防烈度为8度。

图1 工程航拍实景图
Fig.1 Engineering aerial photo

该场馆主体（按装饰面）南北长度为135.6m，东西宽度为79.6m，外装饰幕墙工程主要包括玻璃幕墙、石材幕墙、铝单板幕墙、车道入口钢结构玻璃雨篷等。玻璃幕墙为半隐框玻璃幕墙（竖明横隐），面积约4800m^2，石材幕墙面积约4850m^2，铝单板幕墙面积约4500m^2，车道钢结构玻璃雨篷约350m^2。屋面采用铝镁锰锁扣式搭接方式，双层保温岩棉。竞赛馆看台地面为环氧树脂地面，竞赛馆及热身馆地面为运动木地板，其余为石材及饰面砖。竞赛馆及热身馆墙面采用穿孔铝板。楼梯间及走道内墙为白色环保乳胶漆，屋面为非上人屋面。

3 工程特点

本工程热身训练馆为钢筋混凝土结构，跨度为33.6m、高度最大为2.5m的钢筋混凝土梁（图2）。钢筋施工难度大，模板支撑系统复杂，混凝土浇筑量大，施工缝接槎及温度裂缝控制难度大。

图2　大跨度钢筋混凝土梁
Fig.2　Large span reinforced concrete beam

屋面工程采用双层保温系统，底层为1.5mm的穿孔铝板（图3），面层为铝镁锰板，采用锁扣式连接。排水系统采用不锈钢排水天沟（图4）。在施工前，项目部针对檐口铝单板的龙骨尺寸定位屋面板的尺寸。穿孔铝板根据桁架檩条的间距确定，为了减少成本，项目部与分包商在施工现场加工。屋面雨水采用虹吸排水。

本项目屋盖为空间大跨度管桁架结构，屋盖在10轴和11轴处设置伸缩缝，屋盖整体呈现曲面状，屋盖最大结构标高为23.765m。屋盖投影平面尺寸为145.5m×72.8m，由主次桁架、支撑和系杆构成。桁架杆件均采用圆钢管制作而成，节点均为相贯焊接。本项目左侧屋盖桁架分为倒三角和平面桁架，桁架最大跨度为56.7m，最大悬挑跨度为13.6m；右侧屋盖桁架亦分为倒三角和平面桁架，桁架最大跨度为53.4m，最大悬挑跨度为7.95m（图5）。桁架与混凝土柱采用滑动支座固定。

图3 1.5mm厚镀锌穿孔铝板铺设
Fig.3 Laying 1.5mm thick galvanized perforated aluminum plate

图4 不锈钢排水天沟
Fig.4 Stainless steel gutter

图5 倒三角管式桁架
Fig.5 Inverted triangle tubular truss

4 工程难点与解决措施

4.1 屋面桁架钢管运输难度大

本项目屋盖钢桁架均采用圆钢管拼装而成，桁架截面为倒三角和平面，平面最大投影长度约为80m，钢管总量大，运输难度大。

采取措施：为提高运输率，本项目钢桁架圆管杆件在工厂采用相贯切割，制作成散件后运输至现场按照吊装单元进行拼装，桁架节点均为相贯焊接（图6）。

4.2 钢结构桁架安装难度大

桁架安装高度高，最高约24m，高空作业，安全风险大；桁架重量大，主桁架

图6 钢管相贯切割
Fig.6 Intersecting cutting of steel pipe

单榀重量约38t，需要大型吊装设备吊装，吊装难度大；桁架为空间结构，纵横桁架相互支撑，受力复杂；安装过程在屋盖形成整体前，结构空间作用无法发挥，施工工况与设计工况差异大；桁架全部为现场拼装，节点多，拼装工作量和焊接工作量大。桁架存在曲线造型，对杆件拼装精度要求高，拼装难度大；杆件为钢管，节点多为相贯焊接，焊接难度大（图7～图10）。

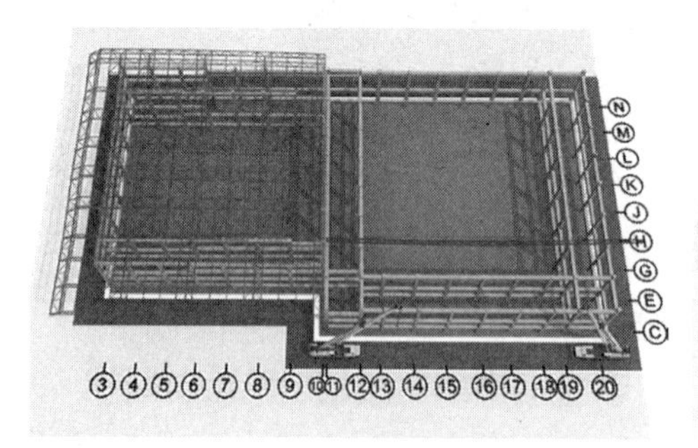

图7 桁架模拟吊装1
Fig.7 Truss simulation hoisting 1

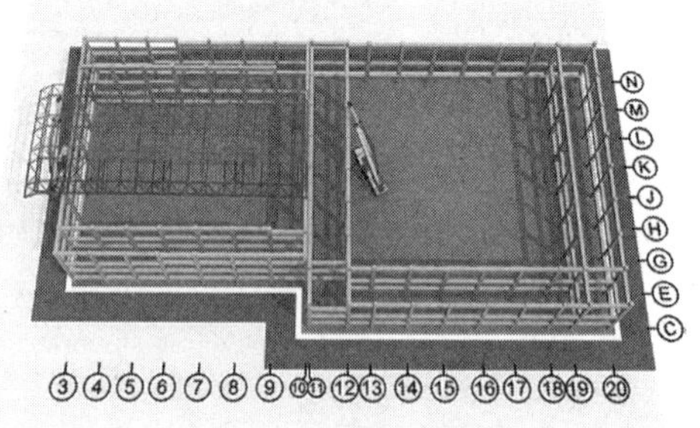

图8 桁架模拟吊装2
Fig.8 Truss simulation hoisting 2

图9 桁架吊装1
Fig.9 Truss hoisting 1

图10 桁架吊装2
Fig.10 Truss hoisting 2

采取措施：桁架半成品运输到现场，采取现场焊接，焊接前对地面硬化及搭设胎架进行焊接，利用2台260t吊车现场进行空中反体，并进行高空吊装就位。

4.3 机电管线布设密集

本工程各类管线交织，错综复杂，稍有不慎就可能造成管线高度、位置打架或不能满足后期使用要求及不符合规范的情况发生。

采取措施：项目部在施工前对机电管线布置，利用计算机进行了二次优化设计和综合平衡，达到标高、位置不冲突；满足了装修和后期使用要求，方便维修和二次施工。机电管线共计使用158200m。实现了施工过程无工序冲突、无管线打架，杜绝了返工现象，节约了材料与人工，有效地控制了工程成本，产生可观的经济效益。

5 创新关键技术

5.1 BIM全过程管理

项目部设置BIM小组，应用BIM技术实现项目全过程的精细化管理。BIM小组采取BIM优化设计方案，特别是对复杂的屋面钢结构吊装及训练馆高架支模进行建模，实现了虚拟施工（图11）；在计算机上通过动漫演示技术模拟建造过程，虚拟模型可在实际建造之前对工程项目的功能性、可建造性以及管网碰撞打架等潜在问题进行预测，还可以进行施工方法实验、施工过程模拟及施工方案优化等。

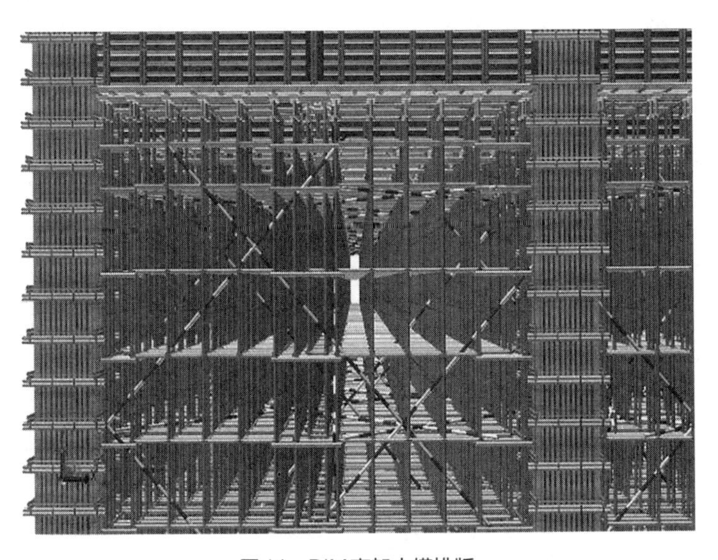

图11 BIM高架支模排版
Fig.11 BIM of high frame formwork

5.2 钢结构薄型涂装

本建筑防火等级为二级，管式桁架、马道耐火极限分别为1.5h、1.0h。需要进行防腐防火涂装的结构有管式桁架、马道等钢结构。运用钢结构防腐防火技术，提高了钢结构的耐腐蚀、耐火性能，提高了建筑物的使用寿命。薄型防火涂料要求用机械搅拌器将其完全搅拌均匀后再使用；并要求在规定使用时间内用完。一道漆涂装完毕后，在进行下道漆涂装之前，一定要确认是否已达到规定的涂装间隔时间，否则就不能进行涂装，以保证优良的层间附着力（图12）。

图12　钢结构喷涂均匀
Fig.12　Uniform spraying of steel structure

5.3 应力应变监测

本工程是钢桁架结构，节点全为焊接，且主桁架网管厚为14mm，对焊接质量要求高，拼装单元节点偏移≤5.0mm，钢架垂直度（跨中）≤min{h/250，10.0mm}，节点处杆件轴线交点错位≤5.0mm。构件之间的相互约束显著，大量焊缝集中，焊接应力较大，桁架存在曲线造型，对杆件拼装精度要求高，拼装难度大；在钢结构拼装及后期支架拆除过程中进行应力应变监测（图13、图14），从而达到控制焊接速度及质量的目的，并保证支架拆除时结构的安全性。

6 结语

大跨度钢结构桁架施工时，BIM的全过程应用是非常重要的，在钢桁架安装过程中能够解决诸多问题并显著提高施工质量，结合应力应变监测，为钢结构吊装施工及后期支模架体拆除过程中的工程安全保驾护航，帮助企业提交一份满意的答卷。

图13　钢结构应力图

Fig.13　Stress diagram of steel structure

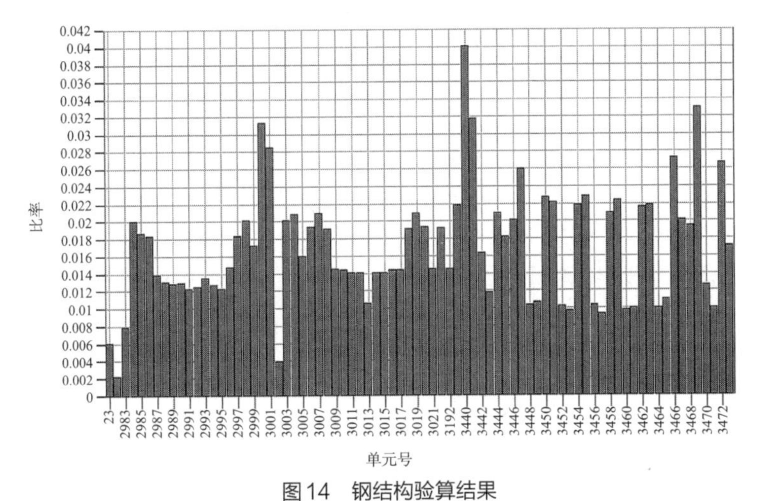

图14　钢结构验算结果

Fig.14　Checking calculation results of steel structure

参考文献

[1]　秦文，陈小才.空间钢管桁架结构的发展及应用[J].科学之友，2011(9)：6-7.

[2]　董开发，万霆，李天福，等.某大跨钢桁架屋盖施工过程模拟分析[J].江苏建筑，2021(3)：60-62.

韩城市第十四届全运会柔道馆项目创新技术应用综述

姬晓飞[1] 方 亮[2]
（1.陕西建工第十五建设有限公司，西安 710003；
2.陕西建工集团工程四部，西安 710003）

【摘 要】韩城第十四届全运会柔道比赛体育馆项目由两个馆及景观组成。竞赛馆：地上主体1层，局部3层。热身训练馆：地上主体1层，局部2层。建筑高度：竞赛馆为23.3m；热身训练馆为12.85m。主体结构形式为钢筋混凝土框架剪力墙结构+钢屋盖；屋顶为钢结构；屋面为金属屋面和采光顶；场馆内看台采用预制看台，施工前进行BIM预排版；外立面为玻璃幕墙和石材幕墙。项目有比较多的创新技术应用，本文对此做以综述。

【关键词】创新技术；第十四届全运会；柔道馆

Application of Innovative Technology in the Judo Hall Project of the 14th National Games in Hancheng City Database for Construction Enterprises

Xiaofei Ji[1] Liang Fang[2]
（1. SCEGC NO.15 Construction Engineering Group Co. Ltd.，Xi'an 710003，China；
2. The Fourth Engineering Department of Shaanxi Construction Engineering Group，Xi'an 710003，China）

【Abstract】Hancheng 14th National Games judo competition gymnasium consists of two gymnasiums and landscape. The competition gymnasium has one main floor above ground and three local floors.Warm up training hall: the main ground floor, part of the second floor.Building height: competition hall is 23.3m; warm up training hall is 12.85m. The main structure is reinforced concrete frame shear wall structure + steel roof; the roof is of steel structure; the roof is metal roof and daylighting roof; prefabricated stands are used for stands in the venue, and BIM pre layout is carried out before construction; the facade is glass curtain wall and stone curtain wall. There are many innovative technology applications in the project, which are summarized in this paper.

【Keywords】Innovative Technology; The 14th National Games; Judo Gym

1 引言

韩城第十四届全运会柔道比赛体育馆项目由两个馆及景观组成，竞赛馆：地上主体1层，局部3层。热身训练馆：地上主体1层，局部2层。建筑高度：竞赛馆为23.3m；热身训练馆为12.85m。主体结构形式为钢筋混凝土框架剪力墙结构+钢屋盖。屋顶为钢结构；屋面为金属屋面和采光顶；场馆内看台采用预制看台，施工前进行BIM预排版；外立面为玻璃幕墙和石材幕墙。项目存在较多的工程难点，因此采用较多创新技术应用来解决工程问题。

2 工程概况

韩城第十四届全运会柔道比赛体育馆项目由两个馆及景观组成，分别为1号竞赛馆、2号热身训练馆，竞赛馆供柔道、篮球、排球、羽毛球、乒乓球等体育教学、训练、比赛使用，热身训练馆在赛时与竞赛馆合并作为副馆运行，赛后与竞赛馆分开运行，满足训练教学多功能使用（图1）。总建筑面积：24003.53m^2，其中，地上建筑面积：15357.18m^2（包含竞赛馆室内、竞赛馆一层外廊全面积、竞赛馆二层外廊半面积、热身训练馆室内）。±0.00相当于绝对高程459.00m，地下建筑面积为8646.35m^2（包含地下车库及其坡道）。观众总坐席数为4578席（其中，固定看台3242席，主席台54席，无障碍席位10席，活动坐席1272席）。工程总造价为2.05亿元。

图1 整体鸟瞰图
Fig.1 Overall aerial view

3 关键技术

3.1 钢筋与混凝土技术

1.高耐久性混凝土技术

本工程高耐久性混凝土共计使用421m^3，占该分项的5%。本工程掺用优质矿物微细粉和高效减水剂，掺量符合规定；混凝土配合比合理，水胶比≤0.38；工作性能良好，耐久性符合设计要求，试件强度评定合格。

2.混凝土裂缝控制技术

为防止裂缝产生，本工程混凝土原材料选用合适，配合比合理，所用混凝土均掺用Ⅱ级粉煤灰及聚羧酸系高性能减水剂以减少水泥用量和降低水化热，施工及养护措施合理到位，混凝土共计13727.5m^3，占混凝土总量的78%，混凝土结构经现场观测无裂缝（图2）。

图2 混凝土裂缝控制
Fig.2 Concrete crack control

3.高强钢筋直螺纹连接技术

本工程ϕ16及以上的钢筋均采用套筒直螺纹连接技术，总用量为234362个，占该分项工程数量的100%。经质量检测中心检测，全部为Ⅰ级接头，符合设计及规范要求（图3）。

3.2 清水混凝土

本工程梁、板、墙、柱模板采用15mm厚覆膜多层板施工，模板应用面积为35620m^2，占该分项应用数量100%。经现场实测实量，混凝土现浇结构垂直度、平整度最大偏差均≤3mm，达到清水混凝土效果。

图3　钢筋直螺纹连接

Fig.3　Steel bar straight thread connection

3.3 装配式混凝土结构技术

1.夹心保温墙板技术

本工程热身训练馆二层墙体采用120mm厚夹心保温墙板，夹心保温墙板应用面积为540.5m²，占该分项应用数量100%。经检测中心检测，其夹心保温岩棉符合规范及设计要求，达到保温效果。

2.装配式混凝土结构建筑信息模型应用技术

本工程二层夹层看台区域采用预制看台板共计704块，占本分项工程的100%。看台板经过深化后进行生产并创建专属二维码，出厂时采用公司质量巡检系统进行构件跟踪直至安装完成(图4)。

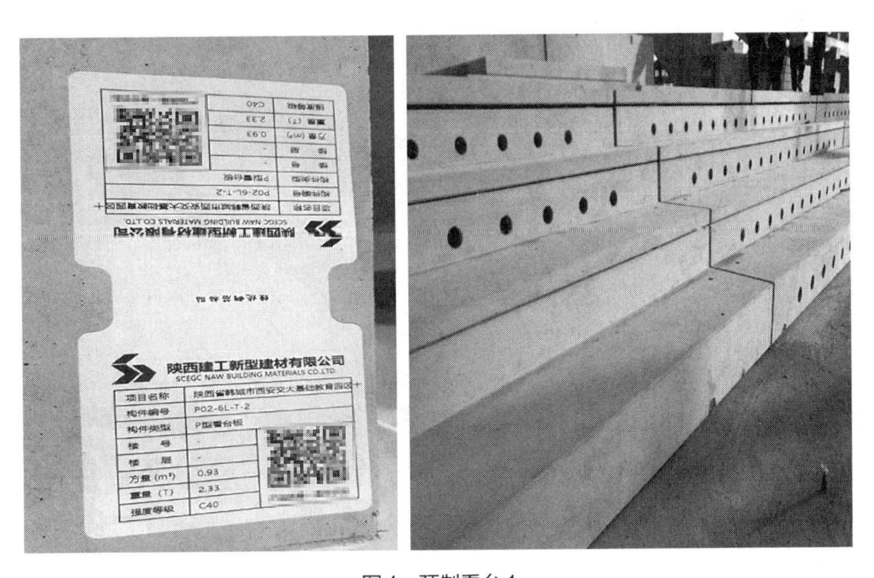

图4　预制看台1

Fig.4　Prefabricated stands 1

3.预制构件工厂化生产加工技术

本工程预制构件采用工厂化生产加工技术，经过深化共计704块，其中，预制看台板394块（图5），预制踏步310块，并安排专人到厂监督检查，构件出厂优品率100%。

图5 预制看台2
Fig.5 Prefabricated stands 2

3.4 钢结构技术

1.钢结构深化设计与物联网应用技术

本工程将钢结构原设计依托专业深化设计软件平台，建立三维实体模型，计算节点坐标定位调整，并生成结构安装布置图、零件图、报表清单。与BIM相结合，实现了模型信息化共享。构件工厂化加工，并利用广联达物料管理系统进行构件的跟踪、信息采集，打造扎实、可靠、全面、可行的物联网协同管理软件平台，对施工数据的采集、传递、存储、分析、使用等环节进行规范化管理，进一步挖掘数据价值，提高施工效率、产品质量和创新能力（图6）。

2.钢结构虚拟预拼装技术

本工程钢结构共计560t，前期经深化设计建立三维实体模型，并利用钢结构虚拟预拼装技术，结构构件预拼装误差±4mm，柱距±3mm，系梁间距±3mm，拱度±1/5000，接口错边1.5mm，任意两对角线只差$\sum H/2000$，且≤7.0mm，满足规范及设计要求，为实体拼装提供便利，加大了施工效率（图7）。

3.钢结构高效焊接技术

本工程钢结构焊接技术采用高效焊接技术中窄间隙焊接技术，该技术剖口面窄小，焊丝熔敷填充量小，相对常规坡口焊缝减少1/2～2/3的焊丝熔敷量，焊接效率提高明显，焊材成本降低明显，效率提高和能源节省效益明显。经焊缝外观质量检验和内部无损探伤检测，均符合规范及设计要求。

4.钢结构防腐防火技术

本工程钢结构防腐采用高压无气喷涂水性无机富锌漆，共计20004m^2。构件在

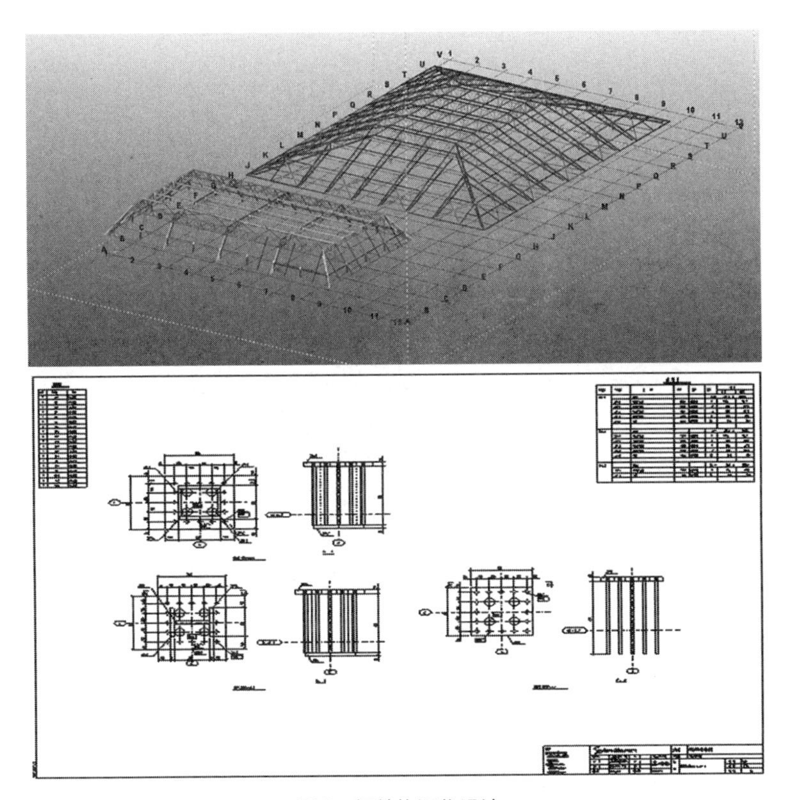

图6　钢结构深化设计

Fig.6　Detailed design of steel structure

图7　钢结构虚拟预拼装技术

Fig.7　Virtual pre assembly technology of steel structure

工厂加工涂装完毕，现场安装后，针对节点区域及损伤区域进行二次涂装。防火涂料采用薄涂型和厚涂型两种。防腐防火材料均符合质量规范并有国家检测机构的检测报告。经检测中心检验，防腐及防火均符合规范及设计要求。

5.钢与混凝土组合结构应用技术

本工程型钢与混凝土组合结构主要为箱形钢筋混凝土柱，13.34m柱8根，

5.24m柱5根，共计13根。型钢混凝土柱承载能力高、刚度大且抗震性能好，并且具有良好的防火性能。梁柱节点处钢筋与型钢焊接，以确保节点具有良好的受力性能，保证了施工效率（图8）。其型钢混凝土柱的含钢量保证在4%～10%。

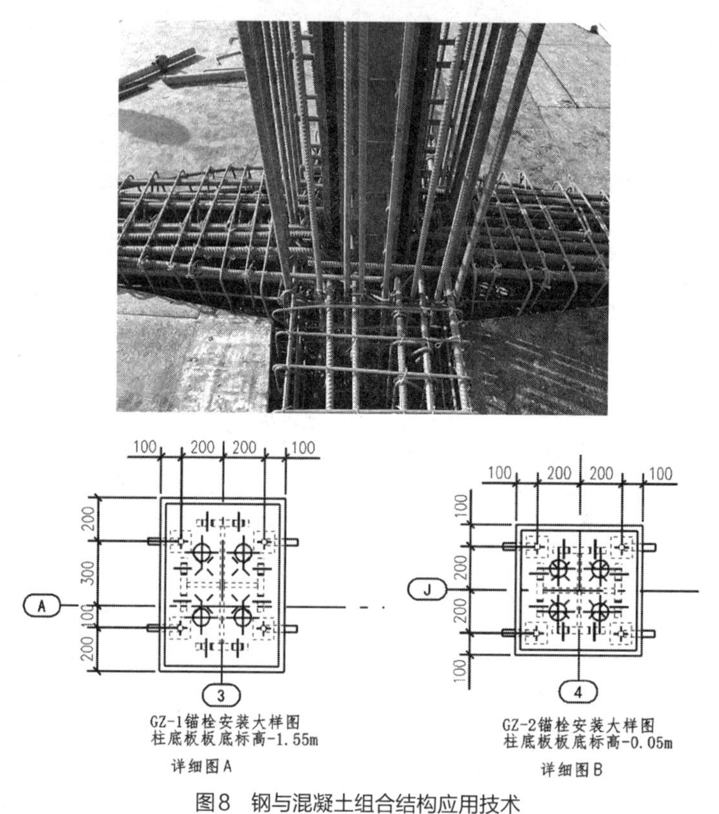

图8　钢与混凝土组合结构应用技术

Fig.8　Application technology of steel and concrete composite structure

3.5　机电安装技术

1.基于BIM的管线综合技术

本工程中机电安装工程各种管线错综复杂，管线走向密集，前期对暖通、给水排水、消防、强弱电等各专业进行了专业的深化设计及设计优化，共计应用21500m^2。将建筑、结构专业模型整合进行管线碰撞检查，根据碰撞报告进行调整、避让建筑结构。利用BIM施工模拟技术，使得复杂的机电施工过程，变得简单、可视、易懂。利用软件出图审核、修改确定最终版，为施工提供便捷，杜绝后期返工现象（图9）。

2.混凝土楼地面一次成型技术

本工程楼地面采用混凝土一次成型技术，应用面积1500m^2（图10）。避免了地面空鼓、起砂、开裂等质量通病，具有增加楼层净空尺寸、提高地面耐磨性和缩短工期等优势，同时为工程节省建材，降低成本效果显著。

图9　基于BIM的管线综合技术
Fig.9　Pipeline integration technology based on BIM

图10　混凝土楼地面一次成型技术
Fig.10　Once forming technology of concrete floor

3.6 防水技术与围护结构节能

1.地下工程预铺反粘防水技术

本工程地下室底板、外墙及顶板防水采用1.5m厚反应粘结型高分子湿铺防水卷材，应用面积15253m^2，占该分项工程的100%。该技术提高了对结构保护的可靠性，同时有效地杜绝了窜水渗漏现象。防水材料复试全部合格，经使用无渗漏（图11）。

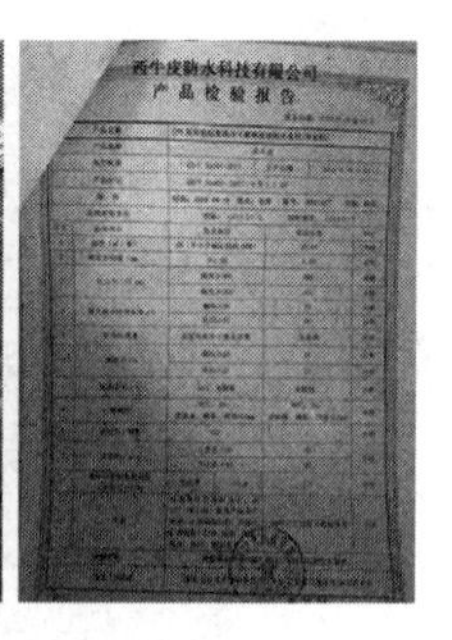

图11 地下工程预铺反粘防水技术
Fig.11 Anti sticking waterproof technology of pre paving in underground engineering

2.高性能门窗技术

本工程建筑外门窗采用高性能门窗，共计260m^2，玻璃选用6+12A+6中空Low-E玻璃，门窗的传热系数符合设计要求（图12）。

图12 高性能门窗技术
Fig.12 High performance door and window technology

3.高性能外墙保温技术

本工程外墙保温采用50mm厚岩棉板，共计1480m^2，岩棉板安装牢固、铺贴密实且平整，经复检该材料满足规范要求，岩棉板的传热系数符合设计要求（图13）。

图13 高性能外墙保温技术
Fig.13 High performance exterior wall insulation technology

4. 一体化遮阳窗

本工程建筑屋顶采用一体化遮阳窗（图14），分为固定扇和开启扇，共计730m^2，玻璃选用6+12A+6+1.14PVB+6钢化中空Low-E玻璃。窗的操作力性能、机械耐久性能、抗风压性能、水密性能、气密性能、隔声性能、遮阳系数、传热系数、耐雪荷载性能均符合设计要求。

图14 一体化遮阳窗
Fig.14 Integrated sunshade

3.7 抗震、加固与检测技术

1. 消能减振技术

本工程楼梯采用滑动支座，安装支架采用抗震支架等消能减震技术（图15），共计6部楼梯，是一种局部加固、整体性能提高的加固方法，是一种“刚中带柔”的减震加固思路，与原结构相比，结构在地震中吸收地震能量减小结构受力且不增加结构的自重，抗震效果更为显著。

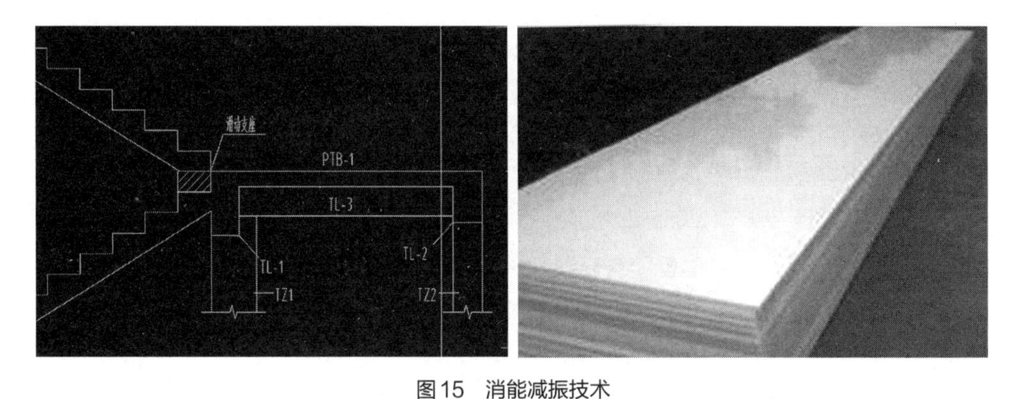

图15 消能减振技术
Fig.15 Energy dissipation and vibration reduction technology

2.深基坑施工监测技术

工程基坑最大开挖深度6.9m，共设29个变形监测点，监测结果可靠，变形量小于规范要求的变形预警量，边坡沉降均匀、稳定（图16）。

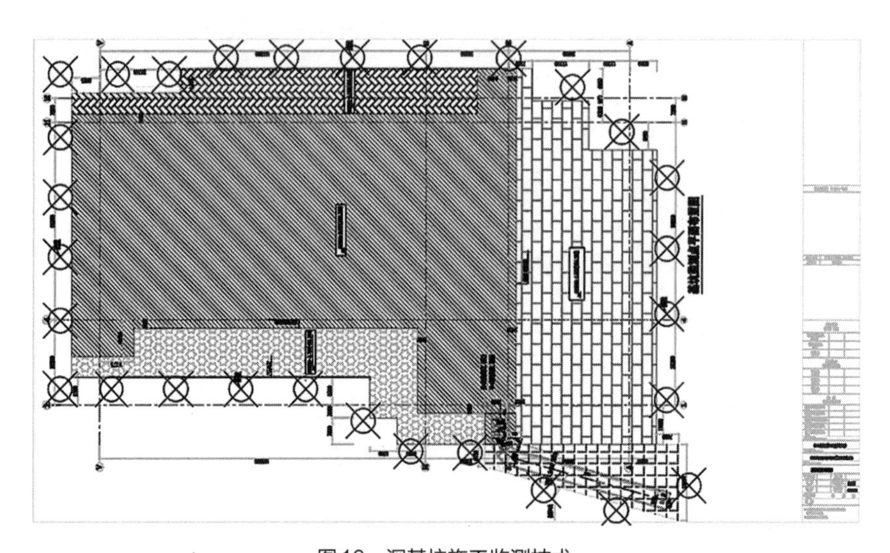

图16 深基坑施工监测技术
Fig.16 Monitoring technology of deep foundation pit construction

4 结语

综上所述，技术创新的优势不仅仅在于对经济和市场竞争力的提升，更在于能够使得建筑企业获得长远发展的能力，因此，需要不断注重施工技术的创新。针对未来建筑企业如何更好地开展施工技术的创新，本文以第十四届全运会柔道馆的建设为出发点，为创新技术应用提供建议，以期能为未来建筑企业施工技术的创新和发展提供借鉴。

参考文献

[1] 郑夏飞.新时期建筑工程施工技术的管理创新[J].价值工程，2020，39(7)：131-132.
[2] 潘箫.建筑工程施工技术要点及创新方式[J].佳木斯职业学院学报，2020，36(2)：252-253.
[3] 周寅.研究建筑工程监理与施工技术创新的关系[J].建材与装饰，2020(5)：44-45.
[4] 周建兵.探究建筑工程施工管理的影响因素及解决对策[J].价值工程，2020，39(3)：117-118.
[5] 吴伟.论新时期建筑施工技术的管理标准及创新[J].建材与装饰，2020(3)：160-161.
[6] 马士杰.土木工程建筑施工技术及创新的探究[J].建材与装饰，2020(2)：37-38.
[7] 胡泊.建筑装饰工程施工技术管理分析[J].建材与装饰，2019(36)：144-145.
[8] 陈岗.如何有效提升建筑工程施工技术管理水平[J].建材与装饰，2019(36)：177-178.

西北大学长安校区体育馆钢结构施工关键技术

温晓龙　姚格梅　马小瑞

（陕西建工集团有限公司，西安　710003）

【摘　要】 复杂造型的体育场馆屋盖结构，其施工工艺和安装次序存在操作不便、安全风险高、质量不易控制等问题。本文介绍了“环向索定长+张拉径向索”施工工艺，实践证明，该工艺操作方便、安全合理，并能有效控制施工质量。

【关键词】 管桁架；弦支索；网壳；结构

Key Technology of Steel Structure Construction of Gymnasium in Chang'an Campus of Northwest University

Xiaolong Wen　Gemei Yao　Xiaorui Ma

(Shaanxi Construction Engineering Group Co. Ltd., Xi'an 710003, China)

【Abstract】 Complex shape of the stadium roof structure, its construction technology and installation sequence are inconvenient to operate, high safety risk, quality is not easy to control and other problems. This paper introduces the construction technology of “circumferential cable fixed length + tension radial cable”. The practice shows that the technology is convenient, safe and reasonable, and can effectively control the construction quality.

【Keywords】 Pipe Truss; String Cable; Reticulated Shell; Structure

1 引言

随着建筑业现代化程度的不断加深，大跨度钢结构工程项目得到迅速发展，尤其在大中型体育馆中应用较为广泛。体育馆具有空间高大、造型复杂、使用功能要求高、需要适应灵活多变的建筑要求等特点。钢结构体育馆建筑在建设过程中，施工方法的优选及技术应用是其特别要解决的问题。在西北大学长安校区体育馆施工中，我们根据该体育中心项目的结构特点和现场施工条件，分析重点和难点，确定吊装和安装方案，取得了较好效果。

2 工程概况

西北大学长安校区体育馆为全国第十四届运动会艺术体操和蹦床比赛场馆，属甲级体育馆。由一个主场馆及两个训练馆组成，地下1层，局部地上5层，总建筑面积为33791.24m²，其中地下面积1739.38m²，地上面积32140.41m²；建筑高度为20.54m，建筑屋盖最高高度38.654m；看台为框架–剪力墙结构，屋面为弦支桁架屋盖。建筑物平面呈椭圆形，长轴长208m，短轴长127m，形如一艘帆船，取“扬帆起航”的寓意（图1）。

图1 项目实景图
Fig.1 Project landscape

建筑设计使用年限50年，建筑设计防水等级一级，建筑设计耐火等级一级，建筑结构安全等级为一级，建筑物抗震设防烈度为8度，±0.000绝对标高为434.00m。

主馆屋盖由空间管桁架结构、弦支索结构、中心单层网壳结构三部分组成。屋盖跨度为115m，矢高6.747m，拱顶标高33.095m，由20榀辐射状倒三角桁架、20榀加强平面次桁架及系杆组成。单榀桁架最大长度约48m，最大重量约24.5t；整个主馆由20根空间异形格构柱支撑（“Y”形），格构柱柱脚标高4.85m。每个格构柱重约18.1t（图2）。

副馆平面投影为椭圆形，环绕主馆与主馆连接为整体，副馆钢结构由框架柱、平面桁架、系杆组成，每榀桁架由两根钢管柱支撑，桁架内侧与主馆桁架连接，外侧为悬挑结构，最大悬挑约17m（图3）。

主体钢结构由主馆和副馆两部分组成。主馆屋盖采用空间弦支管桁架结构，由空间异形格构柱支撑（“Y”形）。两侧副馆采用平面管桁架结构，每榀桁架由两根

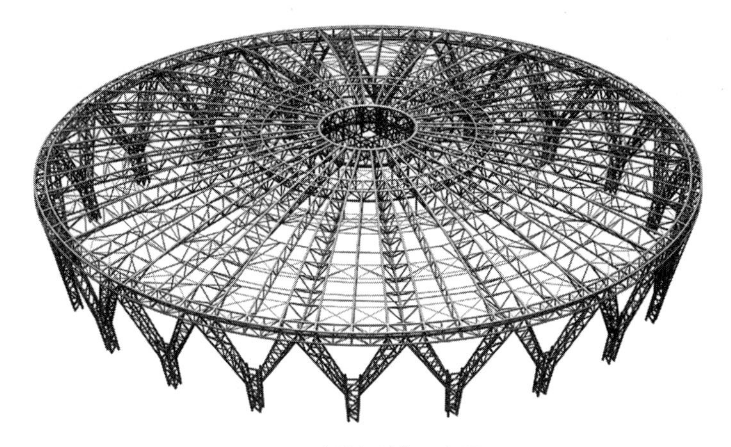

图2 主馆钢结构示意图
Fig.2 Steel structure sketch map of main hall

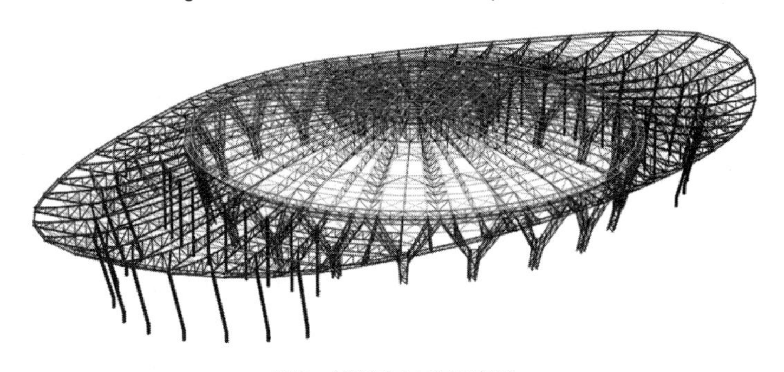

图3 副馆钢结构示意图
Fig.3 Steel structure sketch map of the Secondary Hall

框架柱支撑（圆管），桁架内侧与主馆外环桁架连接。整体为全焊接结构，材质均为Q345B，节点为管管相贯，最大管径600mm（图4）。

图4 钢结构剖面图
Fig.4 Section drawing of steel structure

弦支穹顶结构体系由上部屋盖桁架、下部竖向撑杆、径向拉索、环向拉索和平衡索组成，其中各环撑杆的上端与桁架对应的各环节点铰接，撑杆下端由径向拉索与桁架的下一环节点连接，同一环的撑杆下端由环向拉索连接在一起，使整个结构形成一个完整的体系。拉索采用高钒索，抗拉强度标准值为1670MPa，弹性模量为1.5×10^5～1.7×10^5MPa（图5、图6）。

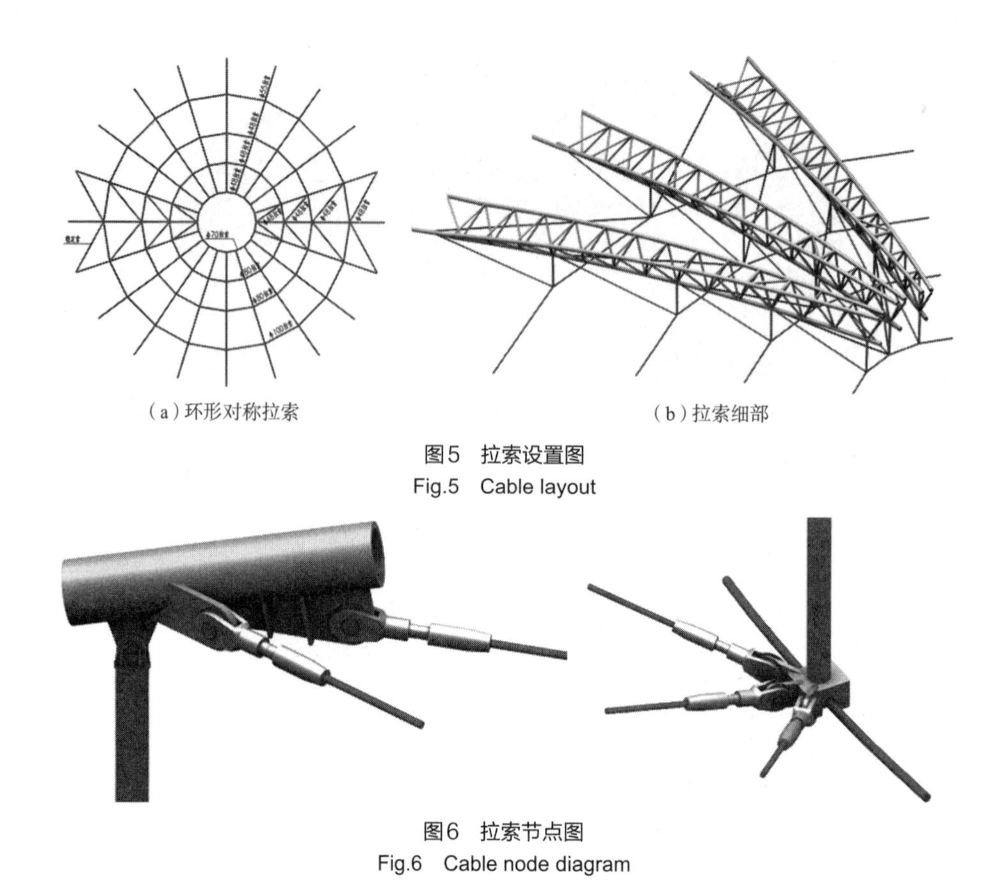

（a）环形对称拉索　（b）拉索细部

图5　拉索设置图
Fig.5　Cable layout

图6　拉索节点图
Fig.6　Cable node diagram

3 工程重点和难点

3.1 建筑造型新颖，结构受力复杂

本工程采用弦支桁架结构，较弦支穹顶结构受力更复杂。需进行大量的施工验算，并科学合理地安排各种结构体系的施工顺序。

3.2 弦支索结构施工技术要求高

弦支索结构包含径向索、环向索、交叉稳定索，拉索整体体量大、分布广，采用“环向索定长+张拉径向索”施工工艺。由于张拉整体索杆体系中的径向索、环向索及撑杆为一有机整体，索力与撑杆内力是密切相关的，相互影响、互为依托。施工过程中拉索需高空挂索、空间定位、下料控制，环向索张拉技术要求高。

3.3 异形格构柱制作安装难度大

格构柱为空间异形，柱身向外倾斜15.75°，且与混凝土结构间距仅110mm，格构柱分块制作，拼装控制复杂，吊装就位困难；单体重量大（32t），吊装风险大。现场场地受限，施工组织困难。

3.4 钢管弯曲及相贯线切割精度要求高

本工程主体采用空间拱形管桁架结构，桁架弦杆多为弧形杆件（最大规格ϕ600×20，最小规格ϕ102×4），弯曲数量多、弯曲难度大。桁架弦杆与腹杆之间采用大量相贯口连接，钢管弯曲及相贯口加工精确度直接影响到构件拼装精度、焊接质量和结构造型。

3.5 安装精度控制难度大

“Y”形格构柱、副馆钢管柱高度为16.100m、17.424m，均为倾斜安装。安装时采用支架支撑，配合缆风绳临时固定，全程采用仪器进行监测，“Y”形格构柱、副馆钢管柱安装精度直接影响整体结构。

4 主要科技创新技术和关键技术

4.1 施工部署

根据结构特点及现场条件，钢结构施工遵循“先主馆，后副馆”的程序，主馆钢结构安装完进行中心网壳安装，副馆钢结构安装完进行弦支索系统安装（图7）。

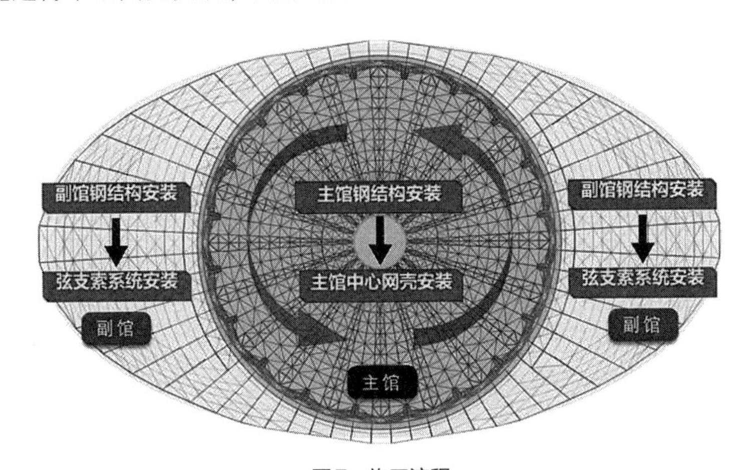

图7 施工流程
Fig.7 Construction flow

主馆采用“定点安装，对称旋转累积滑移施工”的方法施工，现场投入2台400t履带吊用于钢结构安装。履带吊分别在南副馆西侧（Z–5轴到Z–11轴之间）和北副馆东侧（Z–35轴到Z–41轴之间）位置施工。在Z–5轴～Z–11轴和Z–35轴～Z–41轴之间位置拼装钢结构，每拼装好一个单元后，采用液压同步推进装置，将钢结构按顺时针方向旋转滑移18°（弧长18m）到达预定位置。

根据屋盖结构特点，在Z–5轴和Z–11轴之间以及Z–35轴和Z–41轴之间设置拼装区域，区域内搭建平台，用来拼装屋盖结构。

4.2 支撑架搭设

4.2.1 整体思路

地面先用2:8比例水泥土回填1.20m，再在水泥土上20m×20m范围内浇筑100mm厚混凝土垫层。内环中心点支撑胎架由17组装配式支撑架拼装而成，高度29.05m，每组支撑胎架对称方向拉2道缆风绳，H型钢框架上部铺设钢板。

4.2.2 胎架安装

（1）安装顺序：钢板铺设→组装支撑架→连接支撑架→铺设钢板→拉缆风绳。

（2）钢板铺设：用全站仪在场馆中心位置地面放出内圆，将内圆平均分成16等分。布置钢板时，在中心位置同样布置一块钢板，在每个钢板周边设置四个固定点，每个固定点用ϕ20化学锚栓或ϕ20钢筋作用于混凝土地面，使每块钢板与混凝土地面固定。

（3）组装支撑架：支撑架块体为2.0m×2.0m×4.0m标准节，标准节立杆为ϕ159×6钢管，水平支撑和斜支撑为∠80×6角钢，拼装成高度29.05m的支撑架，支撑架下端与钢板焊接，以保证支撑架稳定性（图8）。

（4）连接支撑架：用ϕ159×6圆管将每个支撑架水平方向拉3道，高度分别为1m、14.05m、28m，在高度29.05m位置用型钢H300mm×200mm×6mm×8mm将每个支撑架连接起来，以保证在滑移时支撑架为一个整体，稳定性能得以保证。

（5）铺设钢板：在支撑架上排布型钢H450mm×200mm×9mm×14mm，H型钢上部铺设20mm厚钢板（图9）。

（6）缆风绳设置：在支撑架顶部位置布置缆风绳，缆风绳下端与周边混凝土柱底部缠绕绑扎固定，共布置32道缆风绳，选用ϕ22mm钢芯钢丝绳，用2～3t捯链拉紧，缆风绳拉设高度为支撑架顶部位置处（图10）。

4.2.3 临时支撑设置

主馆桁架分两段吊装，先将桁架在地面分段拼装，然后分段吊装至安装区域，在高空拼装成整体。桁架分段位置需搭设支撑架作为临时支撑。主桁架安装共对称搭设8个临时支撑，如图11所示，8个临时支撑编号分别为A_1、B_1、C_1、D_1、A_2、B_2、C_2和D_2（图11）。

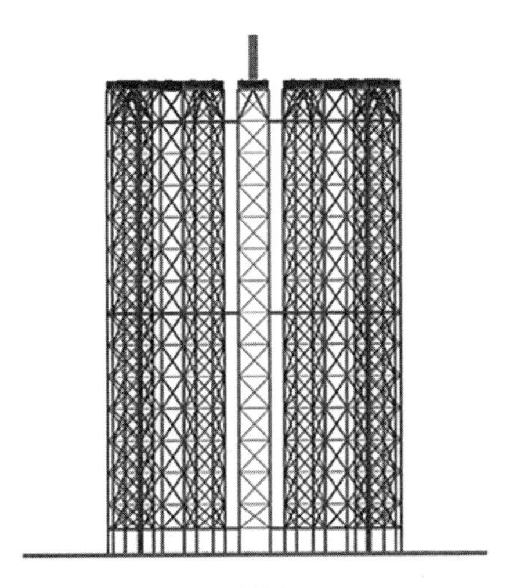

图8 支撑架
Fig.8 Support frame

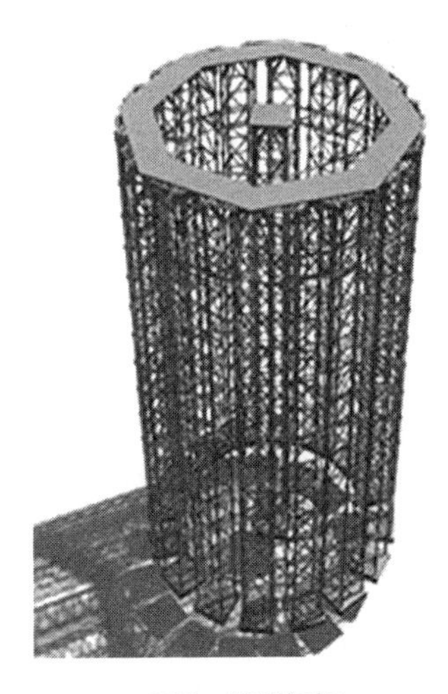

图9 铺设钢板
Fig.9 Laying steel plate

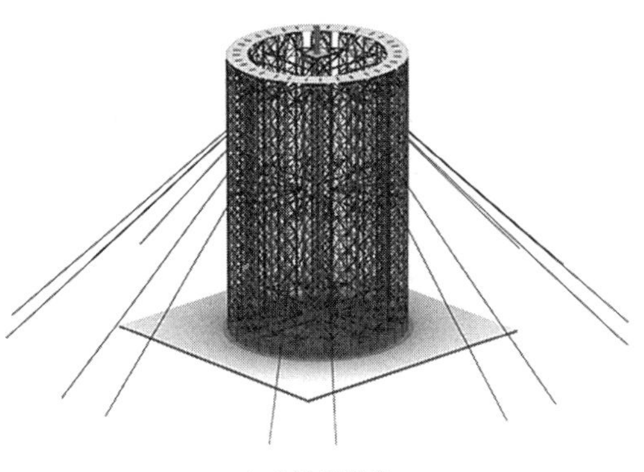

（a）计算模型

（b）施工实景

图10 缆风绳
Fig.10 Mooring line

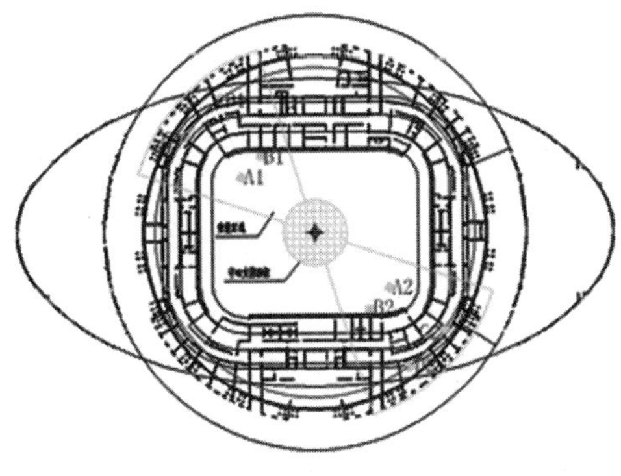

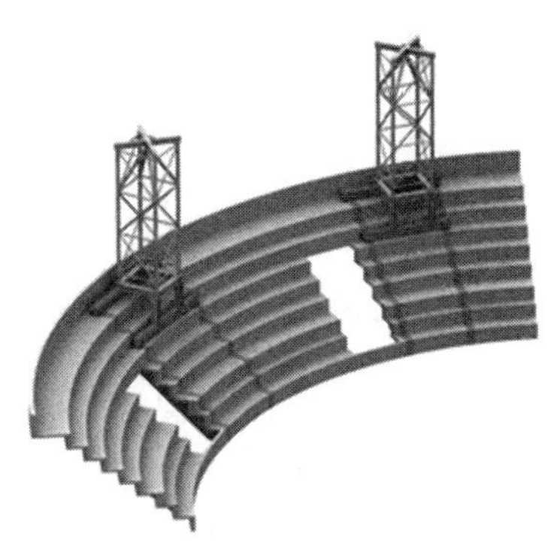

图11 临时支撑设置
Fig.11 Temporary support set

由于C_1、C_2、D_1和D_2这4个点均在混凝土看台上，经过计算，看台混凝土面支撑承载力不满足，因此，在看台顶上设置H型钢，型钢底垫设30mm厚木板，防止环向混凝土梁面直接接触型钢而受到破坏。钢梁根部与混凝土梁采用化学锚栓临时固定，通过H型钢将力传递给混凝土悬挑梁，经过验算完全满足要求。

4.2.4 轨道铺设

在外圈设置滑移轨道，设置于格构式钢柱柱脚位置；中心环下方支撑胎架上不设置轨道，中心环支撑胎架顶部设置滚轴，经过验算，每个支撑胎架顶部设置4根ϕ30滚杠，用来减少摩擦，滚轴周边做挡板用以限位，外圈轨道采取铺设43kg钢轨的形式，具体布置如图12所示。

图12 滑移轨道布置
Fig.12 Slip track arrangement

4.3 吊装方案

4.3.1 机械选用

主馆主桁架分两段，每段长度为24m，重量为12.5t，采用2台400t履带吊吊装。该履带吊（塔式工况42m主臂+42m副臂）58m作业半径可起吊20.6t（超过12.5t）。桁架均在58m作业半径覆盖范围内，满足吊装要求。中心穹顶安装将杆件与鼓形节点拼装成三角形或菱形块体吊装，每个鼓形节点作为临时支撑，最大吊装单元重3t，随着主桁架安装进度安装穹顶。采用100t汽车式起重机场内吊装。100t汽车式起重机在26m作业半径（平衡重14.3t）、48m臂、41m吊装高度时，吊装重量为7t（超过5.5t），满足要求。副馆采用2台100t汽车式起重机吊装钢柱、桁架，2台25t汽车式起重机配合材料倒运以及中间补空。

4.3.2 安装方法

由于场地受限、空间狭小，无法进行环向原位安装。根据结构特点，综合考虑场地、工期、人员机具等众多影响因素，主馆创新采用“对称旋转累积滑移”施工工艺进行安装，施工流程如下：

（1）搭设中心抗扭转支承架，由17组装配式格构架拼装而成，高度29.05m，四周拉设缆风绳，上部铺设钢板。

（2）搭设8个临时支承架，对称分布，通过托梁转换支撑于看台结构上，用于桁架安装。

（3）内环桁架分六段在地面拼装，每段重5.5t，采用100t汽车式起重机场内吊装。

（4）主馆结构吊装采用2台400t塔式工况履带吊。主桁架分两段进行地面拼装、吊装，高空安装。桁架分段长度为24m，重量12.5t。

（5）“Y”形格构柱与外环梁拼装为一体吊装，重量为32t，通过模型选取重心，采用两点式起吊，保证其倾斜姿态，对准上口，临时固定，下口用捯链将柱底向内牵引，与滑移轨道内中线对齐就位。

（6）单元拼装完成后，进行滑移，滑移方式为“外环驱动，内环随动”，外环采用液压同步顶推装置驱动滑动摩擦，主动滑移；内环采用滚杠（轴）滚动摩擦，随动滑移。

（7）综合考虑滑鞋、轨道和结构尺寸，滑鞋、轨道以“结构在设计标高上滑移”为指导原则进行设计，结构滑移到位后，不需要调整标高，直接安装格构柱支座。

（8）桁架结构累积安装为整体后，进行弦支索结构施工，先借助吊车、卷扬机、捯链等设备工具完成环索与撑杆的连接，然后进行径向斜索的安装，最后分级分批进行张拉。

（9）弦支结构完成后对屋盖结构进行分级、等量卸载，直至屋盖与中心支撑架完全脱开，最后拆除中心支承架、滑靴、轨道等。

待主馆屋盖安装完成后，采用分条分块法进行上部单层网壳的安装。副馆采用两台100t汽车式起重机进行钢柱、桁架吊装，两台25t汽车式起重机配合材料倒运以及中间补空。

副馆钢结构安装顺序为：靠近一侧钢柱→中间段桁架→外侧斜钢柱→主副馆之间的过渡桁架→最外侧悬挑段桁架。

4.4 中心网壳安装

单层网壳结构杆件由矩形管□500×220×6、□500×200×6组成，节点为鼓形节点，总重量约110t。单层网壳主要分为三部分进行安装。

具体位置为：第一部分为中心六角芒星，第二部分为拼装块体（编号为：A1、A2、A3、A4、A5、A6），第三部分为拼装块体（编号为：B1、B2、B3、B4、B5、B6），其余为补空散件安装（图13、图14）。

采用分段分块吊装法吊装，分6段吊装，每段重5.5t，采用100t汽车式起重机场内吊装（图15）。

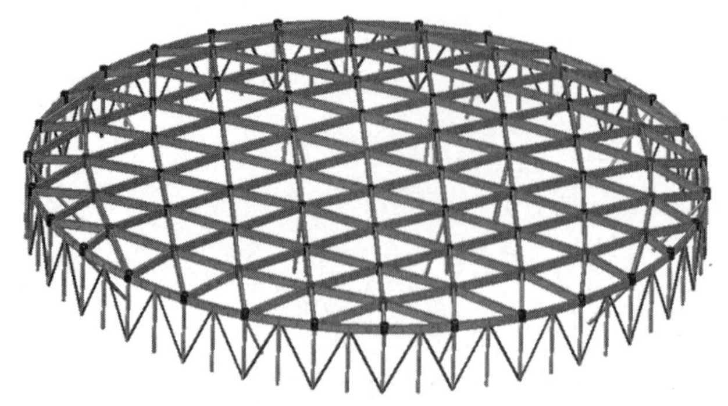

图13 中心网壳模型图
Fig.13 Model diagram of central reticulated shell

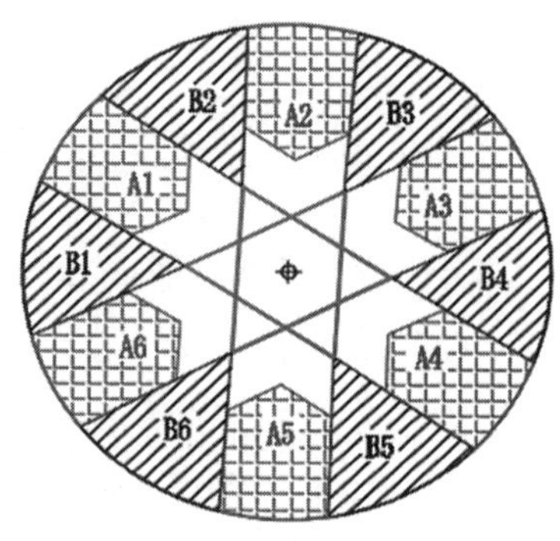

图14 中心网壳块体拼装布置图
Fig.14 Block assembly layout of central reticulated shell

图15 网壳吊装完成
Fig.15 Lifting of reticulated shell completed

4.5 格构柱安装

滑移为“外环驱动、内环随动”，外环采用液压同步顶推装置驱动滑动摩擦，主动滑移；内环采用滚杠（轴）滚动摩擦，随动滑移。

综合考虑滑鞋、轨道和结构尺寸，滑鞋、轨道以“结构在设计标高上滑移”为指导原则进行设计，结构滑移到位后，不需要调整标高，可以直接安装格构柱支座（图16、图17）。

4.6 弦索张拉

主馆钢桁架及中心网壳安装就位后，安装环向索，环向索就位后，开始安装径向索并进行张拉。环向索及径向索首先由内向外预张拉，张拉力为设计张拉力的10%，

图16　格构柱吊装

Fig.16　Lifting of lattice column

图17　主桁架和格构柱连接

Fig.17　Connection between main truss and latticed column

完成预紧；再由外向内张拉到设计张拉力的40%，再由内向外张拉到设计张拉力的70%，此时主馆钢屋盖卸载，施工验算挠度为116mm；再由内向外张拉到设计力的100%，经施工验算，此时挠度为56mm（图18）。

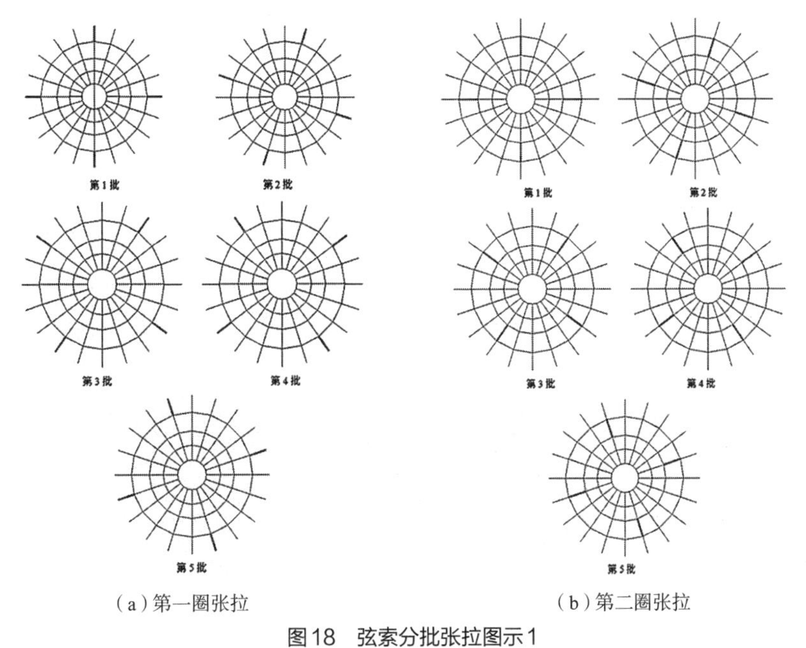

（a）第一圈张拉　　（b）第二圈张拉

图18　弦索分批张拉图示1

Fig.18　Drawing of string tension in batches 1

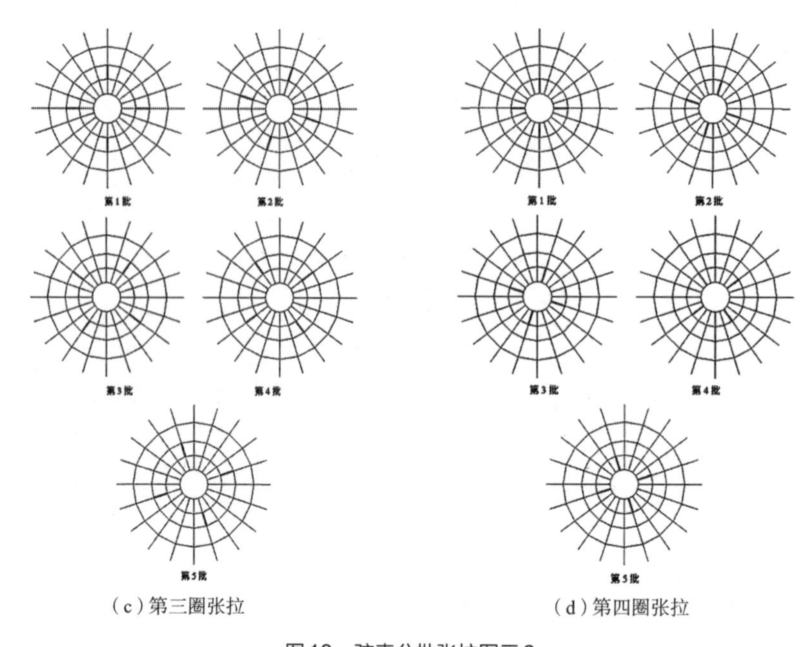

（c）第三圈张拉　　（d）第四圈张拉

图18　弦索分批张拉图示2
Fig.18　Drawing of string tension in batches 2

5 结语

该项目钢结构工程于2019年5月1日开工，2020年5月31日竣工验收（图19），钢结构总用钢量为3300t，施工工期紧，施工难度大。合理全面的设计及现场配合使得工程施工进展顺利，结构质量优良，工程实践证明：项目施工中通过采用BIM技术，进行钢结构深化设计并导入数控加工设备进行加工，避免了加工切割的人为操作

图19　钢结构施工完成
Fig.19　Construction of steel structure completed

失误，保证了施工进度与质量。对于复杂节点，利用BIM技术进行进度校核，确保了加工精度。项目顺利通过了验收，并荣获钢结构金奖。

参考文献

[1] 中华人民共和国国家标准.钢结构工程施工规范GB 50755—2012[S].北京：中国建筑工业出版社，2012.

[2] 中华人民共和国国家标准.装配式钢结构建筑技术标准GB/T 51232—2016[S].北京：中国建筑工业出版社，2016.

大型会展中心施工关键技术研究

周英杰　靳　鑫　常　璐
（中国建筑第八工程局有限公司，上海　200112）

【摘　要】 20世纪90年代后，我国会展业得到迅猛发展，会展建筑也迎来了良好的发展机遇，它所带来的巨大经济效益和城市效应引起了人们前所未有的关注。本文通过剖析大型会展中心施工过程中的重难点工作、施工过程中应用的新技术和技术创新等，希望能给相关的技术人员和施工人员提供参考。

【关键词】 巨型钢结构；大跨度不等高桁架；大跨度曲面玻璃幕墙；异形曲面铝板吊顶；大型悬吊双曲月牙桁架

Research on Key Construction Technology of Large-scale Convention and Exhibition Center

Yingjie Zhou　Xin Jin　Lu Chang
(China Construction Eighth Engineering Division Corp., Ltd., Shanghai 200112, China)

【Abstract】 After the 1990s, China's exhibition industry has been developing rapidly, exhibition buildings have also ushered in a good opportunity for development, it brings huge economic benefits and urban effects have attracted unprecedented attention. This paper analyzes the difficult work in the construction process of large exhibition center, the application of new technology and technological innovation in the construction process, etc., hoping to provide reference to the relevant technical personnel and construction personnel.

【Keywords】 Giant Steel Structure; Large Spans Vary from High Truss; Large Span Curved Glass Curtain Wall; Special Surface Aluminum Plate Ceiling; Large Suspended Double Crescent Truss

1 引言

建设大型会展建筑，主要困难在于大型会展建筑一般都造型新颖、外形复杂，同时，大跨度是会展建筑的主要特色，解决和分析这些重难点是施工同类型工程的主要工作任务和目标。故编制大型会展中心关键施工技术研究可以有效地帮助同类型工程合理地进行规划、施工准备、全过程控制，保证施工质量。

2 工程概况

2.1 设计概况

西安丝路国际会议中心位于陕西省西安市浐灞生态区，是西北地区最大的集生态化、国际化、智能化于一体的会议场所，同时也是2021年第十四届全运会的配套设施。作为一座现代大气并具有优雅精致古典神韵的国家级会议中心，映衬新时代下，具有十三朝古都底蕴的现代化国际化大都市——西安。同时也是助力西安提升城市形象，加快国际化进程的有力支撑。

西安丝路国际会议中心的立面设计，以简明抽象的手笔，对中国古典建筑特征进行传承，并给予新的诠释，从而创造出现代而经典、大气而精致、庄重而优雅的标志形象。外立面通过上下白色月牙和月牙间大玻璃幕墙形成有致的虚实对比，在创造出建筑特有漂浮感的同时，更创造了绝美的张力空间体验。

本工程建筑面积为207112m^2，占地面积105074m^2，建筑东西长207m，南北宽207m，建筑高度51.05m，地下1层，局部2层，地上3层，局部6层；基础为桩筏基础，地下为钢筋混凝土框架结构，地上为巨型钢框架结构，外立面由月牙铝板幕墙和玻璃幕墙组成，设有给水排水及采暖、通风与空调、建筑电气、智能建筑等系统，直梯30部，扶梯34部。

本工程耐火等级为一级。抗震烈度为8度，地下2层，主要功能为停车库及机房，地上3层，分别设置有宴会厅、多功能厅和主会议厅，每层设置四个卫星厅，可同时容纳逾万人。

2.2 建设概况

项目于2017年11月15日开工，2020年3月31日通过竣工验收并交付使用。

3 项目重点、难点及亮点

3.1 工程特点

3.1.1 造型新颖、外形复杂

本工程设计理念取自西安古城钟楼，以钟楼屋架结构意向为主要设计元素，屋檐四角飞翘，如鸟展翅，以现代的双月牙造型和钢立柱诠释传统大屋檐空间造型。建筑外立面月牙桁架通过圆管吊柱悬挂于屋面悬挑结构，悬挂体与主体结构滑动连接，彰显建筑的现代、漂浮和灵动感。

3.1.2 巨型钢结构隔震层

本工程地下结构采用“钢筋混凝土框架”体系；地上结构为“钢框架支撑结构柱+正交主桁架”体系，总用钢量约6.5万t。通过隔震支座形成隔震层连接；隔震层包含天然橡胶支座、带铅芯橡胶支座及弹性滑板支座3种类型，共计526个。隔震支座设置于悬臂独立柱顶部，上部连接钢柱，减轻地震对上部结构造成的损坏，保证结构在大震情况下的安全、可靠。

3.1.3 大跨度不等高桁架

本工程桁架跨度大、提升高度高、自重大、高差桁架技术难，大跨中庭屋面桁架跨度63m，顶标高48m，由9m及5m的不等高组合桁架拼接而成，整体自重达650t。

3.1.4 悬吊双曲月牙结构

本工程采用屋面悬挑桁架达38m，分段空中拼接难度高，超长吊柱拼装，吊装挠曲变形控制难度大，悬挂结构卸载变形复杂。

3.1.5 大跨度曲面幕墙

本工程外立面通过上下白色“月牙”和“月牙”间的大玻璃幕墙形成有致的虚实对比，下“月牙”底部为内凹的首层全玻璃幕墙，四面通透的大玻璃幕墙，钢结构吊柱兼作幕墙龙骨，设计新颖，协同变形复杂，且为保证大空间采光效果，玻璃分块、重量大，不易安装。

3.2 工程重点、难点及亮点

3.2.1 复杂钢结构施工组织

本工程地上钢结构6.5万t，涉及构件5万余个，如何组织人员进行高效率的钢结构施工，是本项目的难点。

3.2.2 巨型钢结构隔震层施工精度要求高

本工程地下结构的悬臂独立柱和地上钢框架结构通过隔震支座相连，隔震支座预埋板的水平度、标高和平面位置对上部钢框架结构的安全性及稳定性起决定性影响，隔震预埋板精度要求±2mm，施工难度大。

3.2.3 大跨度不等高桁架施工难度大

本工程大跨中庭屋面桁架跨度63m，三榀大跨度桁架底标高相差3.5m，整体自重达650t，桁架跨度大、提升高度高、自重大的特点增加了大跨度屋面桁架的施工难度。

3.2.4 亚洲首例1.5万t大型悬吊双曲月牙桁架安装及卸载变形控制难

本工程外立面为屋面悬挑桁架，通过钢吊柱下挂月牙形桁架组成巨型悬挂裙摆漂浮结构；屋面上月牙悬挑桁架最大悬挑38m，高空施工难度大；46m超长钢吊柱拼装、吊装挠曲变形控制难度大；下月牙的悬挂桁架结构卸载变形复杂。

3.2.5 结构内大跨度悬索连廊室内安装难度大

本工程内部南侧大厅上空24m处设有跨度63m的大跨度悬索桥。由于室内大跨度悬索桥施工条件与室外存在较大区别，尽管理论上可采用原位拼装+超大型设备液压同步提升施工技术，仍需解决跨度大于36m及以上钢结构安装问题以及提升点位的布置与预起拱量的分析，提升过程考虑加载过程引起的构件内力变化以及对提升点产生的反力、加载过程控制技术等难题。

3.2.6 大跨度曲面玻璃幕墙安装精度要求高

本工程外立面月牙悬挂结构内排钢吊柱兼作玻璃幕墙龙骨，对钢吊柱和幕墙玻璃的安装精度要求较高。若幕墙玻璃安装与悬挂结构不能实现协同工作，在风、温度等荷载作用下幕墙吊柱变形可能会导致单元玻璃板块脱落或破坏。

3.2.7 室内异形曲面铝板吊顶施工难度大，精度要求高

本工程室内曲面吊顶整体长度超过180m，施工高度为40.8～50.5m，整体表面为异形曲面，外边为弧形，非常规方正平面，造型复杂、施工难度大。

3.2.8 大型机房设备多、管线复杂，安装质量要求高

本工程大型机房设备多、管线复杂，设备机房为大型场馆运行的核心，安装质量和运行稳定性要求高。如采用常规零散设备及管道现场拼装的方法，施工效率低且质量难以保证。

3.2.9 高大空间机电管线施工难度大

本工程各会议厅、前厅高大空间机电管线安装高度高、难度大。前厅吊顶上安装有照明灯具、空调送风管等。最高安装高度风管中心标高15.6m，风管宽度1600mm，高空作业量大。

3.2.10 室内照明控制智能化程度高，灯光回路复杂

本工程智能照明系统通过KNX和TCP/IP结合的通信方式，实现电脑端和移动端IPAD对整个建筑的灯光进行集中监视和控制。公共区域应实现单回路开关控制和任意回路组合控制，模块具有应急照明自动启动功能，会议室内应实现单回路调光控制和不同场景模式下的一键控制。可根据不同工作时间段内的不同场景控制要求，进

行场景自动变换，从而减少能源浪费，达到节能目的。

3.2.11 高大空间空调系统舒适性控制难度大

大型会议场馆均具有空间大、人员多、耗能高的特征，大空间内的热湿环境由于浮力原因产生竖向温度梯度，对气流要求严格，各个区域温度控制困难。

3.2.12 机电系统调试和联合调试复杂、难度大

本工程规模大、专业多、施工单位多，系统复杂；调试工作量大，调试时间紧；联合调试过程中需要各专业系统、设备厂商等相互配合，组织协调工作量大。

4 主要科技创新技术和关键技术

4.1 新技术应用情况

本工程共推广应用建筑业10项新技术9大项41子项（表1）。

新技术应用一览表　表1

Summary of new technology applications　Tab.1

序号	项目	新技术名称	应用量
1	钢筋与混凝土技术	2.5 混凝土裂缝控制技术	63264m^3
		2.7 高强钢筋应用技术	18687t
		2.8 高强钢筋直螺纹连接技术	427845个
		2.9 钢筋焊接网应用技术	134984m^2
		2.10 预应力技术	273t
		2.11 建筑用成型钢筋制品加工与配送技术	12645t
2	模板脚手架技术	3.1 销键型脚手架及支撑架	3482t
3	装配式混凝土结构技术	4.3 混凝土叠合楼板技术	134984m^2
4	钢结构技术	5.1 高性能钢材应用技术	65842t
		5.2 钢结构深化设计与物联网应用技术	65842t
		5.3 钢结构智能测量技术	65842t
		5.4 钢结构虚拟预拼装技术	65842t
		5.5 钢结构高效焊接技术	65842t
		5.6 钢结构滑移、顶（提）升施工技术	927
		5.7 钢结构防腐防火技术	65842t
		5.9 索结构应用技术	172m
5	机电安装工程技术	6.1 基于BIM的管线综合技术	212573m^2
		6.4 工业化成品支吊架技术	3653套
		6.5 机电管线及设备工厂化预制技术	54682m^2

续表

序号	项目	新技术名称	应用量
5	机电安装工程技术	6.8 金属风管预制安装施工技术	122416m²
		6.11 建筑机电系统全过程调试技术	机电系统
6	绿色施工技术	7.2 建筑垃圾减量化与资源化利用技术	1145m³
		7.3 施工现场太阳能、空气能利用技术	太阳能路灯65个，空气能热水器1个
		7.4 施工扬尘控制技术	工程建设全过程
		7.5 施工噪声控制技术	工程建设全过程
		7.6 绿色施工在线监测评价技术	工程建设全过程
		7.7 工具式定型化临时设施技术	工程建设全过程
		7.10 混凝土楼地面一次成型技术	66782m²
		7.11 建筑物墙体免抹灰技术	2476m³
7	防水技术与围护结构节能	8.8 高效外墙自保温技术	268m³
8	抗震、加固与监测技术	9.1 消能减震技术	508个
		9.2 建筑隔震技术	508个
		9.3 结构构件加固技术	141m²
		9.6 深基坑施工监测技术	48762m²
		9.7 大型复杂结构施工安全性监测技术	927t
9	信息化应用技术	10.1 基于BIM的现场施工管理信息技术	工程建设全过程
		10.3 基于云计算的电子商务采购技术	工程建设全过程
		10.5 基于移动互联网的项目动态管理信息技术	工程建设全过程
		10.6 基于物联网的工程总承包项目物资全过程监管技术	工程建设全过程
		10.7 基于物联网的劳务管理信息技术	工程建设全过程
		10.8 基于GIS和物联网的建筑垃圾监管技术	工程建设全过程

4.2 关键技术与创新

4.2.1 复杂巨型钢结构组合隔震支座施工技术

本工程柱顶隔震支座安装精度要求高，通过复杂巨型钢结构施工模拟计算，施工中采用新型加固体系、双站测量、二次浇筑等技术措施，控制独立柱垂直度，研发了预埋件精微安装调平装置，解决了预埋件水平标高调整和控制的难题（图1、图2）。

4.2.2 大跨度不等高桁架分次拼装整体提升施工技术

本工程屋面大跨度不等高桁架跨度63m，距地50m，重达650t，施工难度高。通过先在地面原位拼装桁架规则部分，再将其提升至顶面标高较高位置后约束固定，

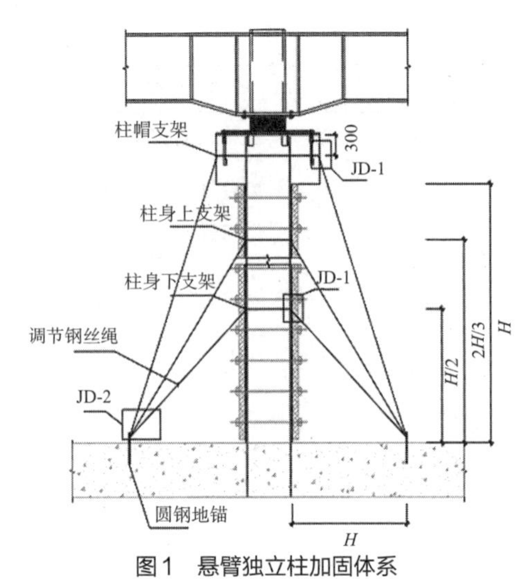

图1 悬臂独立柱加固体系

Fig.1 Cantilever column reinforcement system

图2 独立柱成型效果

Fig.2 Individual column molding effect

并低悬空拼装桁架剩余不规则部分，最后整体提升就位，解决了大跨度不等高桁架室内安装存在的力形与位形控制难的问题（图3）。

4.2.3 大型悬吊双曲月牙桁架施工技术

本工程悬吊双曲月牙结构由屋面悬挑桁架、吊柱及下挂月牙桁架构成（图4）。桁架最大悬挑长度约38m，吊柱最大长度46.2m，安装及卸载过程中变形控制难度大。通过无支撑反拱预抬安装上部悬挑桁架、预留后嵌补段安装圆管吊柱、分级分批协同卸载悬挂体系，解决了大型悬吊结构体系安装变形控制的难题，确保悬挂结构整体卸载后变形与月牙桁架向结构内收缩变形趋势相协调。

图3 整体多点同步提升
Fig.3 Overall multipoint synchronization enhancement

图4 屋面悬挑桁架吊装安装
Fig.4 Erection of suspended roof truss

4.2.4 室内异形曲面铝板吊顶整体吊装施工技术

本工程上月牙整体长度超过180m，施工高度为40.8～50.5m，整体表面为异形曲面，外边为弧形，非常规方正平面，造型复杂、施工难度大。经充分研讨分析，采用犀牛软件优化曲面（图5），预先划分施工单元，地面预拼装后再整体吊装，解决了异形大曲面铝板吊顶高空拼装成型效果难以控制的难题，提高了施工效率。

4.2.5 幕墙玻璃与主体结构协同工作施工技术

本工程通过有限元分析掌握幕墙龙骨与玻璃面板的协同工作机理（图6），从BIM的自动放样分割及提取下料技术、托板分线安装技术、基座型材安装技术、玻璃安装及饰板安装技术等全套的悬挂玻璃幕墙施工安装技术，保证了吊柱作为结构柱并兼作幕墙龙骨的合理受力及协同工作，为吊挂幕墙系统的耐久性及安全性提供技术保障。

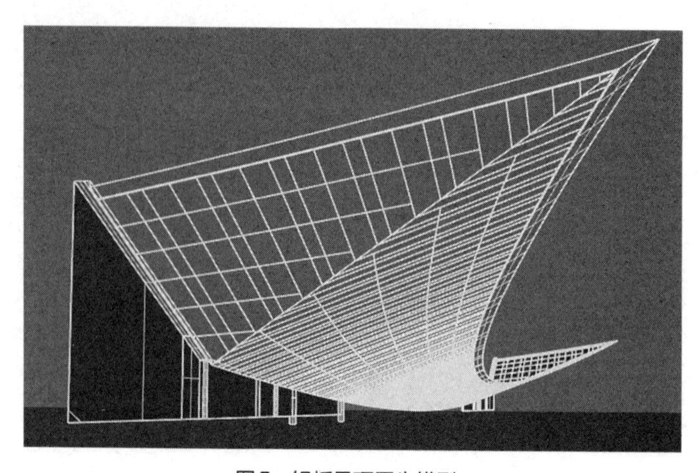

图5 铝板吊顶犀牛模型
Fig.5 Aluminum ceiling rhinoceros model

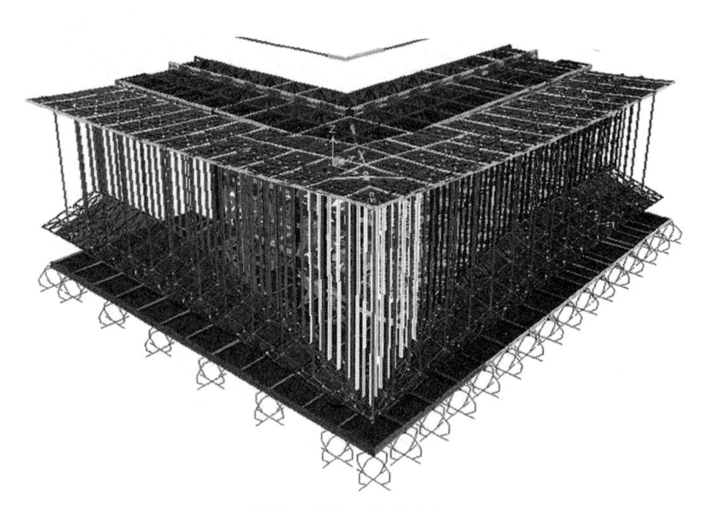

图6 有限元软件建模
Fig.6 Finite element software modeling

4.2.6 复杂巨型隔震钢结构机电安装关键技术

本工程给水排水、消防水管道穿越隔震层以及隔震缝须采用隔震柔性管道连接，通过在隔震层管道易产生扭曲变形处采用柔性管道连接，有效解决了地震对建筑管道可能产生的破坏影响（图7）。

4.2.7 机房BIM+管道工厂化预制技术

本工程机房设备多、管线复杂，通过进行BIM深化设计及管线优化布置（图8），利用BIM模型进行管道分段预制及支吊架预制加工图的绘制。根据预制加工图，进行工厂管道预制加工及支吊架预制加工，依托BIM模型确定拼装顺序，进行现场拼装，解决了机房工程管线现场零散拼装质量不易控制的难题。

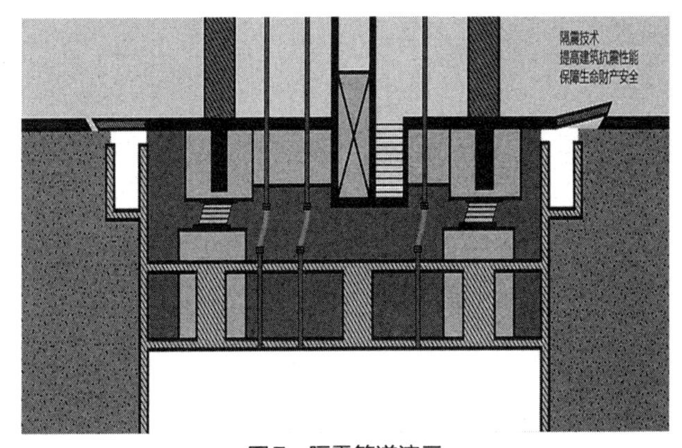

图7 隔震管道演示
Fig.7 Isolation pipe demonstration

图8 机房BIM模型
Fig.8 Machine room BIM model

5 结语

西安丝路国际会议中心将全力建设“西部会展产业新核心，西安会展经济新引擎”，它的建成为大跨度的钢结构、幕墙以及异形铝板等积累了一定的施工经验，同时也为同类型会展场馆的建设提供了宝贵的经验。

参考文献

[1] 张照福，张立伟.巨型钢结构概念及其应用[J].低温建筑技术，2007(5)：61-62.

[2] 王丰哲，杨帅.第七届全国钢结构工程技术交流会论文集.2018-08-22.

[3] 张怡，罗惠平.国家速滑馆项目大型异形劲性结构施工技术[J].施工技术，2020(10)：1-3.

[4] 李奇志，漆佳欣.装配式抗震支架异形曲面铝板吊顶施工技术[J].建筑施工，2020(7)：1152-1154.

西安体育学院曲棍球赛场基层施工技术

陈金戈　罗新锋

（陕西建工集团有限公司，西安　710003）

【摘　要】 根据曲棍球比赛要求，曲棍球比赛过程中每隔8min需要进行场地喷淋，保证赛场场地喷淋后场地任一点积水深度为3mm±1mm，不应有小于2mm的区域，在满足保水性的同时需满足渗水性要求，设计要求基层渗水性不小于150mm/h，场地的集排水设施是否满足要求对场地使用及基础稳定性具有重要意义。本文根据第十四届全运会曲棍球场地建设过程，简单谈论一下曲棍球赛场施工中基层的集排水施工技术。

【关键词】 曲棍球赛场；排水；级配碎石；透水沥青；渗水率

Basic Construction Technology of Xi'an Physical Education University Field

Jinge Chen　Xinfeng Luo

(Shaanxi Construction Engineering Group Co. Ltd., Xi'an 710003, China)

【Abstract】 According to the requirements of the field hockey match, the field should be sprayed every 8 minutes during the course of the field hockey match. The depth of the water accumulated at any point of the field after the field was sprayed should be 3 mm ±1mm and should not be less than 2mm, in order to meet the requirement of water-holding capacity and water-seeping capacity at the same time, the design requirement of the base is not less than 150mm/h. Whether the water-collecting and drainage facilities meet the requirement is of great significance to the use of the site and the stability of the foundation. According to the field construction process of the 14th National Games, this paper briefly discusses the construction technology of collecting and draining water at the grass-roots level in field construction.

【Keywords】 Hockey Field; Drainage; Graded Gravel; Permeable Asphalt; Permeable Rate

西安体育学院鄠邑校区第十四届全运会曲、棒、垒、橄赛场及赛事服务附属设施工程主要建设内容为第十四届全国运动会曲棍球、棒球、垒球、橄榄球比赛场地，看台，赛事服务附属设施用房及室外总体工程。其中曲棍球比赛场地3块，场地为I类场地，达到曲联场地分类国际级并已取得曲棍球国际级别认证。

场地基层的施工直接关系到面层施工时各项检测技术指标是否满足要求，根据曲棍球赛场特殊的喷淋水要求，对各结构层的渗排水性能都有较高的要求，草坪面层施工前必须进行渗水性试验。

1 工程概况

本工程赛场构造做法如图1所示。

(1) 13mm厚蓝色人造草坪
(2) 15mm厚橡胶透水减振层
(3) 30mm厚中沥青透水混凝土（PAC-10）
(4) 40mm厚粗沥青透水混凝土（PAC-20）
(5) 200mm厚级配碎石分层压实（ϕ5～ϕ30）
(6) 300mm厚12%灰土，分二次振夯密实，压实度大于95%

图1 赛场构造
Fig.1 Track configuration

赛场周边设置钢筋混凝土排水环沟，接入室外工程雨水管道，赛场主要通过结构排水系统排水，草坪面层及沥青混凝土面层均需具有一定透水性要求，级配碎石基层在此能起到排水基层的作用，12%作为防水基层，能保障经过级配碎石基层的水分通过排水盲管排入环沟，而不渗入基底。

2 基层排水施工重难点分析

2.1 12%灰土基层

作为赛场构造中的防水层，防止水流渗入基底，面积约6400m^2，坡度为0.3%，基层平整度要求3m直尺检测空隙不大于3mm，施工质量直接影响整体质量。

2.2 盲管施工

盲管为赛场主要排水构造，位于级配碎石排水基层下，12%灰土防水基层以上，排水盲管材质选择、安装坡度及安装细部质量控制是满足排水要求的重点。

2.3 级配碎石层

根据体育工艺专项设计，未明确压实度要求，根据《体育场地使用要求及检验方

法 第11部分：曲棍球场地》GB/T 22517.11—2014，要求基层渗水率大于150mm/h，各基层平整度要求3m直尺测量空隙不大于3mm。《城镇道路工程施工与质量验收规范》CJJ 1—2008中要求级配碎石压实度不小于97%，可以使用灌沙法测定。

作为赛场构造排水层，根据道路施工级配碎石层经验表明，合理选择材料、选择合理的级配以及严格控制施工工艺是提高级配碎石强度和稳定性、满足渗排水要求的关键。

2.4 透水沥青混凝土

曲棍球赛场设计沥青面层为透水沥青混凝土，沥青要求参考《公路沥青路面施工技术规范》JTG F 40—2004。根据规范要求，级配沥青混合料孔隙率满足渗水要求，经与工程所在地周边沥青生产单位试验室合作，对相关规范进行查阅及初步试配试验，最终确定沥青配合比参考现行《透水沥青路面技术规程》CJJ/T 190—2012第4.3条透水沥青混凝土配合比设计中透水沥青混凝土骨料级配范围，选择PAC10、PAC20级别，并报设计单位及建设单位同意。区别于普通沥青混凝土，透水沥青混凝土面层在原材料控制及施工过程质量控制方面必须严格按照透水混凝土相关施工要求进行。

3 施工过程质量控制

3.1 原土夯实

在原土基层碾压完成后，查看地基处理情况，在碾压之前，除进行实测标高外，还须对原地基的稳定性和强度进行测试。如发现软土地基，要及时处理，防止出现基础下沉、开裂等现象，经初碾压后的基层，不得有松软、间隙现象，较浅部分的填方用推土机推走，用不含有淤泥、有机物等杂物的灰土进行更换。18t以上的振动压路机整场碾压次数不得少于2次，轮迹深度不得大于5～10mm，但须防止碾压变形，其坡度必须满足设计要求；碾压时压路机的配水箱中灌满水，每次碾压轮均要带水，经压路机碾压后的土表层不得有松散现象，碾压后表面应平整，其坡度应符合设计要求，为下道工序打下良好的基础。

3.2 灰土底基层施工

在石灰稳定土层施工前，应取所定料场中有代表性的土样及灰土进行试验，确定原材料满足施工要求，按照设计12%灰土计算最优含水率和最大干密度。

石灰稳定土选择路拌法施工，如图2所示。

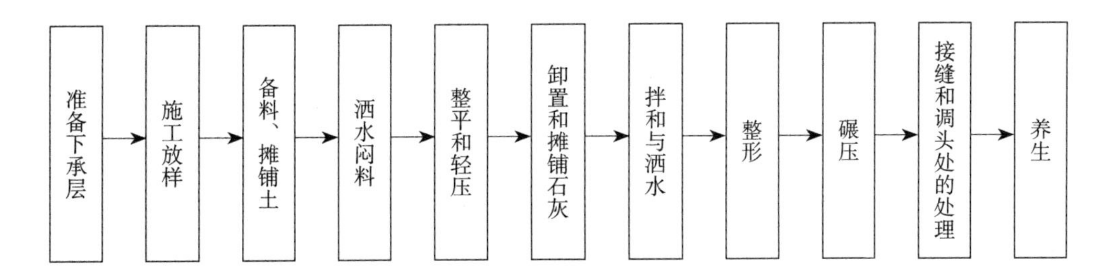

图2　石灰稳定土路拌法施工的工艺流程

Fig.2　Technological process of lime stabilized soil mixing method

摊铺土前应事先通过试验确定土的松铺系数。如已整平的土（含粉碎的老路面）含水量过小，应在土层上洒水闷料。洒水应均匀，防止出现局部水分过多的现象，严禁洒水车在洒水段内停留和调头。对人工摊铺的土层整平后，用6～8t 两轮压路机碾压1～2遍，使其表面平整，并有一定的压实度。

按计算所得的每车石灰的纵横间距，用石灰在土层上做标记，同时划出摊铺石灰的边线。

用刮板将石灰均匀摊开，石灰摊铺完后，表面应没有空白位置。量测石灰的松铺厚度，根据石灰的含水量和松密度，校核石灰用量是否合适。

现场采用农用旋转耕作机与平地机相配合进行拌和，但应注意拌和效果，拌和时间不能过长。

现场采用农用旋转耕作机与平地机配合拌和四遍。先用旋转耕作机拌和两遍，后用平地机将底部素土翻起，再用旋转耕作机拌和两遍，多种犁或平地机将底部料再翻起，并随时检查调整翻犁的深度，使稳定土层全部翻透。严禁在稳定土层与下承层之间残留一层素土，但也应防止翻犁过深，过多破坏下承层的表面。通常应翻犁两遍。接着，再用旋转耕作机拌和两遍，用平地机再翻犁两遍。混合料拌和均匀后，应立即用平地机初步整形。在直线段，平地机由两侧向路中心进行刮平。必要时，再返回刮一遍。

整形后，当混合料的含水量为最佳含水量（+1%～+2%）时，应立即用轻型压路机并配合12t以上压路机在结构层全宽内进行碾压。应重叠1/2轮宽，后轮必须超过两段的接缝处，后轮压完路面全宽时，即为1遍。一般需碾压6～8遍。压路机的碾压速度，头两遍以采用1.5～1.7km/h为宜，以后宜采用2.0～2.5km/h。采用人工摊铺和整形的稳定土层，宜先用拖拉机或6～8t两轮压路机或轮胎压路机碾压1～2遍，然后再用重型压路机碾压。

接缝处理，根据赛场宽度及长度，灰土摊铺机碾压沿长边方向进行，衔接处采用搭接。同日施工的两工作段的衔接处，应采用搭接形式。前一段拌和整形后，留5～8m不进行碾压，后一段施工时，应与前段留下未压部分一起再进行拌和。水泥稳定土层的施工应该避免纵向接缝，必须分两幅施工时，纵缝必须垂直相接，不应斜接。

3.3 场地排水盲管施工

盲沟施工在灰土层整体施工完成后进行，间距4m，采用开沟机施工，沟底及沟边人工修整，按照设计构造要求，为保证给水排水效果，盲沟底面及侧面铺贴防水土工布，两侧上部搭接固定至沟上部。内置HDPEϕ100成品盲管，盲管上部填充卵石，灰土基层处理完成，在盲沟沟底及两侧铺设隔水土工布，防止水流侵入场地灰土基层，土工布超出沟边界3～5cm，临时用铁钉固定（图3）。作为赛场主要排水设施，盲管坡度0.5%，接入环沟内。

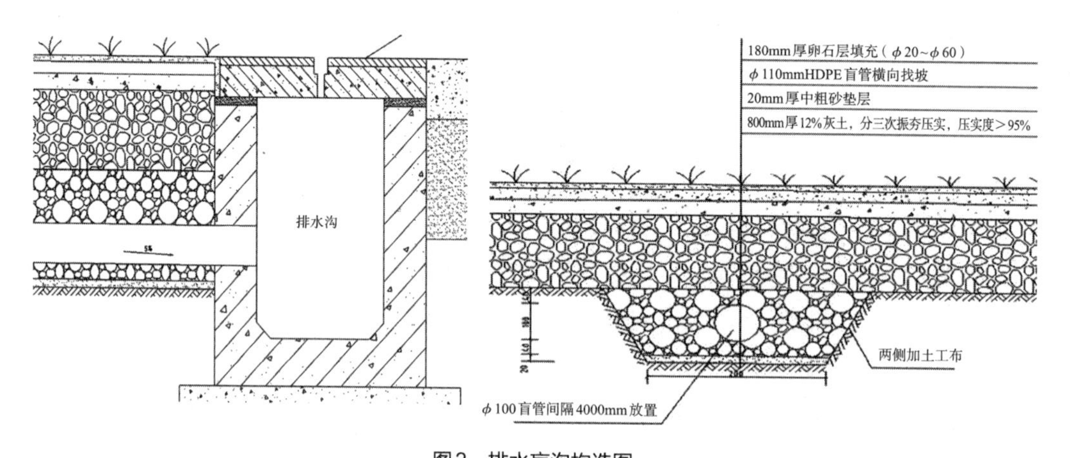

图3　排水盲沟构造图
Fig.3　Structure diagram of blind drain

3.4 级配碎石层

（1）配合比设计

集料级配是影响级配集料的强度、稳定性最为重要的因素之一。综合已有的研究成果，影响集料级配的主要因素为公称最大粒径4.75mm及0.075mm的通过率。满足渗水系数要求，实际配合比设计时，宜将0.075mm通过率控制在 5%以下。根据赛场渗水性及压实度要求，委托试验室进行配合比设计。4.75mm通过率27.4%，0.075mm通过率3.2%。

（2）级配碎石层拌和及摊铺

根据现有工艺要求，为保证级配碎石层施工质量，级配碎石料按照配合比设计采用厂拌加工，集中厂拌的混合料级配更容易控制，拌和更加均匀，因此，级配碎石生产质量容易得到保证，同时生产率也大大提高。级配碎石基层采用两台摊铺机呈梯队形作业，厚度、平整度易控制，碾压工艺也易控制。摊铺过程严格控制机械行进路线，避免对盲沟填充碎石碾压，导致盲管破裂，影响排水效果。

（3）级配碎石基层碾压

通过试验室对级配碎石基层碾压工艺的研究表明，采用振动压路机和胶轮压路机联合碾压可以达到较好的碾压效果。国内外实践证明，对于级配碎石材料，开始宜先静压，使其大体稳定并具有一定的密实度；接着宜用弱振、强振，使结构层内部密实，减少空隙率；最后采用胶轮碾压，使结构层从内部到表观更加密实（图4）。振动碾压次数应根据摊铺厚度、级配碎石压实性能以及施工单位压路机具的压实特性通过试碾压确定，以保证达到最佳压实效果，同时避免产生过压。

经过现场试验施工，静压一遍、轮胎压路机压一遍、弱振两遍、强振一遍即可满足压实度要求。

图4　级配碎石摊铺机摊铺

Fig.4　Graded macadam paver paving

3.5 透水沥青混凝土

（1）配合比设计

依据《透水沥青路面技术规程》CJJ/T 190—2012、《公路沥青路面施工技术规范》JTG F 40—2004、《公路沥青路面设计规范》JTG D 50—2017，《公路工程沥青及沥青混合料试验规程》JTG E 20—2011，联合试验室进行配合比设计及相关试验。

根据沥青混合料配合比设计报告，通过混合料级配调试和相关试验验证，表明所设计的PAC20、PAC10透水混凝土混合料满足规范及设计要求，可用于生产配合比的调试。

（2）运输及摊铺

① 透水沥青混合料运输过程中，应采取保温措施。运送到摊铺现场的混合料温度不应低于175℃。

② 采用沥青摊铺机摊铺。摊铺机受料前，应在料斗内涂刷防黏剂，并在施工中经常将两侧板收拢。

③ 铺筑透水沥青混合料时，现场采用两台摊铺机前后错开10～20m成梯队方式同步摊铺。

④ 施工前，应提前0.5～1.0h预热摊铺机熨平板，使其温度不宜低于100℃。铺筑过程中，熨平板的振捣或夯锤压实装置应具有适宜的振动频率和振幅。

⑤ 摊铺机应缓慢、均匀、连续不间断地摊铺，不得随意变换速度或中途停顿。摊铺速度宜控制在1.5～3.0m/min。

⑥ 透水沥青混合料的摊铺温度不应低于170℃。透水沥青混合料的松铺系数应通过试验确定。摊铺过程中应随时检查摊铺层厚度及横坡。

（3）压实与成型

① 沥青的压实应满足匀称度和压实度的要求。滚筒应选取振动滚筒和钢滚筒的静态组合，分为三个阶段：初压、复压和终压。初压在混合料较高温度之下进行，压路机从外侧向中心碾压，最后对路中心部分进行碾压。而复压则适合采取钢筒式压路机或者振动压路机，复压后路面应达到具体的压实度的需求，不应有明显的轮痕。终压则选取关闭振动的整栋压路机或者双轮钢筒式压路机进行碾压。压实过程中，初压温度不应低于160℃。复压应紧接初压进行，复压温度不应低于130℃。终压温度不宜低于90℃。

② 压实机械组合方式和压实遍数应根据试验路段确定。

（4）透水沥青渗水系数检测

根据曲棍球赛场设计要求，草坪减震层施工前进行沥青层渗透系数测量试验（图5），满足设计基层渗水率300mm/h。

4 结束语

随着曲棍球运动在国内的普及，也将有越来越多的曲棍球赛场开始建设，同时承担高级别的比赛赛事。通过本次全运会西安体育学院曲棍球场地的建设，取得了国际曲棍球赛场认证（图6）。在施工过程中，明确集排水控制重点，借鉴公路施工过程中级配碎石排水基层及透水沥青混凝土的应用，为曲棍球场地施工提供了较好的借鉴。

图5　沥青层渗透系数测量
Fig.5　Measurement of permeability coefficient of asphalt layer

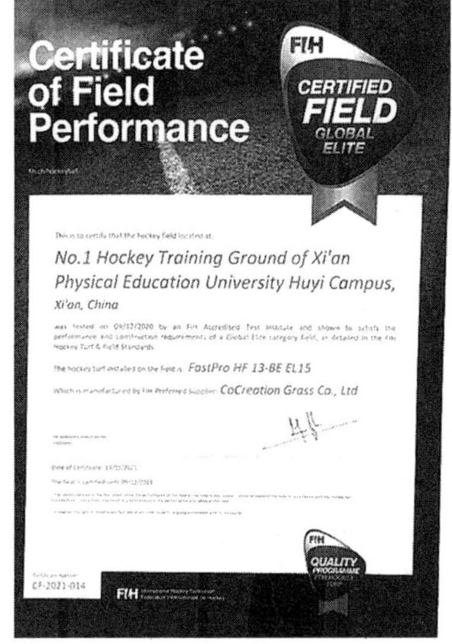

图6　曲棍球赛场证书
Fig.6　Field hockey certificate

参考文献

[1]　严二虎，沈金安，李福普.沥青路面级配碎石基层的设计与施工工艺.公路交通科技，2004，21(3)：9-13.